KB001724

와인의 시간

애호가와 입문자, 모두를 위한 최고의 교양 수업

와인의
시간

김욱성 지음

은행나무

추천의 글

니체가 인생을 질서와 무질서 사이의 긴장을 통해 파악하려 한 점은 흥미롭다. 그는 아폴론적 이성주의 못지않게 중요한 게 디오니소스적 비합리성과 감정이라 생각했고 쾌락은 고통과 결합했을 때 비로소 극치에 다다른다 보았다. 쉽게 말해 인간에게는 허물어져 있는 상태가 중요하다는 건데 이 말은 인간은 와인을 필요로 하는 존재라 들린다. 왜 하필 와인인가 하면 사람은 우아하게 허물어지고 싶어 하기 때문이다. 사실 세상에 술은 이루 열거하기 힘들 정도로 많지만, 품격 있고 편하게 마시고 싶을 때 선택할 수 있는 술은 아마도 와인뿐일 것이다.

와인을 감상하면서 나누는 대화는 맥주를 마실 때 나누는 대화와는 무언가 다르다. 일단 와인은 병마다 맛이 달라서 코르크를 따면서부터 일행은 동굴 속을 탐험하는 기분이 든다. 이처럼 와인을 앞에 두면서부터 동행이 시작되므로 와인의 본질은 대화이다. 이미 메소포타미아 시대부터 시작된 와인은 수많은 사연을 간직하고 있어 와인을 마시면서 나누는 대화는 자연히 역사, 예술, 문화, 철학을 소환한다. 그러나 이 주제들이 순수한 학문의 영역을 벗어나지 못하면 술맛이 떨어지고 그렇다고 하여 일상의 편린만 나열한다면 코르크 마개를 따고 와인 잔을 준비하는 의식을 거친 데 비해 얕고 가볍다. 하여 와인 테이블에는 우리를 프랑스 혁명, 르네상스, 아니 그 이전의 이집트로까지 데려가 주는 재미나고 지적 호기심을 만족시키는 이야기들이 있어야만 한다. 이 지점에서 우리는 이 시대 최고의 와인 전문가 김욱성을 필요로 하는 것이다.

나는 이 책의 저자 김욱성과는 초등학교 동창으로 오랜 세월 친구로 지내왔다. 다른 친구들이 슬슬 은퇴를 준비하던 늦은 나이에 그가 갑자기 프랑스로 와인 공부를 하러 간다고 했을 때 한편으로는 걱정도 되었지만, 와인에 대한 그의 뜨거운 열정과 용기에 박수를 보냈다. 그의 와인 유학은 특이하게도 세계 27개국의 수많은 와이너리를 방문하면서 직접 체험하고 전문가들과 교류하는 과정이었기에 그에게는 이야깃거리가 더없이 풍성하다.

오랜 역사를 간직한 와인은 그 자체가 인문학이다. 따라서 보석 같은 내용으로 채워진 이 책《와인의 시간》은 와인의 알파부터 오메가까지 알려줌과 동시에 와인의 시각을 동원해 문화와 예술의 새로운 지평조차 연다. 30년이 넘는 세월 와인을 흠모하며 살아온 나의 안목으로 볼 때 이 책은 가히 와인의 바이블이라 할 만하다.

작가 김진명

프롤로그

인 비노 베리타스,
와인 속의 진실을 찾아 떠나는 여행

와인은 여행입니다. 한 잔의 와인을 마시고 우리는 그 와인이 태어난 곳으로 여행을 떠납니다. 상큼한 소비뇽 블랑 한 잔으로 뉴질랜드 클라우디 베이의 안개 낀 포도밭을 떠올립니다. 보르도 와인을 기울이며 지롱드 강변의 자갈 덮인 포도밭을 거니는 상상을 하고, 이탈리아 와인 한 모금으로 시칠리아 해안의 뜨거운 햇살을 느껴 볼 수도 있습니다.

이 여행은 시공을 초월합니다. 와인 한 병에는 포도나무가 뿌리내린 토양의 흔적이 녹아 있기 때문입니다. 날카로운 산미와 미네랄 풍미의 샤블리 와인은 쥐라기 시대에 만들어진 석회암에 뿌리를 내린 덕분이며, 샤토뇌프 뒤 파프 포도밭의 자갈더미는 빙하기 시대 알프스에서 흘러내려 론강을 거치며 수천 년에 걸친 강물의 운반작용으로 둥글게 다듬어진 것입니다. 보르도 메독 지방은 400년 전만 해도 습지와 늪이 많았으나, 네덜란드 물 기술자들이 물 빼기 공사를 한 덕분에 최고의 포도밭으로 변했습니다. 중세 수도승들이 없었다면 오늘날 부르고뉴 와인의 영광도 없었을 것입니다. 시공 속에 축적된 흔적들로 채워져 있기에 우리는 와인을 통해 여행을 떠날 수 있습니다.

와인은 인문학 기행입니다. 한 잔의 와인 속에는 수천 년 역사와 문화, 신화와 전설, 전쟁과 일화, 과학적 발견과 우연한 행운이 숨 쉬고 있습니다. 와인이 상하는 이유를 연구하던 파스퇴르는 미생물의 존재를 찾아내 발효의 원리와 저온살균법을 발견했고, 로버트 훅은 현미경으로 코르크를 관찰하다 생명체의 기본인 세포cell를 발견했습니다. 보들레르는 〈포도주의 혼〉이란 시를 통해 와인을 예찬했고, 나폴레옹은 모엣의 지하 저장고에서 샴페인의 목을 치며 출정식을 했습니다. 예수님은 가나 결혼식장에서 물을 포도주로 만들며 첫 번째 기적을 이뤘습니다. 이처럼 와인 한 병에는 인류 문명과 역사의 고귀한 순간들이 녹아들어 있기에 인문학적 지평을 넓혀 주고 때로는 지혜로운 삶을 위한 영감을 주기도 합니다.

와인은 스토리텔링입니다. 와인 라벨 한 장에도 많은 이야기가 숨어 있습니다. 와인은 유럽을 중심으로 발전해 온 것이라 수천 년의 역사가 담겨 있으며, 그 안에는 신화와 전설, 역사, 종교, 전쟁과 에피소드가 넘쳐나므로 인문학의 보고라 할 수 있습니다. 와인 라벨 뒤에 숨겨진 이야기와 생산지, 와인명에 얽힌 비화, 우연한 행운으로 탄생한 새로운 와인 등, 와인을 마시면서 함께 나눌 수 있는 재미난 주제들이 무궁무진합니다. 포도원의 탄생 비화와 양조가의 철학, 테루아와 와인의 개성을 상징하는 문장과 표상, 세월을 통해 증명된 고귀한 이름과 등급의 이면은 흥미진진한 스토리텔링의 소재로 가득합니다. 교황의 열병을 치료하여 '닥터'라는 이름이 붙은 리슬링 와인 베른카스텔 독토르, 나폴레옹 군대를 피해 달밤에 말을 타고 황급히 피신하는 시칠리아의 돈나푸가타, 천국으로 가는 열쇠를 쥔 베드로 성인이 그려진 포므롤의 명주 페트뤼스, 독일 화가 알브레히트 뒤러가 500년 전 상상력으로 그린 코뿔소 라벨의 라 스피네타, 모차르트의 오페라 〈피가로의 결혼〉에 나오는 음흉한 백작 알마비바 등은 모두 뛰어난 스토리텔링 와인들로 손꼽힙니다.

이렇듯 우리는 한 잔의 와인을 통해 시간과 공간을 넘나드는 여행을 즐길 수 있습니다. 내 삶이 와인의 향기로 넘치고, 함께하는 사람들과 이야기로 교감할 때 우리는 비로소 진정한 와인의 의미를 발견할 수 있고, 와인에 진심이 될 수 있습니다. 플라톤은 "와인은 신이 인간에게 준 가장 위대하고 가치 있는 선물이다."라는 명언을 남겼습니다. 기원전 400년경 활동했던 그가 이런 말을 남긴 것은 와인이 그만큼 삶에 큰 즐거움을 줬다는 뜻입니다. 곡물로도 술을 만들 수 있지만 먼저 전분을 당으로 만드는, 복잡하고 번거로운 당화 과정이 필요한 반면, 포도는 으깨기만 하면 껍질에 붙어 있는 효모가 술을 만들기에, 신이 내린 선물이라 한 것 같습니다.

프랑스 속담에 "혼자 마시는 와인은 흔적을 남기지 않는 인생과 같다."는 말이 있습니다. 함께 나눌 때 와인은 우리의 추억이 되고 인생이 되며, 아름다운 역사의 한 장면이 됩니다. 저는 그동안 와인 유튜브 '김 박사의 와인랩'를 운영하고 와인 인문학 강사로 활동하면서 많은 분들이 던졌던 질문과 궁금증에 귀를 기울여 왔습니다. 가장 쉽고 재미있게 와인의 핵심을 이해하고 이를 온전하게 즐길 수 있는 방법을 고민해 왔습니다. 그 과정에서 '와인 속의 진실In Vino Veritas'을 함께 추구해 나가는 것을 제 소명으로 여기게 되었습니다.

지난 20년간의 경험과 글을 바탕으로 쓴 이 책이 무엇보다도 와인에 진심인 사람들이 미지의 와인 세계를 여행하는 데 도움이 될 나침반이 되었으면 합니다. 마치 함께 여행하듯 이야기로 와인을 풀어가며 와인에 숨은 무궁무진한 이야기를 전하고 싶었습니다. 이 책을 통해 독자 여러분은 가장 먼저 여행에 필요한 기본적인 기술인 와인에 대한 기초 지식을 갖추고, 그다음 목적지인 와인의 본질에 좀 더 가까이 다가갈 것입니다. 이처럼 여행의 기술을 익히면 이후 이야기가 있는 와인을 발견하고 인문학적 맥락을 찾아내 스스로 즐기는 단계에 이르게 되리라 확신합니다. '왜 와인인가?'라는 물음에 대한 답을 바로 이 책에서 찾아보길 바랍니다.

2024년 여름 김욱성

차례

2장

와인의 본질 파악하기

1장

와인의 기초

다양한
와인 스타일
이해하기

와인 숍이나 대형 와인 마켓을 방문하면 많은 종류의 와인에 압도되곤 한다. 하지만 와인의 스타일에 따라 몇 가지 범주로 구분해 보면 의외로 단순해지고 한눈에 들어온다. 와인에 대한 이해는 와인의 스타일에 따라 거품 유무, 색상 등 몇 개의 카테고리로 구분하는 것에서부터 시작된다.

색상

우리가 평상시 접하는 와인은 대부분 스틸 와인이다. 이를 색상별로 분류하면 화이트, 레드, 로제 와인으로 나눌 수 있다. 화이트 와인은 일반적으로 청포도를 으깨어 껍질을 제거하고 포도즙으로만 만들기 때문에 대부분 옅은 레몬 색이지만, 일부는 색이 더 짙거나 황금색인 경우도 있으며 오래 숙성하면 호박색으로 보이기도 한다. 가장 많

영국 런던의 유명 와인 숍인 헤도니즘 와인의 시네콰논 컬렉션

이 사용되는 화이트 와인 포도 품종으로는 샤르도네, 소비뇽 블랑, 리슬링, 세미용, 게뷔르츠트라미너 등을 들 수 있다.

레드 와인은 적포도를 사용하여 껍질과 씨를 제거하지 않고 발효시키므로 껍질에서 안토시아닌과 타닌 등의 성분이 추출되어 와인에 깊은 색상과 떫은맛을 더한다. 많이 쓰이는 적포도 품종으로는 카베르네 소비뇽, 메를로, 시라, 말벡, 피노 누아, 산지오베제, 템프라니요 등이 있으며, 껍질의 두께나 색상의 짙은 정도에 따라 와인 색의 깊이도 달라진다.

로제 와인은 레드 와인에 비해 색상이 매우 옅은 편으로 핑크, 연어색, 또는 오렌지 색을 띤다. 적포도를 사용하여 만들지만 포도 껍질을 제거하지 않은 채 발효하는 시간을 매우 짧게 하여 옅은 색상이 배어나온 것이다. 껍질과의 접촉을 스킨 콘택트skin contact라고 하는데, 통

와인의 기초

헤도니즘 와인의 샤토 디켐 컬렉션

상 12~24시간 정도 짧게 진행한다. 화이트 와인과 레드 와인의 특성
이 모두 있으며 음식과의 매칭도 자유스러운 편이다.

잔당감

또한 와인은 잔당감의 정도에 따라 드라이 와인과 스위트 와인으
로 나눌 수 있다. 와인은 대부분 당분이 1L당 10g(1%) 미만 들어 있는
드라이 스타일이다. 식사 후에 마시는 달콤한 디저트 와인은 7~20%
정도의 잔당을 포함하고 있으며, 프랑스의 소테른, 헝가리의 토카이
와인 등은 특히 높은 잔당감과 짙은 과일 향으로 유명하다. 잔당이
3% 정도라면 오프 드라이off-dry 와인으로 리슬링, 게뷔르츠트라미너,
뮈스카 등이 있으며 달콤함이 조금 느껴지는 정도다.

미국 워싱턴주 샤토 생 미셸 와이너리의 와인 숍

바디감

화이트 와인과 레드 와인을 좀 더 실용적인 스타일로 구분해 보면 바디감에 따라 3개의 카테고리로 세분할 수 있는데, 라이트 바디light body, 미디엄 바디medium body, 풀 바디full body 스타일의 와인이다. 바디감은 입 안에서 느껴지는 와인의 무게감을 뜻한다.

라이트 바디 화이트 와인은 프레시하면서도 상쾌한 느낌을 주며, 가볍게 마시기에 좋고, 가장 많이 소비되는 와인 스타일이다. 가벼운 음식과 함께하기에 좋으며, 허브, 피망, 구스베리 같은 신선한 풍미를 내는 소비뇽 블랑, 그뤼너 펠트리너, 피노 그리지오, 알바리뇨 품종이 인기가 있다. 미디엄 바디 화이트 와인은 알코올 도수가 12.5~13.5% 정도인 와인으로 어느 정도의 무게감을 느낄 수 있으며 다양한 종류의 해산물과 스시, 샐러드와도 잘 어울린다. 슈냉 블랑, 드라이 리슬

색상별로 나누면 화이트, 로제, 레드로 구분할 수 있다.

링, 오크 처리를 하지 않은 샤르도네 와인 등이 이에 해당된다. 이에 비해 풀 바디 화이트 와인은 색상이 노랑 또는 황금색이고 크리미한 질감과 풍성하고 부드러운 맛을 내며, 일반적으로 오크 숙성을 통해 바디감과 풍미를 높인다. 오크통에서 숙성한 묵직한 샤르도네가 가장 대표적이며, 북부 론의 비오니에 또한 바디감과 유질감乳質感이 뛰어난(오일리oily한 편)이다.

　라이트 바디 레드 와인은 일반적으로 색상이 옅으며, 떫은맛을 내는 타닌의 함량도 적은 편이라 비교적 마시기 쉬운 편이다. 대표적인 품종은 피노 누아이며, 보졸레 와인을 만드는 가메 품종 또한 라이트 바디에 해당한다. 미디엄 바디 레드 와인은 강한 산미와 적절한 타닌으로 인해 다양한 음식과 훌륭한 조화를 이루어 가장 사랑받는 와인 스타일이다. 이에 해당하는 포도 품종으로는 메를로, 산지오베제, 그르나슈, 카베르네 프랑, 바르베라, 몬테풀치아노 등이 있다. 풀 바디 레드 와인은 맛이 가장 진하고 농축미가 있으며 타닌이 강한 편으로 바비큐, 스테이크, 숯불구이 등의 육류 요리와 잘 어울린다. 이에 해당하는 품종으로는 카베르네 소비뇽, 말벡, 시라(쉬라즈), 프티 시라, 피노타주 등을 들 수 있다.

거품 유무

우선 거품의 유무에 따라 스틸 와인still wine(거품이 없는 일반 와인)과 스파클링 와인으로 구분할 수 있다. 움직임이 없는 꽃이나 화분 등을 그린 정물화를 '스틸 라이프still life'라고 하듯이, 스틸 와인still wine은 움직임이 없고 거품이 나지 않는 와인을 의미한다. 우리가 알고 있는 대부분의 화이트, 레드 와인이 이 범주에 속한다.

그에 반해 스파클링 와인은 와인 안에 탄산가스가 많이 녹아 있어 뚜껑을 땀과 동시에 가스가 방출되는데, 잔에 따르면 거품이 활기차게 올라와 시각적인 즐거움을 준다. 샴페인이란 명칭은 프랑스의 샹파뉴 지방에서 만든 경우에만 붙일 수 있으며, 그외의 경우에는 스파클링 와인이라고 통칭한다. 생산 국가별로 다양한 이름의 스파클링 와인을 만들고 있는데 프랑스의 크레망, 이탈리아의 프로세코, 독일의 젝트, 스페인의 카바 등이 있다.

제3의 와인 스타일, 주정 강화 와인

스틸 와인도, 스파클링 와인도 아닌 제3의 와인 스타일은 주정 강화 와인이다. 일반 와인과는 달리 양조하는 과정 중에 또는 양조가 끝난 후 높은 도수의 주정을 와인에 추가하여 알코올 도수를 15~22% 정도로 높이기 때문에 주정 강화 와인이라고 하는데, 주로 스페인의 셰리, 포르투갈의 포트와 마데이라, 이탈리아의 마르살라 와인이 이에 속한다. 모두 역사적 산물로 탄생한 것으로, 운송 중에 와인이 변질되거나 부패되는 것을 막고 특별한 맛과 풍미를 강조하는 목적에서 만들어졌다.

와인의 맛과 향을
결정하는 네 가지

와인을 접할 때 누구나 한번쯤 품었던 궁금증은 왜 와인마다 맛과 향이 다를까 하는 것이다. 하지만 몇 가지 기초적인 사실만 알면 그 의문은 쉽게 풀린다. 와인은 포도 품종, 재배 환경(테루아), 양조 기술, 숙성 정도에 따라 맛과 향이 달라진다.

가장 큰 영향을 미치는 요인은 바로 포도 품종이다. 양조용 포도는 1만 종이 넘는 것으로 알려져 있지만 가장 많이 쓰이며 상업적으로 인기 있는 품종은 50여 종에 불과하다. 국내에서 가장 인기 있는 레드 와인 품종으로는 카베르네 소비뇽, 메를로, 시라(쉬라즈), 피노 누아 등이 있고, 화이트 와인 품종으로는 샤르도네, 소비뇽 블랑, 리슬링 등을 예로 들 수 있다. 이러한 품종은 고유한 풍미가 있으므로 특징적인 맛과 향을 기억해 두면 블라인드 테이스팅으로도 어떤 품종인지 식별해 낼 수 있다. 와인의 맛과 향의 60%는 포도 품종이 결정한다고 할 수 있다. 서로 다른 품종의 와인을 한자리에서 비교 시음해보면 차이를 좀 더 명확히 알 수 있다. 포도의 품종에 대해서는 뒤에서 더 자세히 살펴보겠다.

둘째는 포도나무가 자란 재배 환경, 즉 테루아terroir다. 테루아는 포도 재배 지역의 기후, 토양, 지형 등을 의미하는데, 이러한 요소는 포도의 성장에 큰 영향을 미쳐 결과적으로 와인의 스타일과 맛에 영향을 미친다. 따뜻하고 햇볕이 풍부한 지역의 와인은 잘 익은 과일의 풍미가 있고, 서늘한 지역의 와인은 절제된 풍미에 산도가 높을 가능성이 있다. 포도가 재배되는 토양 유형도 맛에 영향을 미칠 수 있는데, 점토, 석회암 또는 모래와 같은 토양 구성은 포도나무의 수분 보유, 영양분 흡수 및 포도 품질에 영향을 미치기 때문이다.

셋째는 양조 기술의 차이로, 와인 메이커들은 자신들의 스타일에 따라 포도 선별, 발효, 숙성 등의 과정에 다양한 기술을 사용하는데, 이러한 기술은 와인의 풍미, 바디감, 와인의 구조, 숙성력 등에 영향을 미친다. 스테인리스 스틸 탱크나 오크통 사용, 병입 이전에 실시하는 정제나 여과 과정의 선택 여부에 따라 와인에 추가적인 풍미와 향을 더할 수 있다. 오크 숙성은 바닐라나 향신료의 풍미, 또는 토스트 같은 느낌을 더할 수 있다. 와인 메이커는 생동감 있는 과일 향을 추구할 수도 있고, 미네랄이나 허브 특성을 더 우선시할 수도 있다.

마지막은 와인의 숙성 정도에 따른 차이로, 생산된 지 1년 된 와인과 10년간 셀러에서 숙성시킨 와인의 풍미는 많이 달라진다. 시간이 지남에 따라 레드 와인의 색상은 조금씩 옅어지고 화이트 와인의 색상은 조금씩 짙어지며, 떫거나 쓴맛을 내는 타닌은 조금씩 부드러워

BYOBBring Your Own Bottle 와인 모임에서 만난 다양한 종류의 와인. 와인은 포도 품종, 테루아, 양조 기술, 숙성 정도 등에 따라 그 맛과 향이 달라진다.

지면서 밸런스가 개선되고, 병 숙성을 통해 3차 향이 생성되면서 와인은 좀 더 복합적인 풍미를 띠게 된다.

와인은 시간이 지남에 따라 진화하고 변하는 생물이라 할 수 있다. 포도 품종, 테루아, 양조 기술, 숙성 정도 등에 영향을 받기 때문에 최고의 시음 적기에 머무르는 시간이나 향과 맛이 꺾이기 시작하는 시점이 각각 다를 수밖에 없다. 시중에 나와 있는 와인의 95%는 2년 이내에 소비된다고 하며, 5년 이상 숙성할 가치가 있는 와인은 불과 1~2% 정도라 할 수 있다. 레드 와인은 화이트 와인보다 장기 숙성에 유리한 편이다. 미국산 카베르네 소비뇽, 이탈리아 브루넬로 디 몬탈치노, 바롤로, 프랑스 보르도의 레드 블렌드 와인은 10~20년 정도 숙성시킬 수 있지만 뉴질랜드 소비뇽 블랑이나 이탈리아 프로세코 같은 스파클링 와인의 경우는 숙성으로 인한 추가적인 향의 발전이나 이점이 없어 2년 이내에 마시는 것이 좋다.

양조용 포도와 생식용 포도는 어떻게 다를까?

양조용 포도와 생식용 포도는 특성에 따라 용도에 맞게 선택된다. 양조용 포도는 산도, 당분, 타닌 및 향기 성분이 와인을 만들기에 적합하며, 일반적으로 알이 작고, 껍질이 두꺼우며, 씨가 커서 발효 과정에서 필요한 성분을 쉽게 추출할 수 있다. 반면 생식용 포도는 그 자체로 섭취하므로 크기가 크고, 당도가 높으며, 껍질이 얇아 신선한 과일로 즐기기에 적합하다.

양조용 포도와 생식용 포도는 여러 가지 측면에서 서로 다른데, 포도 품종, 사용 목적, 특성과 재배 방식에 차이가 있다. 양조용 포도는 주로 유럽 종인 비티스 비니페라*Vitis vinifera*에 속하며 캅카스산맥에서 시작하여 세계로 퍼져 나가 널리 재배되는 포도 종이다. 생식용 포도는 주로 미국이 원산지인 비티스 라브루스카*Vitis labrusca*에 속하며, 캠벨 얼리, 델라웨어 등이 있으며, 우리나라에서는 교배종인 거봉, 머루포도(머스캣베일리에이), 샤인 머스캣 등이 인기가 있다. 포도알의 크기에서도 차이가 큰데, 양조용 포도인 카베르네 소비뇽 한 알의 무게는 2g 정도이고, 생식용 포도인 머루포도는 5g 정도다.

포도 품종을 알면
와인이 보인다
- 프랑스

　와인의 맛과 향을 결정하는 가장 중요한 요소는 바로 포도 품종이다. 포도는 품종별로 색상이나 껍질의 두께, 꽃 피는 시기와 수확 시기, 잘 자라는 기후대 등이 달라 와인을 만들었을 때 맛과 향이 다르다. 와인 애호가들이 와인의 세계에 발을 들이면서 가장 애를 먹는 것이 바로 품종 이름을 기억하는 것이다. 외국어로 된 이름이 생소하기도 하고 입에 잘 붙지 않아 기억하기 어려우므로 와인 강의를 하면서 그 이름이 생겨난 유래와 어원을 함께 설명해 주면 쉽게 이해하고 기억에도 잘 남는다고 한다. 흔히 접하는 와인에 사용된 품종은 대부분 국제 품종으로, 프랑스가 원산지이거나 유명 와인 산지인 경우가 많다. 이 품종은 우리가 마시는 전체 와인의 50% 이상일 정도로 흔하고 인기 있는 품종이라 꼭 알아두어야 한다.

카베르네 소비뇽

'포도의 왕'이라 불리며 세계적으로 인기가 있는 카베르네 소비뇽Cabernet Sauvignon은 보르도가 고향인 적포도 품종으로, 카베르네 프랑과 소비뇽 블랑 사이의 교배종으로 350여 년 전에 갑자기 생겨난 품종이다. 카베르네는 '검은 포도나무'라는 의미의 카푸트 니그룸caput

카베르네 소비뇽. 알이 작은 대신 껍질이 두꺼워 와인의 색상과 풍미가 짙다.

nigrum이란 라틴어에서 온 것으로 추정되며, 소비뇽은 소바주sauvage 라는 프랑스어에서 유래했는데, '거친', '야성의'라는 의미다. 최근 프랑스 명품 브랜드에서 '소바주'라는 향수 광고에 영화배우 조니 뎁이 거친 들판을 배경으로 야성미 넘치는 모습을 보여 준 바 있는데, 숨겨진 거친 콘셉트를 읽을 수 있다. 껍질의 색이 짙고 두꺼우며 씨가 많아 와인을 만들면 짙은 루비색을 보이고, 블랙 커런트, 체리, 흑자두, 피망, 블랙 올리브 향이 나며, 강한 타닌이 매력적이다. 오크와의 친화력이 뛰어나 오크 숙성을 통해 커피, 스모크, 삼나무 향이 추가적으로 생겨난다. 만생종이라 늦게 익는 대신 색이 깊고 향이 좋아 세계적으로 가장 많이 재배되며 보르도와 나파 밸리, 마이포 밸리 등이 유명 산지다.

메를로

카베르네 소비뇽과 비교되는 메를로Merlot는 알이 크고 껍질이 얇아 타닌 함량이 적다. 와인을 만들면 부드러운 맛에 산미가 적고 당도와 알코올이 높은 편이다. 메를로의 고향도 보르도인데, 이 지역에 서식하는 메를merle이라는 검은지빠귀 일종인 새 이름에서 따왔다. 이 포도는 적포도 중에서 가장 빨리 익는 편으로, 포도 수확 시기에 이 새가 와서 포도를 즐겨 파먹는데, 포도 색상이 새의 날개 색과 비슷하다고 해서 메를로라고 부르게 되었다. 메를로도 중간 정도의 산도에 부드러운 맛과 도수가 높은 풀 바디 와인을 만드는데, 자두, 체리, 초콜릿, 허브, 바닐라의 풍미를 느낄 수 있고, 프랑스, 이탈리아, 미국, 스페인에서 많이 재배되고 있다. 오래 숙성하지 않아도 맛이 부드러워 주로 블렌딩에 사용한다. 메를로로 만드는 최고의 명품 와인으로는 페트뤼스, 마세토 등이 있다.

카르메네르

카르메네르Carmenere 또한 원산지는 보르도이지만 19세기 중반 프랑스를 덮친 필록세라phylloxera(일명 포도흑벌레)에 감염되어 모두 제거했기 때문에 보르도에서는 사라진 품종이다. 하지만 운 좋게도 그 이전에 칠레의 포도 재배자들이 묘목을 옮겨 심었고 재배 환경이 적합했던 덕에 크게 번창했다. 메를로와 너무 흡사하여 칠레 사람들은 이 두 품종을 구분하지 못하고 메를로와 함께 심고 수확하여 와인을 만들었는데, 1994년 유전자 분석을 통해 카르메네르를 재발견하면서 칠레를 대표하는 품종으로 빛을 보게 되었다. 가을이 되면 카르메네르 잎이 진홍빛으로 단풍이 들어 메를로와 구분할 수 있다. 프랑스어로 진홍색을 카르민carmin이라고 하기에 카르메네르라는 이름이 붙었다. 짙은 색상에 타닌도 많지만 부드럽고 허브와 후추, 피망 같은 향의 특성도 있다. 유명 와인으로는 칠레의 카르민 데 페우모Carmin de Peumo, 몬테스 퍼플 에인절Montes Purple Angel 등이 있다.

프티 베르도

프티 베르도Petit Verdot는 보르도 블렌딩에 양념처럼 소량 사용되는 품종으로 '작다'라는 뜻의 프티petit와 '녹색'이란 뜻의 베르도verdot가 합쳐진 말로, 녹색의 작은 포도알이란 의미다. 어지간해서는 잘 익지 않지만, 기후가 따뜻해 제대로 익으면 블랙체리, 자두, 제비꽃 같은 풍미가 있고 구조감이 매우 뛰어난 와인이 된다. 보르도 블렌딩에서는 와인의 색상, 구조감, 풍미를 높이는 조연 역할을 하지만, 따뜻한 기후대의 캘리포니아, 남호주, 우루과이에서는 단일 품종으로 뛰어난 와인을 만든다.

피노 누아

레드 와인의 여왕이라 부르는 피노 누아Pinot Noir는 부르고뉴를 대표하는 고급 품종으로 '피노'는 솔방울을 뜻하며 '누아'는 검은색이란 의미다. 포도송이가 익으면 마치 검은 솔방울처럼 작고 소담하게 생겼다고 하여 붙여진 이름이다. 세계에서 가장 비싼 와인 중 하나인 로마네 콩티 등 최고급 부르고뉴 와인을 만드는 포도 품종이다. 빨리 익는 조생종으로 산딸기, 체리, 바이올렛, 향신료 풍미가 있고 질감이 부드럽고 매끄러우며 약간 서늘한 기후에서 잘 자라지만 재배가 까다로운 품종이다. 부르고뉴의 코트 도르, 뉴질랜드, 오리건, 캘리포니아의 서늘한 해안 지역에서 수준 높은 와인이 생산된다.

피노 뫼니에

피노 뫼니에Pinot Meunier는 피노 누아의 변종으로 샴페인을 만들 때

프랑스 루아르 상세르 지역 와이너리의 피노 누아

사용하는 세 품종 중 하나다. 프랑스어로 뫼니에는 제분업자라는 뜻인데, 포도 잎 뒷면에 흰가루를 뿌린 것처럼 보이는 흰 털이 많아서 붙여진 이름이다. 피노 누아보다는 색상이 옅고 산미가 강하며 약간 스모키한 향과 조린 과일의 풍미가 있고, 샴페인에 바디감과 풍성한 질감을 더해 준다. 프랑스 샹파뉴, 캘리포니아 해안, 호주 빅토리아, 뉴질랜드에서 스파클링 와인용으로 많이 재배하고 있다.

피노 그리

피노 그리Pinot Gris는 '회색 솔방울'이란 뜻으로, 이 또한 피노 누아의 유전적 변종으로 프랑스 부르고뉴가 원산지이나 알자스와 이탈리아 북동 지역에서 많이 재배되고 있다. 껍질은 브라운 핑크 또는 로제 색상의 청포도 품종으로, 스파이시하면서 무거운 바디감을 보이는 고급 알자스 와인이 유명하며, 이탈리아에서는 좀 더 가볍고 산미가 도드라진 스타일의 와인을 만드는데, 피노 그리지오Pinot Grigio라고 한다. 그리지오는 이탈리아어로 회색이라는 뜻이다. 호주 태즈메이니아, 뉴질랜드 말버러 지역에서도 많이 재배한다.

샤르도네

샤르도네Chardonnay는 원산지가 부르고뉴이고 샤르도네라는 마을 이름에서 유래했다. 전 세계 어떤 기후대에서도 잘 자라기 때문에 전 세계적으로 재배되는 화이트 와인 품종으로 과일 향이 풍부하고 바디감이 좋아 인기가 있다. 소비뇽 블랑이나 리슬링과 달리 독특한 향이 없기 때문에 양조자가 추구하는 스타일대로 다양하게 만들 수 있

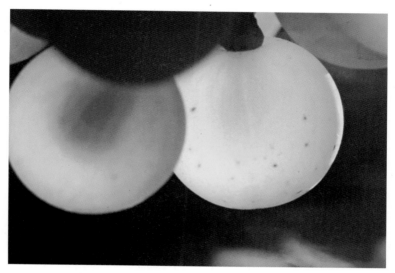
잘 익은 샤르도네의 포도알

다. 서늘한 기후대의 샤르도네는 레몬과 라임, 허브의 풍미가 있는 산도 높은 와인을 만들고, 따뜻한 기후대의 샤르도네에서는 복숭아, 살구, 멜론, 파인애플 같은 잘 익은 과일 향이 난다. 오크통 발효나 숙성을 통해서는 버터 같은 유제품 향과 견과류의 풍미가 더해지기도 한다. 샴페인이나 스파클링 와인처럼 산미가 강하고 발랄한 스타일을 보이기도 하며, 단맛이 나는 디저트 와인에도 사용되는데, 한마디로 팔방미인이다.

세미용

보르도 태생으로 소비뇽 블랑, 뮈스카델과 함께 보르도에서 허용한 3대 화이트 와인 품종이다. 소테른과 바르삭에서는 주로 최고 품질의 디저트 와인을 만드는 데 사용한다. 껍질이 얇아 가을철에 귀부균Noble Rot, Botrytis cinerrea에 감염되면 수분이 증발하여 건포도처럼 변하는데, 와인을 만들면 풍미가 환상적인 샤토 디켐 같은 달콤한 귀부 와인이 된다. 원산지의 이름과 같아서 생테밀리옹이라 불렀는데, 이를 빨리 발음하면 세미용Semillon이라고 들려 이름으로 굳어졌다. 보르도의 페삭 레오냥과 호주 헌터 밸리에서는 세미용으로 오크 숙성을 한 풀 바디 드라이 화이트 와인을 만든다.

비오니에

프랑스 북부 론이 원산지인 청포도 품종인 비오니에Viognier는 향수처럼 향기롭고 기름처럼 미끄러운 질감이 있는 와인을 만든다. 북부 론의 비엔Vienne이라는 마을 이름에서 유래하였다. 샤르도네와 비슷하지만 복숭아, 망고, 오렌지, 바이올렛, 미네랄 등 훨씬 자연스러운 풍미가 있으며 북부 론의 콩드리유가 최고의 산지로 꼽힌다. 산화에 취약한 구조로 인해 장기 숙성에는 불리하나 질감이 부드럽고 향이 은은하고 화려해 인기가 있으며, 북아메리카, 호주, 뉴질랜드, 남아프리카공화국에서도 많이 재배된다.

소비뇽 블랑

소비뇽 블랑Sauvignon Blanc은 원산지가 프랑스 루아르와 보르도이며, '야생의 화이트'라는 의미다. 잔디, 풀, 구스베리, 청사과와 같은 풋내가 강하고 향이 날카로워 다른 품종과 쉽게 구별할 수 있다. 뉴질랜드 말버러와 혹스 베이에서 생산된 와인이 세계적으로 인기를 끌

프랑스 루아르 지역에서 수확한 소비뇽 블랑

고 있는데, 가성비가 뛰어나고 맛이 좋은 편이다. 짜릿한 신맛 때문에 아시아 음식과의 페어링이 훌륭하다.

게뷔르츠트라미너

게뷔르츠트라미너Gewurztraminer는 껍질에 핑크색이 도는 청포도 품종으로, 당도가 높고 리치 같은 화려한 향과 장미꽃 향, 패션프루트 향이 매력적이다. 게뷔르츠란 독일어로 스파이스, 허브를 뜻하며, 트라미너는 이탈리아 북부에서 독일어를 쓰는 지역인 사우스 티롤의 트라민Tramin이라는 마을 이름이다. 따라서 트라민이 원산지로 알려져 있지만 프랑스 알자스에서 가장 많이 생산되며 늦수확을 통해 달콤하고 향기로운 스타일의 와인을 만든다. 그 외에도 몰도바, 이탈리아, 미국, 호주 등지에서 재배하고 있다.

와인의 기초

포도밭 1헥타르에서 와인은 몇 병 나올까?

헥타르는 면적을 나타내는 단위로, 1헥타르는 10,000㎡인데, 평수로 따지면 3,030평이다. 축구장의 전용 면적이 6,400~8,250㎡임을 감안하면 축구장 1.2~1.5배 정도가 1헥타르다. 1헥타르의 포도밭에서 나올 수 있는 와인의 양은 기후와 재식 밀도, 품종, 관개, 적용 농법 등에 따라 차이가 크다. 보르도를 예로 들어 설명하는 것이 가장 이해하기 쉬울 것이다. 보르도에는 1헥타르당 평균 5,000그루의 포도나무가 식재되어 있고, 연간 평균 50헥토리터, 즉 5,000L의 와인이 생산되므로 총 6,500병의 와인을 만들 수 있다. 따라서 한 그루당 평균 1.3병이 나온다고 보면 된다. 하지만 소테른의 샤토 디켐의 경우는 한 그루당 한 잔 정도만 나오므로, 포도원에 따라 차이가 많다고 봐야 한다.

수확을 앞두고 있는 슈냉 블랑

슈냉 블랑

슈냉 블랑Chenin Blanc은 프랑스 루아르계곡이 고향으로 루아르의 몽 슈냉Mont Chenin 지역에서 유래한 화이트 와인 품종이라 슈냉 블랑이라 불린다. 산도가 높고, 개성이 강하며, 숙성 잠재력이 있는 편으로 모과, 노란 사과, 서양배, 허니듀 멜론, 생강, 벌꿀 향이 특징이며 스파클링부터 디저트 와인까지 매우 다양한 스타일의 와인을 만드는 품종이다. 루아르의 부브레, 사브니에르, 앙주 등이 유명 산지로 알려져 있으며, 남아프리카공화국에서도 많이 재배되고 있다. 특히 케이프타운에서 만드는 슈냉 블랑은 뛰어난 품질로 인정받고 있다.

포도 품종을 알면
와인이 보인다
− 이탈리아

이탈리아의 와인 역사는 프랑스보다 200년 정도 일찍 시작되었다. 기원전 800년경 그리스 정착민들이 포도 재배와 양조 기술을 이탈리아에 전파했지만 프랑스에 비해 발전이 늦은 편이었다. 476년 서로마가 망한 이후부터 1871년 이탈리아가 통일될 때까지 도시국가들끼리 계속 싸우다 보니 지역별로 고립되어 재배와 양조 기술의 전파와 발전이 더뎠다. 이탈리아 와인이 좋아지기 시작한 것은 1980년대부터이며, 지난 40여 년간 급속한 발전을 이루었다. 프랑스는 프랑크 왕국을 세우고 통일된 국가를 유지해 왔기 때문에 수도원을 중심으로 포도 재배, 양조 기술을 꾸준히 발전시켰고 와인 관련 법규나 AOC Appellation d'Origine Controlee (원산지 통제 명칭) 등급제도를 만들어 전 세계의 표준을 만들었고 국제 품종을 세계로 퍼뜨렸다.

이탈리아 와인의 장점은 다양성에 있다. 약 500종에 이르는 다양한 품종이 몇몇 국제 품종에 식상해진 와인 애호가들의 호기심을 자극했다. 세계 최대 와인 생산국인 이탈리아는 약 3,000년의 양조 역사를 자랑하며 매년 60억 병 이상의 와인을 생산하는데, 이탈리아의 주요 포도 품종은 미국과 호주 등의 신대륙에서도 널리 재배되고 있다. 특유의 신맛은 음식과의 친화력도 뛰어나며, 잘 알려진 주력 품종만 이해해도 이탈리아 와인을 이해하는 데 큰 도움이 될 것이다.

네비올로

이탈리아 명품 와인 바롤로Barolo와 바르바레스코Barbaresco를 만드는 적포도 품종인 네비올로Nebbiolo는 원산지가 이탈리아 북서부

이탈리아 북부 피에몬테 지역의 네비올로 포도밭

피에몬테Piemonte 지역이다. 피에몬테는 '산발치'라는 뜻으로 알프스 산맥의 발치에 놓인 지역이라는 말이다. 피에몬테 랑게Langhe 지역은 포도가 익는 10월경이 되면 안개가 자욱하게 끼는데 이탈리아어로 안개를 뜻하는 네비아nebbia에서 파생되어 '네비올로'라는 이름이 붙었다. 실제 포도 껍질을 보면 뿌연 안개를 머금은 모습이다. 만생종이라 싹이 일찍 나고 늦게 익으며 껍질이 두껍다. 이 품종은 피노누아처럼 색이 옅은 반면 타닌은 매우 강해서 숙성 기간이 꽤 길다. 체리, 산딸기, 야생 허브, 장미, 타르, 제비꽃, 트뤼플 향이 특징이며, 10년 이상 숙성시키면 가죽, 감초, 마른 허브 향이 돋보이는데, 30년 이상 장기 숙성도 가능한 품종이다. 특히 바롤로는 세계 최고의 와인 중 하나로 최소 3년 이상, 리제르바 등급은 최소 5년 이상 숙성해야 하며, 요즘은 좀 더 빨리 마실 수 있도록 슬라보니안 대형 오크통보다는 소형의 바리크barrique를 사용하기도 한다.

모스카토

모스카토Moscato는 피에몬테 지역에서 800년 이상 재배되어 온 청포도 품종으로 달콤하면서도 아로마틱한 과일 향이 특징인 모스카토 다스티 스파클링 와인을 만든다. 모스카토의 어원인 머스캣Muscat은 사향노루에서 나는 사향을 뜻하는 머스크musk에서 왔다는 설이 지배적이지만, 이탈리아 사람들은 이 포도의 달콤한 향 때문에 파리들이 많이 꼬인다고 해서 파리를 뜻하는 모스카mosca에서 유래했다고 주장하기도 한다.

달콤한 맛과 향 때문에 전 세계에서 재배되지만 특히 이탈리아 피에몬테가 유명하며 가벼운 바디감에 살구, 복숭아, 리치 같은 달콤한 향, 5~6% 정도의 낮은 도수로 가볍게 마시기에 좋다.

모스카토 다스티 스파클링 와인은 만드는 방법도 특이하다. 포도를 짠 즙을 0도 정도의 낮은 온도에 보관하다가 필요할 때마다 온도를 올려서 발효시켜 와인을 만드는데, 알코올이 5% 정도 되면 인위적으로 발효를 멈추기 때문에 잔당이 남아 와인이 달콤해지는 것이다. 추가 발효를 막기 위해 효모를 걸러 내 버리면 달콤하면서도 거품이 나는 모스카토 와인이 만들어진다.

돌체토

돌체토Dolcetto 또한 피에몬테에서 많이 재배되는 적포도로, 달콤하다는 어원의 돌체dolce에서 유래했지만 이름과는 달리 돌체토 와인은 달지 않고 드라이한 편이다. 이 포도가 많이 재배되던 마을의 이름에서 유래한 것으로 추정되고 있다.

과일 향이 강하고 산미가 약한 것이 특징인데 포도의 색소 성분인 안토시아닌이 많아 양조할 때 색이 너무 진하게 추출되지 않도록 하며 구조감과 복합미가 조금 부족하기 때문에 장기 숙성이 어렵고 비교적 영young할 때 빨리 마시는 것이 좋다.

바롤로나 바르바레스코처럼 숙성 기간이 길지 않고 시장에 빨리 내다팔 수 있기에 자금 회전에 도움이 되어 양조자 입장에서 보면 도움이 되는 품종으로, 파스타나 피자와 페어링하면 아주 좋다.

알바 지역과 아스티 지역에서 많이 재배되며 이 경우 돌체토 달바, 돌체토 다스티로 불린다.

산지오베제

산지오베제Sangiovese의 어원은 상귀스 요비스Sanguis Jovis로, '주피 터의 피'를 의미하는데, 이탈리아인들의 상상력과 시적인 표현을 담 은 이름이라 할 수 있다. 스페인에서 여름철에 시원하게 마시는 상그 리아sangria도 피처럼 붉은 음료라는 뜻인데, 스페인어로 피를 뜻하는 상그레sangre에서 온 말이다. 산지오베제는 이탈리아의 중부와 남부 에서 많이 재배하지만 토스카나가 대표 지역이다. 주로 키안티 와인 을 만드는 데 쓰이고, 옛날부터 키안티 와인을 만들어 오던 원조 키안 티를 키안티 클라시코Chianti Classico라고 하는데, 와인의 병목에 검은 수탉 그림이 그려져 있어서 일반 키안티 와인과는 구분이 된다.

키안티 와인은 산미가 높고 알코올이 중간 정도로, 오크 숙성을 하 면 풍미가 더욱 좋아지는데, 시큼한 체리, 블루베리, 흙 향과 복합적 인 과일 풍미를 보인다.

키안티 와인은 오드리 헵번과 그레고리 팩이 주연했던 영화 〈로마 의 휴일〉에 등장해 유명해졌는데, 지푸라기에 싸인 고전적인 피아스 코Fiasco 키안티 와인은 요즘도 소량 생산되고 있다.

브루넬로

브루넬로Brunello는 이탈리아 대표 레드 와인 중 하나인 브루넬로 디 몬탈치노Brunello di Montalcino를 만드는데, 산지오베제의 클론clone이 며 산지오베제 그로소라고도 불린다. 브루넬로의 어원인 브루노bruno 는 브라운brown, 즉 갈색으로 포도 껍질의 색상이 약간 갈색을 띠고 있어서 붙여진 이름이다. 브루넬로 디 몬탈치노는 몬탈치노 지역의 비온디 산티가 처음 만들기 시작했고, 1966년 DOCDenominazione di Origine Controllata(원산지 통제 명칭)로 인증받은 이후부터 이탈리아 명품 와인으로 발전하여 1980년에는 DOCGDenominazione di Origine Controllata e Garantita(원산지 통제 명칭 및 보증)로 승격했다. 양조할 때 껍질과 접촉하는 침용 기간을 길게 하기 때문에 색과 타닌이 많이 추출되고 그만큼 숙성 잠재력도 높다. 체리, 오레가노, 발사믹, 가죽, 감초의 풍미가 있으며, 오래 둘수록 뛰어난 복합미와 밸런스를 지닌 와인으로 발전한다.

베르멘티노

베르멘티노Vermentino는 이탈리아 북부 해안 지역이나 사르데냐섬에서 나는 품질이 뛰어나면서도 산도가 좋은 화이트 와인을 만드는 청포도로, 라틴어 페르멘토fermento에서 유래되었는데 '발효하다, 끓다' 등의 뜻으로, 과거에 이 와인은 활기차고 약간의 버블을 보이는 스타일로 양조를 했기 때문이라고 추정하는데, 13세기에 피에몬테에서 코르시카섬으로 건너가면서 페르멘티노라 불렸다. 감귤 향과 꽃향이 나며 산도가 도드라진 베르멘티노 와인은 해산물과 파스타, 샐러드 등과 잘 어울린다.

코르비나

코르비나Corvina는 이탈리아 베네치아의 발폴리첼라Valpolicella 지역에서 이탈리아 명품 아마로네Amarone 와인을 만드는 핵심 적포도 품종으로, 이탈리아어로 까마귀를 의미하는 '코르보corvo'에서 유래했는데, 까마귀의 짙은 날개 색상에서 비롯된 듯하다. 10월에 수확하는 만생종으로 껍질이 두껍고 산도가 높으면서 시큼한 체리 맛이 특징인데, 와인은 옅은 진홍색을 띠며 오크 숙성을 통해 약간의 복합미를 더한다.

아마로네를 만드는 코르비나는 수확 후 3~4개월간의 건조를 통해 40% 정도의 수분을 날리는 아파시멘토appassimento 방식으로 와인을 만들기 때문에 색이 짙고 농축된 풍미가 있다. 중간에 발효를 멈추면 달콤한 디저트 와인인 레치오토Recioto가 만들어진다.

론디넬라

론디넬라Rondinella는 코르비나와 함께 아마로네 또는 레치오토를 만들 때 블렌딩되는 포도 품종으로, 포도알이 제비rondine의 날개 색상을 닮았다고 하여 론디넬라라는 이름으로 불렸다. 주로 베네토의 발폴리첼라 지역이나 바르돌리노Bardolino 지역에서 재배된다. 포도 송이가 많이 열리는 수확량이 높은 품종이지만, 단일 품종으로 와인을 만드는 경우는 없고 주로 코르비나와 함께 블렌딩된다. 와인에 허브 풍미를 더하고 살집을 채워 주는 역할을 한다.

몰리나라

몰리나라Molinara 또한 발폴리첼라 지역에서 아마로네를 만드는 데 들어가는 품종 중 하나이다. 이탈리아어로 방앗간을 뜻하는 물리나로mulinaro에서 유래한 이름으로, 포도가 익으면 흰 과분으로 뒤덮여 마치 흰 밀가루가 묻은 모습이기 때문이다. 산도가 높고, 색이 옅은 이 포도는 산화에 취약하다는 결점이 있으므로 식재 면적이 점점 줄어들고 있고, 때로는 메를로와 블렌딩되어 로제 와인을 만들기도 한다.

프리미티보

프리미티보Primitivo란 '일찍 익는다'라는 뜻의 라틴어 프리미티브 primitive에서 유래한 이름으로 다른 품종보다 빨리 익고, 색상이 짙으며, 잼 같은 풍성한 향이 난다. 원래 크로아티아가 원산지였지만 바다 건너 이탈리아 풀리아Pulia로 와서 번성했다. 풀리아 중에서도 프리미티보 디 만두리아Primitivo di Manduria 와인이 유명하다. 미국에서는 진판델Zinfandel이라고 하며, 캘리포니아에서 많이 재배되는데, 따뜻한 기후에서 잘 자라고 딸기잼, 블루베리, 후추, 감초 같은 풍미가 있다. 미국에서는 화이트 진판델이라는 달콤한 로제 와인이 큰 인기를 끌고 있다.

네로 다볼라

네로 다볼라Nero d'Avola는 시칠리아Sicilia를 대표하는 레드 품종으로, 시칠리아의 최남단 도시 아볼라Avola에서 나는 검은nero 포도라는 뜻이며 색상이 짙은 호주의 쉬라즈와 특성이 비슷하다. 하지만 타닌은 더 부드럽고 흑자두, 블랙베리, 스파이시한 풍미가 특징이며 덥고 건조한 기후에서 잘 자라고 드라이한 풀 바디 레드 와인을 만든다.

구대륙 와인과
신대륙 와인의 차이

와인을 마시면서 가장 많이 비교하는 대상은 구대륙 와인과 신대륙 와인이다. 와인의 스타일, 맛, 양조 기술의 적용이나 라벨 구성 요소 등 여러 부분에서 양자 간에는 다른 점이 많다. 먼저 구대륙 와인과 신대륙 와인에 대한 정의를 내려 보면, 구대륙(또는 구세계) 와인은 프랑스, 이탈리아, 스페인, 포르투갈, 독일, 그리스처럼 와인 역사가 적어도 2,000년 이상 된 나라에서 생산되는 전통적인 와인을 말한다. 신대륙(또는 신세계) 와인은 15세기 말 신대륙 발견 이후 와인 문화와 기술이 전파된 지역의 후발 주자들이 만든 와인으로, 주로 북아메리카와 남아메리카, 호주, 뉴질랜드, 남아프리카공화국 등지에서 생산된 와인을 말한다. 양 대륙의 차이를 명확하게 구분하는 것은 쉽지 않으며, 서로 닮아가는 경향도 있다. 하지만 몇 가지 관점에서 준거 기준을 마련하여 서로 다른 점을 인식하는 것은 중요하다고 할 수 있다.

프랑스 보르도 포이약 지방의 샤토 피숑 바롱

미국 서부 나파 밸리의 샤토 몬텔레나의 포도밭

와인의 기초

맛과 향의 차이

우선 구대륙, 신대륙 와인은 기후 특성이나 와인 메이커의 역할, 테루아의 특성에 따라 맛과 향이 다르다. 구대륙 와인은 대체로 산도가 높고, 알코올 도수나 바디감, 과일 향이 낮은 반면에 신대륙 와인은 바디감이 좀 더 묵직하고, 짙은 과일 향에 알코올이 높고 산도가 낮은 편이다. 가장 큰 이유는 기후 차이인데, 구대륙 와인은 서늘한 기후대에서 생산되는 데 반해 신대륙 와인은 주로 따뜻한 기후대에서 생산되기 때문이다.

와인의 스타일

추구하는 스타일에도 차이가 있다. 구대륙 와인은 엘레강스하면서도 섬세한 꽃 향, 미네랄리티를 강조하고 흙 향이 나는 어시earthy한 스타일이며, 오크통 숙성보다는 오랜 시간 병 숙성을 통해 와인 향미의 점진적 발전을 추구한다. 반면에 신대륙 와인들은 과일 향 중심의 농축된 풍미와 무거운 바디, 오크 향의 특성을 많이 보여 주며 약간의 잔당감을 부여하여 상대적으로 높은 알코올의 느낌을 누그러뜨리는 경향이 있다. 하지만 최근에는 양조 기술, 트렌드, 아이디어의 상호 공유를 통해 그 경계가 점차 희미해지고 있다.

음식과의 조화

음식과의 페어링에서도 적합한 정도가 다르다. 구대륙 와인은 음식과 함께 즐기기에 좋다. 신대륙 와인들은 음식 없이 와인만으로도 즐길 수 있는데, 때로 음식과 함께하기에는 풍미가 너무 강하고 압도

적이라 음식의 향이 무색해지는 경우가 있다.

양조철학과 접근 방법

양조철학과 접근 방법에서도 다르다. 구대륙 와인은 특정 생산 지역 별로 전해 내려오는 전통과 역사성을 중시하며 인위적인 개입을 최소 화하는 철학을 지키려 한다. 하지만 신대륙 와인은 후발 주자의 핸디 캡을 극복하기 위해 과학적 실험을 하고 다양한 신기술을 적용하여, 와인 품질에 적극적으로 개입하며 양조자 간의 상호협동과 마케팅을 중시한다.

포커스

포커스를 자연에 두느냐, 와인을 만드는 사람에 두느냐에 차이가 있다. 구대륙 와인은 테루아를 중시하여 인위적 개입을 최소화하는 반면에 신대륙 와인은 와인 메이커의 의지와 양조 기술에 무게를 두 고 있다. 프랑스나 이탈리아의 경우는 날씨, 지형, 토양 같은 환경적 요인이 포도 생장에 큰 영향을 미치기 때문에 테루아를 강조한다. 그 결과 해마다 작황의 변화에 따른 빈티지 베리에이션이 발생한다. 하 지만 미국, 호주, 칠레 같은 신대륙의 경우는 비교적 기후 변화가 적고 자연 조건이 안정적이라 와인 메이커의 역할을 더 중요하게 여긴다.

와인 라벨의 구성

와인 라벨 표기와 구성에서도 양 지역에 차이가 있다. 구대륙 와인 은 지역 특성을 살리는 와인을 추구하기에 우선 와인 산지, 샤토나 도

구대륙 와인(왼쪽, 프랑스)과 신대륙 와인(오른쪽, 미국)은 라벨의 구성부터 차이가 있다.

멘의 이름을 표기하고, 오랜 역사를 통해 이미 각 지역별로 특화되거나 허용된 포도 품종은 표기하지 않는 경우가 많으며, 전통을 강조하기 위해 샤토 그림이나 가문의 문장을 새긴다. 또한 라벨에 등급을 표기하는 경우도 많은데, 그랑 크뤼, 프리미에 크뤼, DOCG, 레제르바, 그랑 레제르바 등 와인 품질이나 등급, 숙성 정도를 표기하기도 한다. 하지만 신대륙 와인은 생산 지역보다는 포도 품종별 풍미를 우선시하기 때문에 품종을 명시하며, 와이너리 이름과 지역을 표기하고, 시각적으로 어필하기 위해 화려한 색상의 문양을 선호하는 편이다. 품질이나 등급을 라벨에 표시하는 경우는 드물다.

와인 법규과 규제

역사성이 다르기 때문에 법규나 규제의 정도도 다르다. 구대륙 와인은 필록세라의 창궐로 인한 품질 문제나 가짜 와인의 유통 같은 사건을 경험하면서, 지역별로 포도 재배 방법과 와인 양조 기술, 단위 면적당 수확량, 최소 알코올 농도, 세부적인 원산지 지정, 라벨 요건 등에 대해 매우 엄격한 정부 규제와 간섭을 받아왔다. 따라서 와인 메이커가 발휘할 수 있는 운신의 폭이 좁고, 도전적인 실험 적용이 어렵다. 반면에 신대륙 와인은 최소한의 규정만 있을 뿐, 포도 재배, 와인 생산, 지역별 재식 품종 등의 제약이 없는 편이기에 창의적이고 실험적인 다양한 기법을 적용할 수 있다.

재배 방법

포도를 심고 재배하는 방법에도 차이가 있다. 구대륙에서는 비료 사용이나 관개를 최소화하며, 극심한 가뭄으로 피해를 입는 경우가 아니면 인공적인 관개(물주기)를 하지 않으려 노력한다. 관개를 하면 발생하는 품질 저하의 문제를 방지하고 수자원을 보호하기 위함이다. 포도밭에서 관개량은 포도 생산량과는 비례하고 품질과는 반비례하므로 구대륙에서는 매우 까다롭게 관리하는 편이다. 하지만 신대륙에서는 비료 사용이나 관개가 자유로운 편이다.

수확 시기

추구하는 스타일이 서로 다르므로 수확 시기에 차이가 있다. 구대류 와인은 산도와 과일 향의 밸런스를 추구하기 때문에 당분이 너무

유럽의 포도밭에는 물을 주면 안 된다?

유럽의 포도밭에는 관개(물주기)가 대부분 금지되어 있다. 포도나무는 어지간한 가뭄에도 견딜 수 있고 오히려 물이 부족하면 나무가 스트레스를 적당히 받아 포도의 품질이 좋아지기 때문이다. 무작정 관개를 허가한다면 농부들은 불필요한 경우에도 물대기를 하여 수확량을 늘리려 할 것이고, 이는 포도의 품질을 떨어뜨리므로 금지하는 것을 원칙으로 하고 있다. 결과적으로 와인 소비자에게는 좋은 일이다. 그러나 최근 유럽 포도밭들은 지구온난화의 영향으로 극심한 여름 가뭄을 겪는 경우가 많아 예외적으로 허용하는 법규가 시행되고 있다. 2016년에는 보르도 페삭-레오냥 지역은 극심한 가뭄 기간에는 관개를 허용하도록 규정을 변경했다. 2021년에는 포므롤 지역도 극한 상황에서는 관개를 요청할 수 있게 되었고, 생테밀리옹에서는 2017년 "지속적으로 가뭄이 발생하고 포도나무의 생리적 성장과 포도의 적절한 숙성을 방해하는 경우"로 한정하여 관련 규칙을 변경한 바 있다. 프랑스, 스페인, 포르투갈 주요 지역의 여름 폭염이나 호주, 캘리포니아 지역의 대형 산불 등 포도밭 주변의 이상기온 현상이나 자연재해가 지속되고 있고 빈도가 높아지고 있어 관개 법규도 이에 대응하는 차원에서 좀 더 유연해져야 한다.

과도하게 형성되지 않도록 하고 최소한의 숙성도에 이르렀을 때 포도를 수확하기 때문에, 비교적 산도가 높고, 색상이 밝으며, 와인에 특정한 장소감을 표현하도록 애를 쓴다. 화이트 와인 품종의 경우는 수확 시 20~21브릭스, 레드 와인 품종의 경우는 22~23브릭스를 목표로 수확한다. 신대륙 와인은 과일 향이 풍부하고 묵직한 스타일을 추구하는 경향이 있으며, 산도를 포기하더라도 가능한 한 충분히 익혀서 수확하므로 풍미와 당도가 올라간다. 포도의 당분이 높아지면 산도가 부족해지므로 양조할 때 산을 인위적으로 추가해서 조절하기도 한다. 신대륙에서는 화이트 와인 품종은 21~24브릭스, 레드 와인 품종은 24~28브릭스를 목표로 수확한다.

원가 관리

포도밭의 크기나 기계 사용 여부에 따라 와인의 생산 비용에 큰 차이가 있다. 부르고뉴를 비롯해 구대륙 와이너리들은 소규모 영농 방식이며, 구릉지가 많아 수작업을 해야 하므로 소량만 생산되고, 가격이 높은 편이다. 반면에 미국 캘리포니아, 칠레, 아르헨티나 등 신대륙 와이너리들은 포도밭의 단위 규모가 크고, 기계를 이용한 포도밭 관리와 수확, 관개 시스템을 자유롭게 활용할 수 있으므로 대량 생산이 가능하며, 원가 경쟁력이 높은 편이다.

화이트, 레드, 로제 와인의
양조 방법

와인은 포도즙을 발효한 알코올 음료로 정의할 수 있다. 포도가 와인이 되는 양조 과정은 여러 단계를 거친다. 와인 양조의 첫 단계는 잘 익은 포도를 수확하는 것에서 시작되는데, 수확 시기는 포도의 성숙도와 와인 메이커가 목표하는 와인 스타일에 따라 결정된다. 포도 수확 방법에는 트랙터를 이용한 기계 수확과 사람이 손으로 직접 따는 손 수확 방법이 있다. 고급 와인을 만들 때는 주로 손으로 직접 따서 수확한다. 두 번째 단계는 수확한 포도에 섞여 있는 잎, 줄기, 손상된 열매 같은 불순물을 제거하는 선별 단계로 와인의 품질을 결정하는 중요한 과정이다. 최고급 와인을 만드는 와이너리에서는 선별 테이블에서 좋은 포도알을 수작업으로 골라낸 다음 광학선별기를 이용하여 눈에 보이지 않는 미세한 결점이 있는 포도알을 제거하는 등 철저한 선별 작업을 한다. 그 이후 단계로 화이트, 레드, 로제 와인 등 스타일에 따라 구분하여 양조 과정이 진행된다.

화이트 와인의 양조

화이트 와인을 만들려면 포도를 압착기에 넣어 포도즙을 추출하되 껍질은 가능한 한 빨리 즙에서 분리한다. 이는 색소와 타닌이 포도즙에 우러나지 않도록 하려는 조치다. 압착된 포도즙은 한데 모아 정제 과정을 거친다. 이 과정에서 고형물과 불순물은 중력에 의해 아래로 가라앉아 바닥에 침전물을 형성하는데 이를 제거하고 깨끗하고 맑은 즙만 분리하여 사용한다. 정제된 포도즙을 발효 탱크로 옮긴 후 효모를 추가하면 발효가 시작된다. 발효는 효모균이 작용하여 포도즙에 든 설탕을 알코올과 이산화탄소로 전환하는 과정을 말하며, 보통 1주에서 2주 정도 소요된다. 효모는 양조에서 가장 중요한 발효의 역할을 담당한다. 효모는 크게 천연 효모와 배양 효모로 구분하는데, 천연 효모는 와인에 독특한 지역적 특성과 풍미의 복잡성을 부여할 수 있지만, 발효 과정이 변덕스럽고 예측하기 어려운 문제가 있다. 따라서 양조자들은 일관성이 있고 예측 가능하며 위험이 적은 배양 효모를 선호하는 편이다. 하지만 일부 내추럴 와인이나 인위적 개입을 최소화하는 와인들은 이런 어려움에도 불구하고 천연 효모를 사용하여 풍미의 독특성과 차별점을 부각시키기도 한다. 화이트 와인의 경우 발효는 주로 12~22도 정도의 낮은 온도에서 진행되는데, 신선한 산미와 과일 향을 강조하기 위해서다. 발효가 끝난 와인은 대부분 숙성 과정을 거친다. 일부 화이트 와인은 1년 정도 오크통에서 숙성되어 복잡한 맛과 향을 더하기도 한다. 산뜻하고 가벼운 느낌의 화이트 와인을 만들 때는 주로 스테인리스 스틸 탱크에서 짧은 숙성을 거친다.

레드 와인의 양조

레드 와인 양조의 핵심은 적포도의 껍질에서 타닌과 색소 성분을 추출하는 것이다. 압착된 포도즙은 껍질과 씨와 함께 발효시키는데, 레드 와인의 경우 발효 온도가 20~32도 정도로 높아 타닌과 색소, 향기 성분의 추출이 촉진되어 와인에 풍부한 색과 복잡한 맛을 부여한다. 발효될 때 껍질이 발효 탱크의 윗부분에 두꺼운 층을 형성하면서 떠 있는데, 이를 캡cap이라고 한다. 양조자는 수시로 막대기 끝에 달린 주걱으로 아래의 즙과 골고루 섞이도록 캡을 눌러 주는 펀칭 다운 punching down을 해 주거나, 펌프를 이용하여 아래의 포도즙을 끌어 올려 캡 위에 뿌려 주는 펌핑 오버pumping over를 해 준다. 레드 와인의 발효는 통상 1~3주 소요되는데 양조자가 목표로 하는 스타일에 따라 결정된다. 알코올 발효가 끝난 레드 와인은 대부분 젖산발효가 진행되는데, 젖산균이 증식하여 와인의 맛을 좋게 하고 지나친 신맛을 누그러뜨려 준다. 화이트 와인의 경우 강렬한 산미를 강조하기 위해 젖산발효를 억제시키기도 한다. 장기 숙성용 레드 와인을 만들기 위해 발효가 끝난 후에도 껍질을 걷어내지 않고 몇 주 동안 그대로 둔다. 대부분의 레드 와인은 1~2년 정도의 오크통 숙성을 통해 타닌을 부드럽게 하고 풍미가 더해진다.

로제 와인의 양조

로제 와인은 주로 적포도를 사용하여 만드는데 포도 껍질에서 색

레드 와인 양조 시 포도 껍질이 위에 떠
캡을 형성한다.

발효 후 오크통으로 옮겨 숙성시킨다.

상 추출을 아주 짧게 하여 원하는 로제 색상을 추출한다. 가장 섬세한
색상의 로제 와인을 만들 때에는 포도를 통째로 압착하여 포도즙을
추출하는 방법을 사용한다. 그렇게 하면 껍질에서 나오는 색상이 최
소로 추출된다. 대부분의 로제 와인은 빼내기 방식을 사용하는데, 레
드 와인 양조와 같은 방식으로 발효하되 껍질과 접촉하는 시간을 몇
시간에서 최대 2일 정도로 아주 짧게 한 다음 껍질을 걷어내고 비교
적 낮은 온도에서 나머지 발효를 진행한다. 껍질과의 접촉이 오래될
수록 색상이 짙어지고 타닌도 강해지기 때문에 색상 추출을 원하는
만큼 선택할 수 있다. 로제 와인은 신선할 때 빨리 마시는 것이 좋기
때문에 대부분 생산한 지 1~2년 내에 소비된다.

오크 숙성을 하는 이유

와인 숙성에 오크통을 사용하는 것은 와인에 부드러운 텍스처와
바닐라, 코코아, 향신료 등의 풍미를 불어넣는 동시에 타닌을 추가하
여 구조감을 개선하고, 다공질이기 때문에 산소를 공급하여 와인에

와인의 기초

프랑스 루아르 지역의 서늘한 지하에 있는 와인 숙성고

복잡한 향과 맛을 만들어 고급스럽게 숙성시키기 위해서이다. 오크 통에서 숙성된 후 병입된 와인은 장기 숙성과 보존에 더 유리하다.

오크 숙성은 대체로 와인의 질감, 맛, 아로마, 색상, 복잡성을 개선하는 중요한 과정이기에, 고급 와인의 경우 오크통에서 오랫동안 숙성되면서 깊고 복잡한 풍미의 특성이 더 발전한다. 오크통은 제조 과정에서 통의 내부를 불로 그을리는데, 숙성하는 와인의 종류와 스타일에 따라 태우는 정도를 달리하여 만들며, 최고급 와인의 경우 새 오크통의 사용 비율을 높여 더욱 신선한 오크의 풍미를 추구한다.

왜 코르크를 쓰는가?

코르크cork는 와인 병의 마감재다. 자연 소재로는 가장 오랫동안 써오기도 했다. 고급 와인의 경우 전통적인 코르크 마감은 고급스러움과 품질의 상징으로 여겨져 왔다. 코르크는 자연에서 분해되고 재활용이 가능한 친환경 소재이기도 하지만 코르크의 높은 탄성과 복원력 때문에 병에 삽입하기도 쉽고 밀폐력도 높아 산화를 방지하는 역할을 한다. 또한 수분에 강하고 방수 기능이 있어 와인을 외부 환경으로부터 보호해 준다.

비교적 빨리 소비되는 와인은 개봉이 편리한 스크루 캡을 사용하는 추세이지만, 고급 와인은 여전히 코르크 마감재를 선호한다. 격조 있는 와인 바에서 수백 달러의 고가 와인을 소믈리에가 와서 "따르륵" 하고 싱겁게 개봉한다면 김빠진 느낌이 들겠지만, 호일을 조심스레 벗겨내고 코르크 스크루를 돌리며 와인을 개봉하는 모습을 지켜보면 마치 신성한 의식을 치르는 행위와 같아서 모임의 분위기도 더욱 살아난다.

코르크의 사용은 고대 이집트 시대로 거슬러 올라가며, 현대적인 와인 병 마감재로서는 17세기에 널리 퍼지기 시작했고, 18세기 산업혁명 이후 대량생산이 가능해졌다. 코르크는 코르크참나무 Quercus suber의 외피에서 얻어지는 자연 소재로 만든다. 코르크의 수명은 보관 환경에 따라 다르지만, 적절한 조건에서는 20년 이상 와인 병을 밀폐할 수 있지만, 와인 병의 코르크는 일반적으로 10년에서 15년 사이다. 코르크참나무의 수명은 약 200년으로, 9년에 한 번씩 껍질을 벗겨내어 코르크를 만드는데, 총 13~15회 정도 벗겨낼 수 있으며 한 번에 약 5,000개의 코르크를 생산할 수 있다. 전 세계적으로 매년 130억 개의 코르크가 생산되며, 이 중 50%는 포르투갈에서 생산된다.

와인의 시음 적기와
빈티지

사람도 처음엔 크게 두각을 나타내다가 용두사미로 끝나는 경우가 있고, 처음엔 특별한 존재감이 없었지만 이후 뛰어난 능력을 발휘하는 대기만성형 인물이 있듯이 와인도 마찬가지다. 와인은 생물이라 병 속에서 숙성이 진행되면서 구조적 변화가 일어나 복합미가 생성되고 맛과 향이 부드러워지는 반면, 가벼운 화이트 와인처럼 나온 지 2~3년 이내에 신선할 때 마시는 것이 좋은 경우도 있다. 와인의 스타일별로 적정한 음용 시기가 있기에 이를 시음 적기라고 한다.

해외의 유명 와인 전문지나 평론가들도 특정 와인의 시음 적기를 알려 주는데, 그만큼 적절한 시기에 와인을 마심으로써 얻는 효용 가치가 크기 때문이다. 보르도 그랑 크뤼급 와인은 가격이 만만치 않은데, 2~3년 된 영 빈티지young vintage 와인을 지금 마신다면 감흥이 덜할 수밖에 없다. 따라서 최소 10년 정도는 숙성해야 겨우 시음 적기

샤토 몬텔레나 와이너리에서 생산된 다양한 빈티지의 와인

에 이르고, 20년 정도 숙성되었을 때 비로소 완벽한 모습을 보여 주기도 한다. 카베르네 소비뇽 중심의 보르도 레드 블렌드 와인이나 이탈리아 바롤로, 바르바레스코, 브루넬로 디 몬탈치노, 아마로네 같은 와인이 이에 해당된다. 이런 와인들은 최소 5년 이상의 숙성과 마시기 전 한 시간 이상의 디캔팅으로 브리딩을 충분히 해 줘야 한다.

하지만 화이트 와인이나 로제 와인은 상큼한 산미와 프레시한 과일 풍미, 가벼운 바디감을 추구하므로 2~3년 내에 마시는 것이 좋다. 물론 부르고뉴의 프리미에 크뤼 또는 그랑 크뤼 샤르도네 와인이나 미국 나파 밸리, 소노마의 오크 숙성된 풀 바디 샤르도네의 경우에는 5~10년 정도 숙성하면 맛이 더 부드러워지며 더 복합적인 향미를 느낄 수 있다.

같은 와인도
더 맛있게 마시려면

와인의 맛과 향, 품질에 대한 전반적인 느낌은 와인을 마실 때의 환경적 요인에 의해 영향을 많이 받는다. 와인의 온도가 적절한지, 공기와의 접촉을 통해 브리딩을 충분히 했는지, 경우에 따라 디캔터를 사용했는지, 해당 와인이 시음 적기에 이르렀는지, 와인 종류에 적당한 와인 잔을 선택했는지 등에 따라 와인에 대한 느낌이 달라진다는 것을 경험으로 깨닫는다.

온도

이 중 가장 중요한 요소는 바로 시음 시의 온도다. 우리가 음식을 먹을 때도 요리별로 맛있게 느껴지는 온도가 있듯이 와인 또한 종류별로 시음에 가장 적합한 온도가 있어서 와인의 품종별, 스타일별 적정한 음용 온도를 위한 가이드 라인이 제시되고 있다. 한여름 높은 실내 온도에 노출된 레드 와인을 개봉하여 마신다면 맥 빠진 텁텁한 맛과 높게 느껴지는 알코올 도수, 신선함과 균형감을 잃은 풍미와 거친 질감으로 불쾌한 느낌이 든다. 반대로 너무 낮은 온도의 레드 와인은 쓴맛이 도드라지고 향이 올라오지 않아 당황스러운데, 이런 시행착오를 줄이려면 와인의 종류별로 대략의 적정 온도를 기억해 두는 것이 좋다.

레드 와인은 온도가 너무 낮으면 풍성한 향을 기대하기 어렵기 때문에 화이트 와인보다는 음용 온도가 높은 편으로 보통 16~18도 정도가 적당하다. 보르도 레드 와인과 카베르네 소비뇽, 시라, 말벡 와인은 18~20도 정도를 유지하는 것이 좋고, 이보다 바디감이 조금 낮은 템프라니요, 네비올로, 메를로, 그르나슈 와인은 16~18도, 라이트 바디의 보졸레, 피노 누아, 산지오베제 와인은 14~16도 정도가 알맞다. 화이트 와인은 시원한 청량감과 침샘을 자극하는 산미가 중요하기 때문에 레드 와인보다는 더 차갑게 마셔야 하는데, 이 중에서도 바디감이 있는 샤르도네 와인은 10도 정도, 상큼한 풀 향이 돋보이는 소비뇽 블랑은 9도, 산미와 미네랄리티가 뛰어난 리슬링은 8도 정도가 적합하다. 거품이 활기차게 오르며 입 안에서 터지는 기포의 즐거움을 주는 스파클링 와인은 화이트 와인보다 더 차갑게 마셔야 하는데, 보통 6~8도 정도면 알맞다.

와인 한 병을 마시는 데 소요되는 시간은 상황에 따라 달라질 수 있고, 이에 따라 와인 병에 든 와인의 온도도 점차 높아지는데, 와인 바 또는 레스토랑에서 마실 경우 얼음을 넣은 아이스 버킷을 부탁하여 와인의 적정 시음 온도에서 너무 높아질 경우 잠깐씩 칠링하여 마시면 한 병을 비우는 내내 최적의 온도 상태를 유지하면서 와인을 즐길 수 있다.

디캔터를 활용해 와인 브리딩을 하면 와인의 향과 맛이 좋아진다.

와인병에 꽂아 사용하는 소형 디캔터도 공기 접촉을 넓혀 약간의 브리딩 효과를 낸다.

브리딩

시음 온도 다음으로 중요한 것은 브리딩breathing이다. 브리딩이란 와인이 숨을 쉬게 한다는 의미로, 와인을 개봉하여 일정 시간 동안 공기와의 접촉을 통해 잡 향을 날리고 와인 고유의 풍성한 향이 살아나도록 하여 이상적인 시음 만족감을 추구하는 방법이라 할 수 있다. 와인은 수년간 병 안에서 숙성이 진행되면서 불쾌한 향을 생성하는 화학적 화합물이 포함될 수 있는데, 잔에 따르고 몇 차례 돌려주는 스월링swirling을 통해 이러한 잡 향을 없애고 산소와의 작용을 통해 향과 맛을 개선할 수 있다. 화이트 와인은 대부분 프레시한 과일 향과 산미를 즐기기 위해 비교적 영할 때 마시는 경향이 있지만, 오크 숙성이 된 샤르도네는 숙성 잠재력이 있어 와인 셀러에서 몇 년간 숙성한 다음 마시기도 하는데, 이 경우에는 브리딩을 하는 것이 좋다.

브리딩 여부는 개인의 취향에 따라 다를 수 있으므로 같은 와인을 한 번은 그냥 마셔 보고, 그다음엔 브리딩을 해서 마셔 봄으로써 자신의 취향을 발전시켜 나갈 수 있다. 브리딩에는 병 브리딩과 디캔터 브리딩의 두 가지 방법이 있다. 병 브리딩은 코르크를 개봉한 상태에서 30분 내지 한 시간 정도 병을 세워 두는 다소 소극적인 방법이고, 디캔터 브리딩은 디캔터에 와인을 따르고 한두 시간 정도 산소에 노출시키는 매우 적극적인 방법이다.

원래 디캔터의 용도는 와인 속 침전물을 제거하는 것인데 공기와의 접촉 면적을 최대한 늘려 와인을 좀 더 빨리 열리게 하는 부수적인 효과가 더 크다고 할 수 있다. 비교적 영한 풀 바디 레드 와인은 디캔터 브리딩을 한 다음 마시는 것이 좋고, 피노 누아나 로제 와인과 같은 섬세한 와인은 브리딩을 하지 않고 잔에 따라 스월링을 한 다음 마시는 것이 좋다. 와인을 보관할 때 산소는 가장 피해야 할 적이지만, 개봉하여 마실 때에는 와인이 가진 매력과 잠재력을 최대한 끌어내는 촉매와도 같은 존재다. 과일 풍미가 강하고 바디감이 높고 복합미가 있는 레드 와인은 반 병만 마시고 냉장고에 넣어 두었다가 다음 날 마시면 오히려 풍미가 더 폭발적으로 올라와 있고 맛도 훨씬 부드러워져 있음을 발견하고는 놀라기도 한다. 하지만 와인을 있는 그대로 느껴 보고 싶다면 이런 번거로움에서 벗어나 와인을 개봉하고 조금씩 나누어 마시면서 두 시간 정도의 여유를 가지고 천천히 음미하는 것이 좋으며, 시간이 지남에 따라 천천히 변화하는 와인의 향과 맛을 온전히 즐겨 보는 것도 좋다.

시음 적기

만약 선택의 여지가 있어 시음 적기에 이른 와인을 골라 마실 수 있다면 금상첨화다. 과일 향이 풍성하고 산미가 좋은 화이트 와인은 프레시한 풍미를 즐기기 위해 영한 빈티지를 마셔도 좋지만, 레드 와인의 경우는 어느 정도 숙성 기간을 거치면 풍미가 훨씬 좋아지고 밸런스도 개선된다. 규모 있는 와인 숍에서 일부러 올드 빈티지의 와인을 찾아서 구매하기도 하고, 경제적 여유가 있다면 최근에 풀리기 시작한 좋은 빈티지의 와인을 사서 와인 셀러에서 몇 년 동안 익혀 시음 적기에 마시기도 하는데, 와인에 어느 정도 눈뜨게 되면 빈티지에 예민해진다.

프랑스 보르도 그랑 크뤼급 와인의 경우 빈티지마다 품질의 차이가 큰데, 이를 빈티지 베리에이션이라고 한다. 예를 들면 보르도의 2000년, 2005년, 2009년, 2010년, 2015년, 2016년, 2018년, 2019년 빈티지는 매주 뛰어난 편으로 20~30년 이상의 장기 숙성 잠재력이 있어서 시장에서도 높은 평가를 받고 있으며, 부르고뉴 와인은 2002년, 2005년, 2006년, 2009년, 2010년, 2015년, 2019년이 뛰어난 빈티지로 손꼽힌다. 이런 훌륭한 빈티지의 와인은 10년 이상 숙성되었을 때 최고의 시음 적기가 시작된다고 할 수 있으니 기념할 만한 뜻깊은 날을 골라 좋은 사람들과 함께 마신다면 좋은 추억으로 남을 것이다.

미국, 칠레, 아르헨티나, 호주, 뉴질랜드 등 신대륙에서 생산되는 와인들은 연도별로 비교적 변화가 없는 기후대이기 때문에 빈티지 베리에이션이 심하지 않아 생산된 지 2~3년 정도라도 쉽게 마실 수 있는 스타일의 와인이라 할 수 있다. 인터넷에서 빈티지 차트를 검색하면 세계의 주요 생산 지역별 빈티지 현황을 그림이나 수치로 파악할 수 있으니 데이터를 내려받아 저장해 두면 필요할 때 언제든 참조할 수 있다.

와인 잔의 선택

와인 종류에 따른 잔의 선택도 매우 중요하다. 처음엔 일반적인 와인 잔 하나로 스파클링, 화이트, 레드 와인 구분 없이 마시다가 어느 수준에 이르면 와인의 스타일에 따라 잔을 구비해 놓고 구분해서 즐기게 된다. 스파클링 와인이나 샴페인은 작은 기포가 솟구치는 모습을 즐길 수 있고 거품이 잘 보존되는 튤립이나 플루트 형태의 얇고 긴 샴페인 잔이 적절하고, 화이트 와인은 온도를 차갑게 유지하고 조금씩 마시므로 와인을 자주 따를 수 있도록 키가 낮고 볼이 작은 잔이 제격이다. 레드 와인은 조금 더 높은 온도에서 마시며 공기와의 접촉

와인 잔의 종류. 왼쪽부터 스파클링, 화이트, 일반 레드, 부르고뉴 레드, 보르도 레드, 디저트 와인 잔.

와인의 기초

을 통해 풍부한 과일 향을 발산하는 데 유리한 볼이 큰 잔이 좋다. 특히 피노 누아 와인은 볼이 넓고 둥근 버건디 잔이, 그리고 가장자리가 넓고 키가 큰 대형 와인 잔은 보르도 와인이나 미국산 카베르네 소비뇽처럼 타닌이 세고 향이 강한 레드 와인에 적합하다.

와인이 더 맛있어지는 시음 순서

많은 종류의 와인을 마실 수 있는 와인 파티나 와인을 소개하는 시음회에 간다면 시음 순서를 알고 마시면 좋다. 스파클링에서 시작하여 화이트, 로제, 레드, 디저트, 주정 강화 와인의 순서로, 알코올 도수가 낮고 가벼운 느낌의 저주도에서 강한 풍미의 고주도의 순서로, 옅은 색상에서 짙은 색상의 순서로 마시면 우리의 미각에 혼란을 일으키지 않고 와인의 풍미를 자연스럽게 즐길 수 있다.

특히 수십 종의 와인이 소개되는 수입사 시음회나 생산자 시음회에 참여한 경우에는 처음엔 맛과 향만 음미한 다음 타구(스피툰)에 모두 뱉어내고, 가장 인상적인 와인 부스 몇 군데를 다시 찾아가 온전하게 음미하는 것이 바람직하다. 그렇지 않으면 중간에 취해서 그날 무엇을 마셨는지조차 기억하기 어려울 것이다. 시음장에서 배포되는 와인 리스트를 보며 마음에 드는 와인에 점수나 체크 표시를 해두면 다시 찾아가기도 쉽고, 이후 구매 시에 참고자료로도 사용할 수 있다.

품질을 유지하는 와인 보관법

와인을 맛있게 마시려면 개봉하는 그날까지 보관을 잘 해야 한다. 구매하거나 선물 받은 와인을 실내 장식장이나 선반에 세워 두면

빈티지 베리에이션이란?

빈티지 베리에이션vintage variation은 매년 와인의 품질에 영향을 미치는 기후변화를 의미한다. 자연환경에 노출된 포도밭은 가뭄, 서리, 우박, 폭우, 해충, 곰팡이 발생 등을 해마다 다르게 겪는데, 이러한 요소는 포도의 성장과 최종적으로는 와인의 맛, 향, 구조에도 큰 영향을 미친다. 와인 생산지마다 기후 조건이 다르기 때문에 빈티지 베리에이션의 정도와 특성도 다양하다.

프랑스, 이탈리아, 스페인 등 구대륙과 미국, 칠레, 호주, 뉴질랜드 등의 신대륙 와인 생산지는 기후변화에 대해 각각 다른 반응을 보인다. 구대륙은 오랜 역사와 전통을 가진 지역으로, 기후변화에 민감하게 반응하며, 특히 서리와 우박 같은 극단적인 날씨 조건에 큰 영향을 받는다. 반면 신대륙의 와인 생산지는 구대륙보다는 좀 더 안정적인 기후 조건으로 빈티지의 편차가 적고, 현대적인 농법과 기술을 활용하여 기후변화에 좀 더 유연하게 대처하고 있다.

특히 문제가 되는 생산지로 프랑스의 부르고뉴 지역이 언급되는데, 봄철에 서리가 자주 발생하여 포도나무의 싹이 얼어 죽는 등 작황에 큰 손실을 입는다. 가장 최악의 피해를 입은 2021년을 비롯, 2017년, 1997년, 1991년 등 10년에 두세 번 정도 큰 서리 피해를 입었다. 이러한 극단적 날씨 조건은 포도 수확량 감소로 이어졌으며, 결과적으로 해당 빈티지의 와인 가격과 품질에 영향을 미쳤다.

평년 대비 건조한 날씨가 계속되면 나무는 수분 부족 스트레스를 적당하게 받아 생산량이 줄어들지만 농축되고 집중된 과일 향을 지닌 와인을 만들 수 있고, 비가 많이 내리면 아무래도 포도알의 당분이 희석되고, 곰팡이가 발생하여 작황이 나빠진다. 햇볕이 지나치게 부족한 해에는 포도가 충분히 익지 않아 와인의 품질이 저하되기 때문에 와인을 구매할 때에는 해당 생산 지역의 빈티지 차트를 참고해서 가격이 적정한지 살펴보는 것이 현명하다.

와인을 시음할 때에는 스파클링, 화이트, 로제, 레드 순서로, 바디감과 알코올 도수가 낮은 것에서 높은 순서로 마시면 미각에 무리를 주지 않는다.

2~3년 내에 와인이 상하거나 변질되어 버려야 하는 경우가 생기기도 한다. 여름엔 뜨거운 열기 때문에, 겨울엔 낮은 습도 때문에 와인에 문제가 생기기도 하고 코르크가 삭아서 부스러지기도 한다. 와인은 반드시 옆으로 눕혀서 코르크가 와인에 젖어 있도록 해야 코르크의 팽창으로 밀봉 상태를 유지할 수 있다. 와인 냉장고가 없다면 가급적 온도의 변화가 적고, 습도가 일정하고, 진동이나 햇볕을 피할 수 있는 공간에 보관하는 것이 좋다. 우리나라의 경우 10월에서 다음해 5월까지는 햇볕이 들지 않는 다용도실이나 창고에 보관해도 무방하지만 6월부터 9월까지는 온도가 급격히 올라가기 때문에 김치 냉장고나 일반 냉장고로 옮겨 보관하는 것이 좋다. 와인 셀러는 통상 13.5도 정도를 유지하도록 세팅하는데, 이는 양조장의 지하 저장고 온도와 비슷해서 시간에 따라 와인이 천천히 숙성되도록 하기 위함이다.

개봉한 와인을 끝까지 신선하게 마시려면

마시고 남은 와인을 다음에 마실 때까지 맛과 풍미를 잃지 않도록 보관하는 것도 매우 중요하다. 와인은 일단 개봉하면 며칠 가지 못해 맛과 향을 잃고 산화되어 밋밋해지거나 불쾌한 산화취가 나면서 마실 수 없는 상태로 변해 간다. 산화의 주범은 산소이고, 보관 온도가 높을수록 가속화된다. 마시고 남은 와인이 있다면 하프 보틀half bottle 에 꽉 채워서 보관하거나, 밀봉이 가능한 유리 재질의 작은 병에 넣어 남는 공간에 공기가 들어가지 않도록 채우거나, 아니면 빈 생수병에 남은 와인을 따른 다음 와인이 넘치기 직전까지 패트병을 눌러 공기를 뺀 다음 뚜껑을 닫아 냉장고에 넣어 두면 4주까지 변질 없이 좋은 상태로 보관할 수 있다. 와인이 맛이 가는 유일한 이유는 산소와의 접촉으로 인한 산화 때문이다.

소믈리에처럼
느낌 표현하기

　와인 유튜버로 활동하면서 구독자와의 오프라인 모임이나 온라인 Q&A를 통해 가장 많이 접하는 질문 중 하나는 "와인을 마신 후그 느낌을 어떻게 표현하는가?"였다. 지인들과 와인을 마시면서 시음 소감을 뭔가 그럴 듯하고 설득력 있게 표현하는 것이 와인 애호가들의 로망이라 할 수 있다. 물론 유명 와인 평론가나 비평가처럼 전문적인 시음평이나 시음 노트를 만들기는 어렵겠지만 시음에 대한 기본적인 원칙과 체계를 이해하고 반복적으로 연습한다면 만족할 만한수준에 이를 것이다.

　와인을 마신 지 10년 된 사람이 그랑 크뤼 와인을 마시고 시음평을"와, 맛있다." 한마디로 끝내 버린다면 허망할 것이다. 하지만 조금만노력한다면 와인을 함께 마신 친구들 앞에서 다음과 같은 설명을 할수 있을 것이다. 짙은 루비 색상이며 코에서는 잘 익은 검은 계열의 과일 향과 약간의 스파이시한 향, 입 안에서 느껴지는 침샘을 자극하는 상쾌한 산도, 촘촘한 입자처럼 잘 다듬어져 비단결처럼 느껴지는 타닌의 질감, 드라이하지만 과일의 단맛이 살아 있는 미세한 달콤함, 입 안을 꽉 채우는 풀 바디 와인으로 블랙체리, 산딸기 같은 발랄한 과일 향과 감초, 말린 허브, 코코아, 피망, 오크 등의 복합적인 풍미가 조화롭게 어우러져 만들어 내는 완벽한 밸런스, 목 넘김 이후에도 여운을 남기는 기분 좋은 피니시 등과 같이 시음 느낌을 표현한다면 함께한 모두가 감탄할 만한 멋진 시음평으로 기억될 수 있을 것이다.

물론 이 정도의 시음평을 하려면 상당한 학습과 테이스팅 경험이 필요하다. 식음 업장에서 일하는 소믈리에들도 수없이 많은 종류의 와인을 시음하고 테이스팅 노트를 작성하면서 이런 기법을 터득해 간다. 일반 와인 애호가들도 이런 연습이 필요한데, 가장 도움이 되는 것은 시음 노트를 작성해 보는 것이다. 인터넷 검색이나 와인 입문서를 통해 정형화된 시음 노트를 참조할 수 있는데, 일반적으로 몇 가지 평가 항목과 기준이 제시되어 있다. 다양한 아로마와 부케bouquet 향이 기술되어 있으므로 여기에 근거하여 자신의 시음 느낌을 하나씩 체크해 가다 보면 꽤 체계적인 시음 기술을 연마할 수 있다. 지인들과 함께 시음 노트를 작성하고 서로의 느낌을 나누다 보면 공통분모를 넓혀 갈 수 있고, 더 객관적이고 설득력 있는 시음 스킬로 발전해 갈 수 있다.

와인 시음의 네 가지 범주

와인의 시음은 크게 네 가지 범주로 구분되는데, 시각, 후각, 미각 그리고 종합적인 평가로 귀결된다. 시음의 순서는 눈, 코, 입의 순서처럼 아래로 내려가면서 하되, 마지막은 이 와인에 대한 종합적인 평가, 즉 결론을 내리는 것으로 끝을 낸다. 시각적 정보와 후각적 정보, 입 안에서 느껴지는 다양한 구조감에 대한 정보를 바탕으로 내리는 결론은 시음 와인의 품종, 추정되는 생산 지역, 숙성 정도, 전반적인 품질 수준에 대한 평가라 할 수 있다. 처음엔 쉽지 않지만 지속적으로 훈련을 하면 실제에 근접하는 상당히 정확한 추론이 가능해진다.

시각 – 색상과 농도

시음할 때는 첫 번째로 시각적인 느낌부터 표현해 보자. 시각적 평가의 세부 항목으로는 와인의 맑은 정도, 색상의 강도와 컬러 등을 들 수 있다. 와인은 대부분 맑고 밝아 보이지만 간혹 뿌옇고 흐리게 보이는 경우도 있다. 맑은 정도로 와인이 마실 만한 상태인지 여부를 알 수 있는데, 뿌옇고 흐리게 보인다면 내추럴 와인이나 필터링을 하지 않은 와인이 아니라면 와인이 변질되었을 가능성이 있다. 다음은 색상의 강도로, 옅거나 중간 또는 짙은 정도로 구분할 수 있다. 포도 품종이나 양조 방법에 따라 색상의 농도에 차이가 날 수 있다. 보졸레 누보나 피노 누아를 카베르네 소비뇽이나 시라(쉬라즈)의 색상과 비교해 보면 그 차이를 확실히 알 수 있다. 와인의 색상은 화이트, 로제, 레드 와인에 따라 몇 개의 범주로 구분할 수 있는데, 화이트 와인의 경우 레몬, 노랑, 골드, 호박색, 갈색으로 구분하고 각 구분마다 옅은, 중간 또는 짙은색으로 세분해 볼 수 있다. 로제 와인의 경우는 핑크, 연어 색, 오렌지 색, 구리 색으로 구분할 수 있고, 레드 와인의 경우는 퍼

프랑스 보르도 샤토 마고에서의 와인 테스팅. 와인 잔을 전방을 향해 45도 기울여 들고 색상을 파악한 뒤 가장자리 색을 통해 숙성 정도를 알아본다.

플, 루비, 가넷, 황갈색, 갈색으로 구분하고 각 단계마다 옅은, 중간, 짙은 정도로 세분한다. 인터넷에서 정보를 검색해 이에 해당하는 색상들을 눈에 익혔다가 와인을 마실 때마다 기억 속의 색상과 매칭해 본다면 색상의 구분에 도움이 될 것이다. 와인의 색상을 확실히 알려면 흰색 테이블보나 흰 종이 위에 와인 잔을 두고 전방을 향해 45도 기울여서 보면 된다. 색상을 파악한 후에는 가장자리를 살펴 와인이 얼마나 숙성되었는지도 파악해 본다. 오래된 와인일수록 잔의 가장자리가 물처럼 옅은 경향을 보이며, 중간 부분의 심도가 깊고 짙어 보이는 정도에 따라 포도 품종을 추정해 볼 수도 있다.

와인의 기초

후각 - 향의 상태, 강도, 특성

두 번째는 코로 후각적 정보를 파악하는 단계다. 이를 위해서는 와인의 향을 발산시켜 향을 맡기 위한 준비 동작이 필요하다. 와인 잔의 얇고 긴 스템stem 부분을 가볍게 잡고 돌려보는 스월링은 와인을 깨우는 행위로 수년간 병 안에 갇혀 있으면서 위축된 와인을 공기 중의 산소와 자연스럽게 섞이도록 하여 와인의 고유한 향을 피어오르게 하는 데 목적이 있다.

후각적 정보의 세부 항목으로는 향의 상태, 강도, 특성을 들 수 있다. 향의 상태란 향이 얼마나 깨끗한가clean를 판단하는 것으로, 정상적인 경우에는 순수한 와인 향이 나는 반면, 코르크 불량이나 보관 불량으로 와인이 변질된 경우에는 젖은 신문지나 불쾌한 향이 난다. 따라서 시음 전에 향을 맡는 것은 향의 상태를 확인해 바로 마실 수 있는 상태인지를 판별하는 것이다. 그다음은 향의 강도를 알아보는 것으로 가볍거나 중간 또는 강렬한 향으로 구분하는데, 포도 품종이나 포도 껍질의 색상, 양조 방식에 따라 달라질 수 있다. 피노 그리, 리슬링, 소비뇽 블랑과 오크 향이 나면서 버터리한 미국산 샤르도네를 비교해 보면 향의 강도에서 분명한 차이를 느낄 수 있다. 그다음 순서는 향의 특성을 파악하는 것이다. 1차적 향은 포도 품종에서 비롯되는 것으로 꽃, 감귤류, 허브, 풀이나 채소, 핵과류, 붉은 과일, 검은 과일, 말린 과일, 열대과일, 채소와 향신료의 향을 들 수 있고, 와인을 양조하는 과정에서 생성되는 2차적 향으로는 크림, 버터, 이스트, 바닐라, 토스트의 향을 들 수 있다. 그리고 오랜 병 숙성을 통해 생성되는 3차 향의 예로는 견과류, 말린 타바코 잎, 커피, 시가 박스, 코코넛, 말린 과일, 부엽토, 가죽, 흙, 익힌 고기의 향을 들 수 있다. 생산된 지 얼마 되지 않은 어린 빈티지의 와인은 과일 향이 지배적이지만 오래 숙성하면 과일 향이 점차 약해지고 3차 향이 두드러진다.

미각 – 당도, 산도, 타닌, 바디감, 밸런스

세 번째는 혀를 통한 미각적 느낌을 표현하는 단계로, 당도, 산도, 타닌, 알코올, 바디감, 향의 특성, 밸런스 등에 대한 평가를 내릴 수 있다. 코로 맡았을 때보다는 입 안에서 훨씬 더 많은 풍미의 특성을 파악할 수 있다. 입 안에서 데워진 와인의 향 분자들은 우리가 후비공을 통해 코로 숨을 내쉴 때 후각세포를 자극하여 향을 더 정확하게 맡을 수 있도록 한다.

혀에서 가장 먼저 느껴지는 것은 당도인데, 와인 속에 녹아 있는 잔당의 정도에 따라 드라이, 오프 드라이, 스위트 등으로 구분한다. 우리가 접하는 와인은 대부분 잔당감이 거의 없는 드라이 스타일이지만 개인적인 선호도에 따라 모스카토 다스티, 리슬링, 게뷔르츠트라미너처럼 달콤한 스타일의 와인을 즐긴다.

다음은 와인의 생명이라 할 수 있는 산도인데, 산미가 없는 와인은 밋밋하고 주스 같아서 마실 수 없을 것이다. 특히 화이트 와인은 레드 와인보다 산도가 높아서 프레시하면서도 상큼한 신맛이 식욕을 자극한다. 화이트 와인 중 리슬링, 소비뇽 블랑, 그뤼너 펠트리너가 산도가 높은 와인이다. 서늘한 곳에서 자라거나 포도를 일찍 수확하면 산미가 높아지는 경향이 있다. 산도는 그 정도에 따라 로low, 미디엄medium, 하이high로 세분할 수 있다.

다음은 레드 와인의 구조감을 구성하는 중요한 요소인 타닌으로, 떫거나 쓴맛을 말하며 마시고 난 후 혀를 입천장에 마찰해 보면 느껴지는 거친 정도로 구분할 수 있다. 카베르네 소비뇽, 말벡, 타나, 네비올로, 산지오베제 품종 등으로 만든 와인은 타닌이 강한 편이다. 또한 와인이 영하거나 서늘한 기후대에서 자란 경우에도 타닌은 거친 느낌을 준다.

알코올과 바디감은 와인에 무게감을 더하는 중요한 요소로 알코올이 높을수록 목 안쪽에서 뜨거운 기운을 느낄 수 있다. 알코올 도수가 12.5~13.5% 정도라면 미디엄, 13.5% 이상이면 하이로, 미국 나파 밸리의 카베르네 소비뇽은 거의 하이에 속한다. 이에 따라 바디감도 라이트, 미디엄, 풀로 구분할 수 있다. 풀 바디 와인은 대부분 색상이 짙고 향이 풍성하며 농축미가 있고 알코올 도수가 높은 편으로, 주로 따뜻한 기후에서 자라 당분 축적이 많은 포도를 사용하거나 오크 숙성을 한 와인인 경우가 많다.

다음은 가장 중요한 향의 특성을 파악하는 일이다. 미각과 후각을 함께 사용해서 느끼는 와인의 향과 풍미는 코로만 느낄 때보다 훨씬 정확하며 다각적이다. 후각적 평가에서 이미 언급했던 와인의 1, 2, 3차 향의 특성을 차례대로 찾아보자. 와인에서 밸런스는 매우 중요한 시음 평가 항목이다. 좋은 와인일수록 산도와 타닌, 과일 향, 구조감과 질감 등의 요소들이 입 안에서 균형을 이루며 편안하면서도 만족스러운 시음 경험을 제공한다. 하지만 산미가 너무 튀거나, 타닌이 거칠고 쓴맛이 나거나, 오크 향이 역하게 오르거나, 과일 향이 밋밋하거나, 알코올이 너무 치고 올라오거나 하는 경우는 와인의 균형감이 깨진 상태라고

이탈리아 산 지미냐노 지역의 몬테니돌리 와이너리에서 와인 시음과 평가 훈련을 하고 있다.

할 수 있다. 제대로 익지 않은 포도나 저급한 포도를 사용하거나, 상업적 대량생산, 시음하기에는 이른 개봉 등이 그 이유가 될 수 있다.

종합적인 평가

와인 시음의 네 번째 단계는 눈, 코, 입을 통해 느낀 생각을 종합적으로 정리하는 것으로, 마신 와인이 얼마나 완벽했는지를 정도에 따라 60~100점 사이의 점수를 부여해 보자. 산화 등 치명적인 결함이 있거나 크게 실망했다면 60점, 별로 안 좋았다면 70점, 평균이었다면 80점, 뛰어났다면 90점, 인생에서 몇 번 만나 보지 못할 정도라면 100점으로 정해 두고 마시는 와인마다 나름의 점수를 매기고 기록으로 남겨 놓는다면 이후 와인을 구매할 때나 와인을 추천할 때 도움이 될 것이다.

만약 블라인드로 테이스팅을 했다면 시각적, 후각적, 미각적 느낌

와인의 기초

요소를 종합적으로 판단하여 포도의 품종, 추정되는 생산 지역(더운 지역 또는 서늘한 지역, 연관된 특정 산지명), 숙성의 정도, 생산 방식, 오크 사용 여부, 구매 가격대 추정까지 정리해 볼 수 있다. 와인을 좋아하는 지인들과 블라인드로 시음하면서 서로의 주장과 그 주장을 뒷받침할 수 있는 논리를 서로 공유하다 보면 매우 객관적인 시음 평가 능력을 갖추게 될 것이다.

◯ **Wine Navigation**

호스트 테이스팅이란?

성주들이 이웃 성주들을 초대하여 만찬을 베풀 때는 초대한 성주가 좌중 앞에서 축배를 제안하면서 먼저 와인을 들이켰는데, 이러한 행위는 와인에 독을 타지 않았다는 것을 보여 주는 의식이었다. 옛 날에는 정적을 없애기 위해 와인에 비소 같은 독을 타는 수법이 사용되었다. 와인의 짙은 색상과 쓴맛 때문에 독이 든 것을 알아채지 못하기 때문이다. 이런 의식은 아직도 남아 있다. 고급 와인 바에서 와인을 주문하면 소믈리에가 와서 와인을 개봉하고 주문한 사람(대체로 함께 온 그룹의 우두머리격)에게 먼저 테이스팅하도록 와인을 조금 따라 준다. 호스트가 코르크의 상태나 와인의 색상과 향, 맛을 간단히 확인하고는 좋다는 의사를 표시하면 소믈리에가 서빙을 시작한다. 이런 과정을 호스트 테이스팅host tasting이라고 하는데, 와인을 주문한 호스트로서 함께한 사람들을 위해 와인에 이상이 없음을 확인하는 절차라고 할 수 있다. 이런 의식은 모임의 분위기를 고조시키며 즐거움을 극대화하는 효과가 있다. 마치 중세 시대 성주가 이웃을 초대하여 성대한 잔치를 열면서 치르던 중요한 의식과 같다.

와인의
바디감이란?

우리는 와인을 마시고 여러 가지 느낌을 말하는데 그중에서도 가장 자주 언급하는 것은 와인의 바디감이다. 와인을 시작하는 사람들은 이 개념을 잘 이해하지 못한다. 바디감의 뜻과 와인마다 서로 다른 바디감의 차이를 구분하기 어렵기 때문이다. 따라서 방법을 알아두면 도움이 된다. 바디감이란 입 안에서 느낄 수 있는 와인의 무게감으로, 입 안에 물을 한 모금 머금었을 때와 두유를 머금었을 때 느끼는 무게감이 다른 것에서 알 수 있다. 맑은 콩나물국과 진한 곰탕의 무게가 입 안에서 달리 느껴지듯, 와인도 구성 성분의 차이에 따라 묵직하거나 가벼운 느낌이 드는 것이다.

와인마다 바디감이 다른 가장 근본적인 이유는 와인 속에 녹아 있는 알코올의 함량과 고형 성분의 정도가 다르기 때문이다. 그 묵직함의 정도에 따라 라이트, 미디엄, 풀 바디 와인으로 구분할 수 있다.

알코올의 함량

바디에 가장 큰 영향을 미치는 것은 와인을 구성하는 요소인 알코올의 도수다. 와인의 도수는 보통 10~15% 정도로, 14% 이상이면 무겁게 느껴진다. 주정 강화 와인을 제외하면 와인의 알코올은 포도를 수확했을 때 당분의 함량에 따라 결정되므로, 온화한 기후에서 잘 자라는 포도인 시라(쉬라즈), 말벡, 프티 시라, 카베르네 소비뇽 같은 경우 알코올이 대부분 13.5% 이상으로 높기에 풀 바디인 경우가 많고, 피노 누아 같은 경우는 서늘한 곳에서 자라므로 다소 가볍게 느껴진다. 통상 알코올 기준으로 볼 때, 12.5% 미만은 라이트 바디, 12.5%에서 13.5% 사이는 미디엄 바디, 13.5% 이상의 와인은 풀 바디 와인인 경우가 많다.

고형 성분의 정도

와인 속에 녹아 있는 고형 성분의 정도에 따라서도 바디감에 차이가 있다. 와인은 포도에서 다양한 성분을 추출하여 만든 과실주이므로, 자연히 고형 성분이 남는다. 껍질이 두꺼운 카베르네 소비뇽, 시라 같은 품종은 그만큼 껍질에서 색소나 타닌 같은 페놀 성분이 많이 추출되어 와인 속에 녹아든다. 양조 과정에서도 다양한 성분이 만들어지는데 잔당 성분, 글리세롤, 폴리페놀, 주석산, 사과산, 젖산 등이 생겨 무게감에 영향을 미친다. 오크통을 사용하면 오크에서 타닌 성분이 배어 나오며, 이 또한 무게감을 더한다. 예를 들어 샤르도네를 오크 숙성할 경우, 묵직한 느낌의 풀 바디 와인이 만들어진다. 특히 부르고뉴 고급 샤르도네의 경우에는 효모 찌꺼기인 앙금과 함께 숙성하기 때문에 바디감이 강화된다. 샴페인의 경우에는 발효가 끝나고 죽은 효모를 몇 년간 병 속에 가두면 효모 찌꺼기들이 자가 분해되면서 바디감을 높인다. 이러한 앙금 숙성Sur Lie을 몇 년 동안 하기 때문에 구수한 빵 향, 효모 향, 브리오슈 향 같은 샴페인 특유의 풍미를 자아낸다.

하지만 와인의 바디감은 양조 방식보다는 포도 품종이나 기후의 영향을 더 많이 받는다. 더운 기후에서 자라고 포도알의 색이 짙고 껍질이 두꺼울수록 당분을 많이 형성하고 추출물도 많아지므로 바디감이 강화된다. 서늘한 지역의 포도는 껍질이 얇고, 약간 덜 익었을 때 빨리 수확하므로 라이트 바디의 와인이 만들어진다. 화이트 와인의 경우는 대부분의 스파클링이나 피노 블랑, 리슬링, 피노 그리 품종은 라이트 바디이고, 소비뇽 블랑, 슈냉 블랑, 세미용 품종은 미디엄 바디이며, 샤르도네, 비오니에, 게뷔르츠트라미너 품종은 미디엄 바디에서 풀 바디까지의 무게감을 느낄 수 있다. 레드 와인 중에서는 브라케토, 가메, 람브루스코, 카르메네르, 바르베라는 라이트 바디이고, 그르나슈, 메를로, 네비올로, 산지오베제, 템프라니요는 미디엄 바디이며, 카베르네 소비뇽, 말벡, 시라, 진판델 품종은 미디엄 플러스 이상에서 풀 바디의 특성을 보인다.

하지만 포도를 늦게 수확하거나, 이탈리아 아마로네처럼 몇 가지 품종을 섞어서 포도를 몇 달 동안 말린 후 양조하면 포도즙이 농축되어 풀 바디의 와인을 만들어 낼 수 있다. 와인의 신맛과 기포는 바디감을 조금 약화시키는 효과가 있다. 예를 들면 산도가 높은 레드 와인은 신맛 때문에, 스파클링 와인은 탄산가스 때문에 바디감이 실제보다 약간 낮게 느껴질 수 있다.

와인을 몇 번 마셔 보면 자신이 어떤 스타일의 와인을 더 좋아하는지 알 수 있다. 와인 숍을 방문했을 경우 점원이 와서 "어떤 스타일의 와인을 좋아하시나요?"라고 물으면 그때 자신 있게 대답하면 된다. "저는 가벼운 바디감에 산미가 좋은 와인을 좋아해요. 뉴질랜드 소비뇽 블랑이나 이탈리아 피노 그리지오 와인 있나요?"

사람들의 입맛은
모두 같을까?

  우리가 맛을 인식하는 것은 혀에 분포되어 있는 미뢰(맛봉오리) 속의 수많은 미각세포가 단맛, 신맛, 짠맛, 쓴맛, 감칠맛에 반응하여 전기적 신호를 뇌로 보내 맛을 인지하게 되는 현상을 의미한다. 갓난아기 때는 미뢰의 수가 1만 개 정도로, 혀뿐 아니라 입 안 전체에 분포되어 있어 맛에 매우 민감하다. 당분이 주는 달콤한 쾌감에 따라 엄마 젖을 놓지 않으려 하는 반면 쓴맛이 나는 음식이나 신맛이 나는 음식에는 인상을 찌푸리며 진저리를 치기도 한다. 그만큼 어른들의 입맛보다는 매우 예민하게 반응한다. 맛을 느끼는 미뢰의 수가 많을수록 맛에 민감하게 반응하지만 나이가 들수록 미뢰의 수가 감소하여 어른이 되면 5,000~7,000개 정도 남는다. 개인에 따라 미뢰의 수가 많이 남아 있는 사람일수록 맛에 민감한 경향이 있다고 한다. 신맛에 민감하면 산미가 강한 화이트 와인을 좋아하지 않고, 떫은맛과 쓴맛에 민감한 사람은 카베르네 소비뇽이나 말벡 같은 타닌이 강한 레드 와인을 피한다. 이런 민감성이 있는 사람들은 커피의 쓴맛도 좋아하지 않을 가능성이 높으므로 진한 커피를 싫어할 수 있다.

미각은 타고나는 것일까?

맛을 감지하는 미뢰의 수는 사람마다 차이가 크다. 보통 1cm²당 미뢰가 평균 200개 정도 있다. 하지만 400개가 넘는 사람도 있는데 그만큼 맛을 아주 강하게 느낀다고 할 수 있다. 와인이 매우 씁쓸하게 느껴지거나, 쓴 커피를 잘 마시지 못하는 사람, 커피에 설탕을 듬뿍 넣어 마시는 사람은 이런 과민감형일 가능성이 높다. 반면 미뢰가 1cm²당 100개 미만인 사람은 둔감형으로, 타닌과 바디감이 강하고 향이 진한 와인을 선호하는 경향이 있다. 비행기를 타고 높은 고도의 환경에 놓이면 맛을 인지하는 감각이 30% 정도 감소한다고 한다. 이런 이유로 기내에서 제공되는 와인은 대체로 과일 향과 풍미가 강하고 바디감이 높은 경우가 많다. 그렇지 않으면 와인이 밋밋하게 느껴지기 때문이다.

미국 최초의 MWMaster of Wine 두 사람 중 한 명인 팀 하니Tim Hanni를 데이비스 소재 캘리포니아 대학UC Davis 특별 강연에서 만난 적이 있다. 사람마다 입맛이 다르다는 이론을 담은 그의 책《당신이 좋아하는 와인을 좋아하는 이유Why You Like The Wines You Like》는 미국 내에서 꽤 신선한 호기심을 불러일으켰다. 그에 따르면 사람들은 각자 타고난 입맛이 다른 만큼 와인에 대한 선호도도 각기 다르며, 크게 네 가지 유형으로 나눌 수 있다고 한다. 자신이 어느 범주에 속하는지는 우리가 일상에서 접하는 음식에 대한 호불호 정도에 따라 점수가 매겨져 최종 합계 점수에 따라 판별되는데, 스위트sweet, 하이퍼센서티브hypersensitive, 센서티브sensitive, 톨러런트tolerant의 4개 타입으로 구분하고 있다.

스위트 형은 와인을 매우 까다롭게 고르는 편으로, 달콤하면서도 바디감이 가벼운 와인을 선호하며 타닌이 강하고 알코올 도수가 높아 강렬한 인상을 주는 강한 와인을 회피한다. 여성 중 70%가 이 유형에 속한다고 하며, 이런 유형의 사람은 탄산음료를 즐기며 짠맛의 음식을 즐길 가능성이 높다. 하이퍼센서티브 형은 스위트 형과 유사하지만 좀 더 열린 자세로 심플한 스타일의 와인을 받아들인다. 이런 유형은 TV의 볼륨이나 주변 온도에 딴 사람보다 더 예민하게 반응할 가능성이 높다. 센서티브 형은 와인 애호가들의 중간 정도를 차지하며 와인의 선택에 유연하고 모험적인 편으로, 이런 유형의 사람들은 일상생활에서도 더 자유롭고 덜 까다로운 경향이 있다. 톨러런트 형에 속하는 사람들은 매우 대담하고 강렬한 풍미의 와인을 즐겨 마시며 풀 바디의 레드 와인과 강렬한 맛의 화이트 와인을 선호한다. 성격도 단호하고 선형적인 사고를 하는 경향이 있으며, 진한 커피와 치즈를 좋아한다면 이런 유형일 가능성이 높다.

이처럼 사람마다 조금씩 다른 와인 선호도가 각자 타고난 신체적 특성에 기인한다는 주장은 나름 설득력이 있으나 진정한 와인 애호가라면 무궁무진한 와인의 세계에서 자신의 입맛에 맞는 스타일만 고집할 필요는 없다. 태생적 한계를 극복하고 다양한 스타일의 와인을 함께 즐기는 것이 진정한 와인 애호가의 자세라 할 수 있다. 불편함을 감수하고 떠나는 여행에서 우리는 종종 놀라운 감동과 삶의 의미를 새롭게 새기는 귀한 경험을 할 수 있는 것과 마찬가지듯 말이다.

◯ **Wine Navigation**

MW, 마스터 오브 와인은 누구인가?

요즘 와인 애호가 사이에는 와인의 최고 경지에 오른 MW에 대한 관심이 높아지고 있는데, 특히 모 와인 유튜브 채널에 두 명의 MW가 등장하여 해박한 와인 지식과 블라인드 테이스팅 실력을 선보이면서 큰 관심을 끌기도 했다. MW는 영국의 MW협회에서 소정의 준비 과정과 시험을 통과한 사람에게 주는 자격으로 와인에 대한 최고의 전문성을 인정받는 의미가 있다. 2023년 현재 31개국에서 500명 정도가 배출되었고, 416명이 활동 중이다. 매년 350명 정도가 MW 시험에 도전하지만 합격자는 불과 2~5명 정도로 난이도가 높고, 몇 단계의 악명 높은 시험을 통과해야 하기에 합격하는 것 자체가 큰 영예라 할 수 있다. MW들의 주요 활동 분야를 보면, 와인 컨설턴트, 와인 바이어, 와인 메이커, 양조학자, 포도 재배자, 소믈리에, 와인 교육자, 와인 저널리스트, 와인 비평가 등이며, 이들이 세계 와인계를 이끌어 가고 있다.

MW는 1953년 영국에서 시작되었다. 전통적으로 영국은 와인의 보관, 운송, 트레이딩, 옥션 분야에서 글로벌 리더 역할을 해왔다. MW는 1953년 영국에서 와인 거래를 위한 전문능력시험으로 아주 소박하게 시작하여 첫 시험에 21명이 응시하여 6명이 합격했고, 이들 6명이 1955년에 MW협회를 만들어 발전을 거듭해 온 결과 오늘에 이르렀다. 어떤 시험이든, 해가 지날수록 점점 어렵고 힘들어지는데 그만큼 희소가치가 커지고 기존 MW들의 위상을 높이는 기능을 한다. MW 시험에 응시하려면 와인업계에서 최소 5년 이상의 경력자로 WSETWind and Spirit Education Trust(국제 와인 전문교육 및 전문가 인증기관) 레벨 4 디플로마 취득자, OIVInternational Organisation of Vine and Wine(국제 와인 기구) 석사 과정 졸업자, 양조학 석박사 등의 요건을 갖추어야 한다.

MW가 되려면 실기와 이론 시험에 합격해야 하는데 실기는 12종의 와인을 블라인드 테이스팅 하는 시험을 세 차례 치르면서 총 36종의 와인에 대한 품종, 양조 방법, 원산지, 품질 수준과 스타일, 상업적 매력도 등에 대한 전문성 높은 답안을 작성해야 한다. 이론 시험은 포도재배학, 양조학, 병입 전 처리 공정, 와인의 관리, 와인 비즈니스, 와인 관련 최신 이슈 등에 대한 5개의 논술 시험으로 구성된다. 마지막 관문은 연구논문을 작성하는 과정으로, 모두 합격하면 대망의 MW로 등극할 수 있다. 서울 태생으로 한국계 미국인인 지니 조 리Jeannie Cho Lee는 2008년 아시아에서는 처음으로 MW에 합격했고 현재 홍콩을 중심으로 활발한 활동을 펼치고 있다. 우리나라도 자주 방문하여 와인 관련 강연이나 시음 행사에서 중요한 역할을 하고 있다.

싼 와인과 비싼 와인,
무엇이 다른가?

동일한 생산 지역에서 같은 품종으로 만들어도 가격에 차이가 큰 경우가 많다. 물론 포도밭의 토양 구성이나 미세기후, 재배 방법, 양조 기술의 적용, 와인 메이커의 능력 등에서의 차이가 결국 와인 가격에 영향을 미치지만 사람들은 결국 와인의 품질을 사는 것이다. 한 병에 10만 원인 와인은 2만 원짜리 와인보다 5배 맛있는 것은 아니지만 품질 차이에 기꺼이 더 많은 가격을 지불하여 구매하기도 한다. 그렇다고 막연히 더 잘 알려진 브랜드이거나 더 유명한 생산자의 이름 때문은 아니다. 와인은 공급과 수요의 원칙에 의해 가격이 정해지므로, 구매자 입장에서는 품질에 비해 가격이 너무 높다고 생각되면 구태여 살 필요를 느끼지 못할 것이다.

따라서 먼저 싼 와인과 비싼 와인을 구분하는 품질 요소를 파악한 후에 와인을 평가하는 습관을 가져야 할 것이다. 크게 네 가지 기준으로 와인의 품질을 가늠할 수 있는데, 향의 복합미, 향의 강도, 향의 지속성, 밸런스가 그것이다.

향의 복합미

첫 번째 기준은 복합미complexity 또는 향의 복잡성이다. 우리가 와인을 마셨을 때 한두 가지의 단순한 향에 그치지 않고 붉은 과일, 검은 과일, 말린 과일, 핵과류, 열대과일, 향신료, 허브, 견과류, 오크 향 같은 매우 복잡한 향이 피어나고, 시간이 지날수록 다층 구조의 레이어가 하나씩 벗겨지듯 발전하는 향이 느껴져 입 안을 풍부하게 한다면 복합미가 있는 와인이다. 이런 복합미는 고급 와인의 중요한 요소다. 샴페인이 비싼 이유는 특유의 복합미로, 효모 찌꺼기와 함께 병 안에서 수년간 숙성되는 과정을 거치며, 고급 화이트 와인은 1년간 오크통에서 앙금 젓기lees stiring를 하고 고가의 프랑스 오크통에서 숙성된다. 복합미가 있는 와인을 생산하기 위해 좋은 포도밭에서 난 포도를 손으로 직접 조심스럽게 수확하고 매우 엄격한 포도 선별 작업을 거치는 등 철저한 원료 관리가 요구되며, 실력 있는 와인 메이커의 양조 기술이 발휘되기도 한다. 이런 과정을 거친 와인의 복잡한 풍미와 깊은 맛은 마치 여러 층의 스펙트럼처럼, 오케스트라에서 연주하는 악기들이 표출해 내는 다양한 음색처럼 피어나 시음 경험에 큰 만족감을 선물해 주는 것이다.

향의 강도

두 번째 기준은 향의 강도다. 와인 향이 미약해서 잘 느낄 수 없다

전자 기계보다 정확한 사람의 냄새 식별 능력은?

사람이 정밀한 화학 센서보다 더 정확하게 감지하는 냄새는 바로 땅 냄새라고 한다. 땅 냄새는 라틴어로 지오스민geosmin이라고 하는데, 시골에서 소나기가 내릴 때 맡는 냄새다. 흙에 사는 박테리아가 내는 이 냄새는 너무나 미약해서 어떤 계측기로도 감지가 안 된다. 공기 중에 1조 분의 5 정도의 미량만 있어도 사람은 신기하게도 그 냄새를 맡을 수 있다. 이는 마치 월드컵 규격의 대형 수영장에 향료 5방울 정도가 섞인 것을 감지해 내는 초고도의 후각이라 할 수 있다. 우리가 왜 땅 냄새에 이토록 민감한지는 명확하게 규명되지 않았지만, 일설로는 인간의 조상이 물이 부족했던 아프리카에서 시작했기에 생존에 직결되는 물의 원천인 비 냄새에 고도로 민감한 후각을 갖게 되었다고 한다. 꽤 공감이 가는 가설이다.

면 마시는 감동도 떨어진다. 하지만 잔에 따르는 순간 퍼지는 와인의 향기에 매료되었던 경험이 누구나 한번쯤 있을 것이다. 와인에서 향은 생명으로, 좋은 와인은 대체로 향의 강도가 높은 편이다. 향의 강도는 음악의 볼륨과 같아서 나지막한 자장가보다도 교향곡의 웅장한 음량이 주는 임팩트가 훨씬 크다고 할 수 있다. 향의 강도가 높을수록 좋은 와인이 될 가능성이 크다.

와인의 향을 온전히 느끼려면 와인을 몇 초간 머금은 후 삼키고 입 안에 남은 잔향을 목구멍을 통해 코로 내쉬도록 한다. 와인의 향이 입 안에서 데워져 더 발산되어 코 안쪽의 후각세포를 자극하므로 훨씬 많은 향을 느낄 수 있다. 그래서 마시기 전에 코로 맡은 향보다 입을 통해 코로 내쉴 때가 더욱 정확하고 많은 향을 맡을 수 있게 되는 것이다.

향의 지속성

세 번째 기준은 와인 향이 입 안에서 얼마나 오래 지속되는가다. 싼 와인은 목 넘김 이후에 향이 그냥 사라지는 경향이 있지만, 비싼 와인은 이후에도 그 향이 지속되어 길게는 20~30초 이상 남는다. 프랑스에서는 와인 향이 입 안에서 지속되는 길이를 재는 단위로 코달리 caudalie라는 용어를 쓰고 있다. 코달리는 향이 지속되는 시간을 초로 재는 단위로, 길수록 훌륭한 와인이라 할 수 있다.

밸런스

네 번째 기준은 밸런스다. 밸런스는 가장 핵심적인 품질 요소라 할 수 있다. 와인에서 느껴지는 조화와 균형감을 뜻하는데 와인의 산도, 타닌, 당분, 알코올, 과일 향이 어우러져 어느 하나가 튀거나 모자람 없이 최고의 조화를 이루는 것이다. 고급 와인의 특징으로, 짜임새 있는 구조감을 보이는 타닌과 프레시한 산미, 생동감을 주는 과일 향과 고급스러운 질감 등을 통해 느낄 수 있는 전반적인 만족감을 들 수 있다. 이에 비해서 질이 낮은 와인은 어느 한 부분이 취약하거나 너무 튀어서 균형감이 깨진 상태나 품질 요소의 수준이 낮은 상태다. 타닌이 아주 거칠어 쓰거나 떫은 느낌, 도드라진 신맛, 과일 향이 밋밋하다면 만족도가 전반적으로 떨어지는 와인으로 평가할 수 있다.

좋은 와인이 보이는 품질 요소를 갖추려면 상당한 노력과 투자가 따라야 하기에 가격이 비싸질 수밖에 없다. 결국 와인의 가격과 품질은 정비례 관계에 있다고 볼 수 있다. 고가 와인의 비용 요소 중 가장 중요한 것으로 포도밭의 가격을 들 수 있는데, 부르고뉴나 오메독, 나파 밸리의 유명한 포도밭은 토지 가격이 주변에 비해 월등히 높다. 작은 농로 하나를 사이에 두고도 양쪽 밭의 가격이 천지차이인 경우가 많은데, 오랜 세월에 걸쳐 검증된 품질의 차이가 포도밭의 가격과 와인의 가격을 결정하는 가장 중요한 요소가 된 것이다.

특히 프랑스와 이탈리아 등 와인 역사가 오래된 지역인 경우, 원산지 명칭이 지정되거나 포도밭별로 그랑 크뤼, 프리미에 크뤼 같은 등급이 지정되는 경우가 많다. 당연히 이런 밭들은 일반적인 명칭을 가진 포도밭보다는 토지 가격이 월등히 높을 수밖에 없으며, 이는 와인의 가격에도 반영된다. 다음은 인건비 등 관리 비용의 차이로, 미국 나파 밸리와 아르헨티나 멘도사 지역의 인건비는 10배 정도의 차이가 난다.

포도 재배와 양조 방법에도 차이가 있다. 손으로 직접 수확하는지, 기계로 수확하는지에 따른 품질과 비용의 차이, 유기농이나 생물역학적 방식을 적용하고 화학제품 사용을 배제하고 양조를 하는지 등에서도 품질의 차이 요소가 발생한다. 양조 시 온도조절장치가 부착된 첨단 장비의 사용, 고급 프랑스 오크통의 사용, 최적의 포도만 골라내는 고가 광학선별장치, 고급스런 병과 라벨, 고급 코르크 사용 등에서도 원가 차이가 발생한다.

와인과 음식의
페어링 방법

와인의 종류는 워낙 다양해서 풍성한 과일 향과 강한 타닌이 느껴지는 풀 바디 레드 와인부터 침샘을 자극하는 매력적인 드라이 화이트 와인, 힘차게 솟아오르는 기포가 보기 좋은 스파클링에 이르기까지 정말 끝이 없다. 와인은 대부분 음식과 함께 즐기는데, 이 둘을 적절히 페어링하는 방법에 대해 고민하게 된다. 우리가 먹은 음식과 와인의 맛이 서로 맞아 상승 작용을 하면 더 큰 행복감을 느끼기에 특정 음식과 잘 어울리는 와인이 무엇일까 고민하고, 또 어떤 때에는 와인을 미리 정해 두고 적합한 음식을 찾기도 한다. 와인과 음식의 매칭에 도움이 되는 몇 가지 기준을 터득하면 만족스러운 미식 경험을 할 수 있다.

잘못된 페어링 피하기
그러려면 먼저 음식과 와인의 기본적인 상호작용에 대해 이해해야 한다. 어릴 때 양치질을 하고 나서 사과를 먹거나 오렌지 주스를 마셔서 예상치 못한 불쾌한 맛을 경험한 적이 있을 것이다. 와인과 음식도 마찬가지인데, 잘못된 조합으로 입 안에서 이상한 맛이나 불쾌감을 느끼면 참으로 난감해진다.

우선 잘 어울리지 않는 페어링 사례와 이를 피할 수 있는 대안적 선택에 대해 알아보자. 매운맛이 강한 음식은 타닌이 강한 레드 와인과는 어울리지 않는데, 와인이 매운맛을 증폭시키고 알코올이 더 세게 느껴지기 때문이다. 이런 음식에는 매운맛을 누그러뜨리는 효과가 있는 모스카토 다스티, 오프 드라이 리슬링이나 로제 와인이 잘 어울린다. 참치나 연어처럼 지방이 많은 생선도 타닌이 강한 레드 와인과는 어울리지 않는다. 생선 속의 철분 성분이 와인의 타닌 성분과 만나 비릿한 맛과 쇠 같은 금속성 맛을 내기 때문이다. 이런 경우는 타닌이 약한 피노 누아나 풀 바디 샤르도네가 어울린다. 식초를 사용한 새콤한 요리나 신 과일은 와인의 신맛을 압도하기 때문에 와인이 밋밋하게 느껴질 수 있다. 이때에는 오히려 신맛이 더 강한 프랑스 샤블리 화이트, 샴페인 또는 드라이 리슬링 와인이 어울린다. 후식으로 달콤한 디저트를 먹을 때 드라이한 와인을 곁들이면 와인의 신선한 과일 풍미가 사라지고 신맛만 도드라지므로, 이런 때는 음식의 달콤함에 상응하는 스위트 와인이 잘 어울린다. 이처럼 몇 가지 마이너스 효과가 나는 음식과 와인 조합만 피하면 와인을 큰 문제없이 즐길 수 있다.

와인과 음식 페어링의 기본

음식에 어울리는 와인을 선택할 때 크게 다음의 두 가지 기준을 적

용해 보자. 풍성한 과일 향과 스파이시한 특성이 있는 레드 와인은 육류의 단백질을 부드럽게 하고 지방의 풍미를 높이는 역할을 해 스테이크나 육류 요리와 비교적 잘 어울린다. 이때 고기가 부드러워지는 것은 와인 속의 화합물인 타닌 때문이다. 한편, 라이트 바디의 화이트 와인은 흰살생선과 닭고기 요리와 잘 어울린다. 와인의 산미가 생선의 맛을 향상시키고 더욱 신선하게 만들기 때문이다. 생선 위에 레몬을 가볍게 짜도 화이트 와인의 산미와 조화감을 줄 수 있다. 이외에 우리가 평소 즐기는 음식별로 좋은 매칭을 이루는 몇 가지 와인 스타일을 기억해 두면 식탁이 더 풍요로워질 것이다.

치킨과 족발

집에서 배달 음식으로 가장 인기가 있는 음식은 튀김 가루를 묻혀서 기름에 바삭하게 튀겨낸 프라이드치킨으로 고소하면서도 강한 짠맛이 특징이다. 이런 기름진 맛에는 아무래도 산도가 쨍하면서도 풍부한 거품으로 입 안을 깔끔하게 해 주는 드라이 스파클링 와인이 잘 어울린다. 특별한 날이라면 브뤼 스타일의 프랑스 샴페인도 좋고, 좀 더 캐주얼한 느낌의 가성비가 좋은 스파클링인 스페인의 카바, 또는 이탈리아 프로세코도 무난하다. 화이트 와인 중에서도 산미가 좋은 소비뇽 블랑, 슈냉 블랑, 오크 처리가 안 된 라이트 바디의 샤르도네도 어울리는 편이다. 이러한 페어링을 상호 보완적 페어링이라고 하는데, 음식이 가진 단점이나 약한 부분을 와인이 보완해 주는 매칭 방법이라 할 수 있다. 양념치킨은 닭튀김 위에 매콤하고 달콤한 칠리 소스와 고추장, 물엿 등을 섞은 걸쭉한 양념을 발라 쫀득하면서도 부드

프라이드 치킨과 어울리는 스파클링 와인 　　족발과 보쌈에 어울리는 뉴질랜드산 소비뇽 블랑

러운 식감으로 인기가 높다. 이런 양념치킨에는 약간 달콤한 독일 리슬링이 좋다. 슈페트레제나 아우스레제 등급의 독일 리슬링은 달콤한 꿀 향, 라임 향과 함께 은은한 단맛으로 조화를 이룬다.

　가족과 함께 즐기는 음식인 족발은 부드러운 연골 부위로, 지방은 적고 피부에 좋은 젤라틴이 풍부해서 쫀득한 식감과 풍미가 좋으며, 만들 때 간장, 마늘, 생강, 후추뿐 아니라 계피, 팔각, 정향 같은 향신료가 들어가서 은은한 향이 난다. 이런 족발에는 강하고 거친 타닌의 와인은 오히려 음식의 풍미를 압도해 버리기 때문에 어울리지 않고, 대신 타닌이 부드러우면서 산미가 좋고 색상이 엷은 그르나슈나 피노 누아가 잘 어울린다. 특히 그르나슈의 부드러운 타닌과 스모키한 향신료 향, 높은 알코올 도수, 말린 육류 같은 동물 향은 족발의 풍미와 잘 어울리고, 족발이 가진 높은 불포화 지방산을 상쇄해 주는 효과도 있다. 프랑스 남부 론의 그르나슈를 베이스로 하는 샤토뇌프 뒤 파프나 코트 뒤 론이 좋으며, 색상이 엷고 타닌이 부드러우며 산도가 높고 향긋한 산딸기 향과 버섯 향이 돋보이는 부르고뉴 피노 누아나 오리건 피노 누아도 좋은 매칭을 이룬다.

보쌈은 삶은 돼지고기를 얇게 썰어서 매콤하게 무친 무와 함께 절인 배추에 싸 먹는 음식으로, 채소와 함께 먹는 건강식이다. 육류 요리이지만 고기를 삶는 조리 방식이 단순하므로 구운 요리보다는 담백하고 돼지고기 자체의 고소한 풍미를 살려내는 와인 매칭이 좋다. 따라서 짜릿한 산미가 돋보이며 풀 향과 피망 향이 특징인 소비뇽 블랑이 제격이다. 뉴질랜드 남섬 말보로 지역의 클라우디 베이, 킴 크로퍼드, 오이스터 베이 같은 소비뇽 블랑 와인이 잘 어울린다.

해산물과 어패류

일식집의 스시나 집에서 먹는 생선회는 단백질이 풍부하고, 쫄깃한 식감과 담백한 맛이 특징이라, 화이트 와인이 잘 어울린다. 산미가 있으면서 오크 처리를 하지 않은 드라이 화이트 와인이 좋은데, 프랑스 상세르의 소비뇽 블랑이나 뉴질랜드의 소비뇽 블랑, 이탈리아의 피노 지오, 또는 가벼운 이탈리아 로제 와인도 좋다. 해산물이나 어패류에 레드 와인이 어울리지 않는 이유는 레드 와인 속의 철분 성분이 회를 만나면 금속이나 피 맛이 나기 때문이다.

겨울철에는 생굴과 함께 먹는 생굴 보쌈이 인기인데 굴이 들어간 경우에는 프랑스 부르고뉴의 샤블리 와인과 함께하면 아주 좋다. 샤블리Chablis 지역은 바다가 융기한 곳으로 굴 껍데기와 조개 무덤 등 석회석이 풍부해 와인의 산도가 매우 높은 편이다.

피자

식사나 간식으로 피자를 먹는 경우가 많은데, 토마토소스와 치즈를 베이스로 하고 다양한 토핑을 얹어 오븐에 구워서 나오는 피자는 누구나 좋아하는 메뉴 중 하나다. 특히 강한 향신료 향과 매콤하고 짠맛이 특징인 페퍼로니 피자에는 산도가 있고 과일 향이 풍부한 이탈리아 키안티의 산지오베제 와인이나 이탈리아 남부 시칠리아의 네로 다볼라 와인이 잘 어울린다. 불고기나 미트 소스를 올린 피자는 육류와 잘 어울리는 타닌이 강한 카베르네 소비뇽이나 템프라니요가 제격이다. 대신 마르게리타 피자의 경우는 산도가 높은 토마토와 크리미한 모차렐라, 향기로운 바질의 허브 향과 매칭이 되도록, 타닌이 약하고 가벼운 와인이 좋은데 이탈리아 피노 그리지오 또는 산지오베제 와인이 좋다.

치즈

요즘은 다양한 종류의 치즈와 함께 와인을 즐긴다. 와인별로 잘 어울리는 치즈에 대해서도 알아두면 의외의 즐거움을 누릴 수 있다.

프로세코와 파르메산 치즈 : 전 세계에서 가장 많이 생산되는 스파클링 와인은 바로 이탈리아 프로세코 와인이다. 프로세코Prosecco 와인은 이탈리아 북동부 베네토와 프리울리 베네치아 줄리아에서 생산되는데, 프로세코라는 지방 이름을 따서 지어졌다. 청포도 글레라 품종을 사용하며, 미국에서 가장 많이 팔리는 스파클링 와인이다. 가격은 2만~3만 원대로 저렴한데 이유는 대형 탱크에서 숙성하여 비용

와인의 기초

을 절감했기 때문이다. 샴페인보다 가볍고, 상큼한 과일 풍미가 좋은 캐주얼한 와인으로, 프레시하면서도 톡 쏘는 산미와 거품, 과일 향이 파르메산 치즈의 고소하면서도 짭조름한 맛과 훌륭한 페어링을 이룬다. 치즈가 남긴 입 안의 끈적끈적한 뒷맛을 상큼하게 씻어 주는 효과가 있다.

소비뇽 블랑과 고트 치즈 : 발랄한 산도와 미네랄리티가 돋보이는 소비뇽 블랑의 원산지는 프랑스 보르도와 루아르강 주변이지만, 뉴질랜드의 소비뇽 블랑은 국내에서 2만~3만 원대에 쉽게 구할 수 있다. 바디감이 가볍고 드라이하며 산도가 느껴지는 감귤 향과 자몽 향, 푸른 사과 향이 돋보인다. 이 와인에는 약간 톡 쏘는 듯한 풍미와 크리미한 질감, 너트류의 풍미가 있는 부드러운 고트 치즈가 잘 어울린다. 고트 치즈인 셰브르chèvre는 신선한 치즈로 맛이 순하며, 허브로 향을 내는 경우도 있다. 새콤한 감귤 향과 산도가 강한 소비뇽 블랑이 입 안에서 고트 치즈를 만나면 강한 허브 향이 피어나는데 이것이 가장 큰 매력이라 할 수 있다. 염소 치즈 향이 부담스러우면 크래커 사이에 치즈를 발라 먹으면 좋다.

샤르도네와 그뤼예르 치즈 : 풍부한 과일 향과 묵직한 바디감, 오크 숙성 풍미가 있는 샤르도네는 그뤼예르gruyère 치즈와 가장 잘 어울린다. 그뤼예르는 스위스 그뤼예르 지방이 원산지인 치즈로 주로 퐁뒤와 라클레트를 만드는 데 사용되는데, 에멘탈emmental 치즈 다음으로 스위스에서 많이 생산되는 치즈로 유럽에서 가장 역사가 오

피노 누아와 잘 어울리는 브리 치즈

래된 치즈 중 하나다. 구수하면서도 견과류의 향이 있고 감칠맛이 풍
부한 그뤼예르와 어울리는 와인은 과일 향이 풍부하고 묵직하면서도
은은한 오크 향이 베인 샤르도네다. 약간 강할 수 있는 치즈의 향을
샤르도네가 싹 가시게 해 주는 효과가 돋보인다.

피노 누아와 브리 치즈 : 피노 누아는 체리, 산딸기, 버섯, 바닐라 향
이 돋보이는 색감이 좋은 와인으로 산도가 비교적 높고 타닌이 약한
특성이 있어 브리 치즈와 조합이 좋다. 소젖으로 만든 부드러운 브리
brie 치즈는 프랑스 파리 근처의 일 드 프랑스 지역에서 유래했다. 풍
미가 자극적이지 않기 때문에 세계적으로 인기 있는 치즈로 치즈의
여왕이라 불리는데, 레드 와인의 여왕이라 불리는 피노 누아와 치즈
의 여왕이라 불리는 브리 치즈의 조합은 그래서 더 의미가 있다. 브리
치즈는 부드럽고 감촉이 좋으며 흰곰팡이가 표면을 덮고 있는데 견
과류 향과 약간의 시큼함, 달콤함이 섞여 마치 크림 버섯 수프에 와인

와인의 기초

말벡과 잘 어울리는 숙성 체더 치즈

을 살짝 넣은 듯한 맛이 난다. 피노 누아의 우아하고 섬세한 향이 브리 치즈의 부드럽고 감칠 듯한 맛을 압도하지 않아 입 안에서 서로 조화로운 맛을 낸다.

카베르네 소비뇽과 숙성 고다 치즈 : 산도와 타닌, 구조감이 뛰어나고 검은 과일 향이 돋보이는 묵직한 바디감의 카베르네 소비뇽에는 고다gouda(하우다) 치즈가 환상의 조화를 이룬다. 고다 치즈는 기원전 200년경 네덜란드에서 만들기 시작했고 중세 때 치즈 시장이 열린 네덜란드 남부의 고다라는 마을의 이름을 따서 지어졌는데, 생산 지역이 아닌 판매 지역의 이름인 것이 특이하다. 오래 숙성할수록 아로마틱하고 캐러멜 같은 질감에, 견과류의 향, 달콤하고 크리미한 맛을 내는 이 고다 치즈에는 강하고 묵직하면서도 복합미가 있는 드라이한 레드 와인인 카베르네 소비뇽이 제격이다.

말벡과 숙성 체더 치즈 : 타닌이 강하면서 검은 과일 향과 짙은 허브 향이 돈보이며 바디감이 강한 말벡 와인에는 강하고 자극적인 향이 있는 숙성된 체더치즈가 찰떡궁합이다. 체더cheddar치즈는 영국 서머싯주 체더 지방이 원산지로 영국 치즈의 50%를 차지할 정도로 인기가 높다. 대체로 맛이 강하고 단단하다. '체더'는 원산지 명칭 보호를 받지 않기 때문에 세계 어디서나 이 명칭을 쓰고 있다. 말벡 와인은 블루 치즈와 고르곤졸라 치즈와도 어울리는 편이지만 향이 너무 오래가기 때문에 말벡 와인이 압도당하는 느낌을 받을 수 있다. 그래서 풍미가 강하지만 입 안에 향을 오래 남기지 않고 풍부하고 묵직한 느낌을 주는 체더 치즈가 더 잘 어울린다.

포르투갈 포트와인과 블루 치즈 : 포트와인은 포르투갈의 도우로Douro에서 생산되는 주정 강화 와인으로 알코올 도수가 16~20%로 높은 편이지만 달콤하면서도 농축된 과일 향, 오크 숙성을 통한 견과류 향이 돈보이는 디저트 와인이다. 이런 와인에는 쏘는 듯한 강한 향과 농축된 풍미를 보이는 블루 치즈가 좋은 페어링이 된다. 블루 치즈는 독특한 맛과 향을 내려고 푸른곰팡이를 이용해서 숙성하기 때문에 치즈 색상이 푸르스름하다.

와인이나 치즈는 모두 발효 음식이므로 페어링이 잘 되는 편으로 향의 강도나 특성에 따라 더 잘 어울리는 치즈와 매칭해 보면 좀 더 다양하고 풍부한 미식 세계를 경험할 수 있다.

사실 음식과 와인의 매칭은 많은 사람들의 시행착오를 거쳐 만들어진 컨센서스라고 생각된다. 와인과 음식의 매칭 원리는 크게 두 가지로, 상승 효과와 상호 보완 효과다. 음식의 색과 풍미의 특성을 와인과 유사하게 하여 맛이 서로 상승하는 효과를 내기도 하고, 음식이 가진 결함 요소를 보완하거나 누그러뜨림으로써 맛과 향의 균형을 찾는 보완 효과를 노리기도 한다.

대체로 음식이 너무 달거나 감칠맛이 나거나 매우면 와인의 떫은 맛과 신맛, 쓴맛이 더 도드라지고, 와인의 바디감과 단맛, 과일 맛은 더 적게 느껴진다. 결국 좋지 않은 조합이다. 하지만 신맛이 있거나 짠 음식은 와인의 바디감과 단맛, 과일 맛을 높여 주는 대신 신맛, 쓴맛, 떫은맛을 누그러뜨리는데, 좋은 조합이라 할 수 있다.

와인을 즐기는 친구들을 집으로 초대해 홈 파티를 할 때에는 멋진 파티 분위기와 다양한 음식과의 조화를 위해 여러 가지 스타일의 와인을 준비하면 금상첨화다. 프랑스 샴페인이나 스페인 카바 같은 스파클링 와인을 아페리티프apéritif(식전주)로 시작하여 샐러드와 가벼운 안주에 맞는 라이트 바디와 풀 바디 화이트 와인, 다양한 육류 안주와 어울리는 미디엄 또는 풀 바디 와인, 파티의 마지막을 장식할 수 있는 달콤한 디저트 와인까지 예산에 맞추어 종류별로 준비한다면 모두에게 멋진 추억이 될 것이다.

잔을 부딪치는 행위,
클링킹은 어떻게 생겨났나?

중세 시대의 영화를 보면 서로 다른 부족의 족장들이나 영주들이 모여 함께 술을 마시면서 주석으로 된 술잔을 부딪치며 호탕하게 마셔 대는 장면이 가끔 나온다. 이때 술이 넘쳐 서로의 잔에 섞인다. 누군가 술에 독을 탔다면 독이 섞이기 때문에 결국 자신의 생명을 위협하게 된다. 그래서 독살 위험을 서로 회피하는 보험 수단으로 잔을 크게 부딪쳤는데, 이런 행위를 클링킹clinking이라고 한다. 부딪치며 나는 경쾌한 소리 또한 오감 중에서 빠질 수 없는 청각의 즐거움을 더하는 의미가 있다.

결함이 있는 와인
구별하기

와인은 집에서 잘못 보관하거나 유통 과정 중 문제 때문에 결함이 발생할 수 있는데, 코르크의 상태와 와인의 색상, 냄새를 통해 어떤 문제인지 파악할 수 있다. 가장 흔한 와인의 결함은 와인이 산화된 경우로, 와인 병의 밀봉 상태에 문제가 생기면 산소가 코르크를 통해 침투하여 와인을 망치게 되며 갈색으로 변한 와인은 맛이 밋밋하거나 탁해지고 과일 향이 사라지고 시큼한 냄새가 나며 신선한 특성을 잃어 마실 수 없는 상태가 된다. 오래전에 구입하거나 선물로 받은 와인을 실내에 몇 년간 세워 두었을 때 가장 많이 발생하는 문제다. 실내에서 여름철의 고온과 겨울철의 건조한 환경에 몇 년간 노출되면 코르크에 미세한 균열이 발생하면서 산소가 침투하여 와인이 산화되는 것이다. 와인을 개봉할 때 코르크가 잘게 부서지거나 푸석푸석해진 경우는 십중팔구 와인이 산화되었을 가능성이 크다. 이런 문제를 방

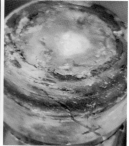

장기간 보관되어 부식해 버린 코르크.

지하려면 코르크가 젖은 상태를 유지하도록 병을 항상 눕힌 상태로 음지에 보관해야 하며, 와인 셀러가 없다면 6~10월까지 5개월 정도는 일반 냉장고에 눕혀서 보관하는 것이 좋다. 코르크 오염으로 인한 가장 심각한 결함은 TCA(트리클로로아니솔)라는 화합물에 의해 발생한다. 불량 코르크 때문에 와인 전체가 오염되는 경우로, 와인은 축축하게 젖은 곰팡이 냄새를 풍기는데, 지하실 바닥의 습기 먹은 판지나 신문지 냄새가 난다면 TCA 오염이라 판단할 수 있다.

와인에서 환원취reductive note가 나는 경우가 있다. 환원취란 삶은 계란, 양파, 마늘 또는 불쾌한 탄 고무 냄새로, 와인 양조 과정에서 산소가 부족해지면 병 안에서 환원취가 발생한다. 시라 또는 소비뇽 블랑 같은 품종의 와인에서 종종 발생하며 정도가 약한 경우에는 트뤼플, 야채, 부싯돌, 스모크 같은 긍정적인 향으로 느껴지기도 하지만 심하면 썩은 계란이나 불에 탄 고무 같은 냄새가 난다. 이 경우에는 디캔터에 넣고 한두 시간 정도 공기와 접촉시키는 브리딩을 하면 불쾌한 향을 줄일 수 있다.

와인이 뜨거운 열기에 노출되면 열화 현상이 발생하는데, 색상이 변하고 익히거나 끓인 과일 맛이 나며 와인은 신선함을 잃고 생동감이 없어진다. 운송 중 컨테이너 안에서 열기에 노출되거나 햇볕에 과도하게 노출되면, 와인은 부피가 늘어나 넘치게 되어 코르크 옆으로 흘러나오거나 병 꼭지를 감싼 호일에 들러붙기도 한다. 와인이 흘러나온 흔적이 있거나 호일이 잘 돌아가지 않는다면 열화를 의심해 볼 수 있다. 한여름 차량의 트렁크에 와인을 두고 깜빡하는 경우 와인이 끓어 넘쳐 큰 낭패를 볼 수 있으니 절대 차에 두어서는 안 된다. 열화된 지 얼마 안 된다면 바로 마시는 것이 좋은데, 시간이 지날수록 점차 품질이 악화되기 때문이다.

브레타노마이세스brettanomyces는 두엄이나 거름, 땀에 전 말안장 같은 퀴퀴하고 역겨운 냄새로 브렛brett이라 줄여 말하기도 한다. 올드 빈티지 와인에서 약한 브렛이 감지된다면 복합미의 일부로 받아들이기도 하지만, 아주 심한 경우라면 와인 양조 과정에서 박테리아에 오염된 양조 설비나 오크통이 문제가 된 경우다.

이외에도 지나친 식초 냄새나 매니큐어 리무버 같은 휘발성 산이나 성냥 탄내 같은 유황 화합물의 냄새가 나는 와인의 결함은 사람에 따라 받아들이는 불쾌함의 정도가 다르기 때문에 심하지 않는 경우는 와인의 특성 중 하나로 받아들이기도 한다. 열어서 맛을 봐야 알 수 있는 와인의 특수성 때문에 간혹 이런 난처한 문제에 직면하기도 하지만 확률적으로 볼 때 3% 정도의 결함률을 보인다.

이산화황을 써야 하는 이유

와인에 이산화황(SO_2)을 사용하는 이유는 다양하지만, 가장 중요한 것은 산화 방지와 신선도 유지다. 와인은 공기와 접촉하면 산화되어 변질될 가능성이 높으므로 산소와의 접촉을 제한하고 산화 반응을 막는다. 또한 와인 생산 과정에서 유해한 박테리아와 미생물의 성장을 억제하여 와인의 안정성과 유통 기간을 연장시키는 데 도움을 주며, 와인의 색상, 맛, 향을 유지하고 간접적으로 산도를 조절하는 역할도 한다. 양조 과정에서 와인에 높은 산도를 유지하기 위해 젖산 발효를 억제할 때 이산화황을 사용하기도 한다.

이산화황이 산화를 방지하는 메커니즘은 와인 속의 산소를 흡수하여 산소가 와인 성분과 반응하는 것을 방지하고 와인 속의 폴리페놀과 상호작용하여 산화를 막는다. 폴리페놀은 와인의 색과 맛을 결정 짓는 중요한 성분이고, 이산화황은 이러한 성분을 보호하는 역할을 한다. 또한 이산화황은 활성산소를 제거하여 와인의 안정성을 높이고, 변질을 막는 데 도움이 된다.

하지만 이는 와인에 부정적인 영향을 미칠 수도 있다. 일부 사람들은 이산화황에 알레르기 반응을 보일 수 있으며, 특히 천식 환자에게는 치명적이다. 와인 라벨에 이산화황이 함유되어 있다고 표기하는 것은 천식 환자나 알레르기 환자에 대한 경고문이라 할 수 있다. 또한 과도한 이산화황의 사용은 와인의 맛과 향을 변화시킬 수 있는데, 황 냄새가 강하게 나거나 와인의 맛을 훼손할 수 있다.

와인에 돌, 주석은 왜 생길까?

와인에 생기는 크리스털 같은 결정은 주로 '주석산염' 혹은 '와인석'이라고 불리는데, 와인에 녹아 있는 주석산이 칼륨이나 칼슘과 결합하여 만들어진다. 주석산은 와인의 자연적인 성분 중 하나로, 특히 화이트 와인을 차갑게 보관할 때 이러한 결정이 더 많이 형성되는 경향이 있다. 이는 주석산이 낮은 온도에서 덜 용해되기 때문이다.

화이트 와인을 차갑게 하면, 와인에 과포화 상태로 존재하던 주석산이 안정화되면서 결정체를 형성하고 가라앉는다. 이 과정은 와인의 숙성 과정에서도 자연스럽게 일어날 수 있는데, 특히 알코올의 농도가 높거나 산도가 강한 와인에서 더 흔하게 나타난다. 이러한 주석산 결정은 와인의 품질에 부정적인 영향을 미치지 않으므로 자연스러운 현상으로 받아들이면 된다. 하지만 시각적으로 불쾌감을 줄 수 있으므로, 병입 이전 단계에서 온도를 내려 사전에 주석산을 만들어 미리 제거하는 경우가 많다.

상황에 맞는 와인 선물 고르기

친구나 지인의 특별한 날에 축하의 의미를 담거나 따뜻한 마음을 전하고 싶을 때 와인만큼 적절한 선물도 없을 것이다. 와인의 이름이나 레이블에 그런 의미가 담겨 있다면 금상첨화다.

덕혼

지인의 결혼을 축하하는 경우는 미국 나파 밸리 덕혼Duckhorn, 패러덕스Paraduxx(부부 금슬을 상징하는 오리 그림), 미국 나파 밸리 파 니엔테 Far Niente(장동건, 고소영 결혼식 와인), 페렐라다 파비올라Perelada Fabiola(벨기에 왕과 스페인 파비올라의 결혼식 와인), 알마비바Almaviva(피가로의 결혼에 나오는 알마비바 백작), 크룹 브라더스 블랙 바츠 브라이드Krupp Brothers Black Bart's Bride(신부 그림) 등의 와인이 레이블에 그 의미를 담고 있어서 설명하지 않아도 무척 기뻐할 것이다.

학업 성취를 이룬 졸업이나 원하던 직장에 합격한 경우에는 이탈

엑셀수스

몬테스 슈럽 로제

우니코

뵈브 클리코 라 그랑 담

리아의 토스카나 루체Luce(빛, 빛나는 업적), 토스카나 쿰 라우데Cum Laude, 엑셀수스Excelsus(뛰어난 성적), 또는 샴페인 고세 엑셀랑스 브뤼 Gosset Excellence Brut(뛰어난) 등을 선물하며 그 의미를 함께 전달하면 좋겠다.

출산이나 첫돌에는 호주 블루 아이드 보이 Blue Eyed Boy(사랑받는 아이), 프랑스 부르고뉴 비네 드 랑팡 제쥐Vigne de L'Enfant Jesus(아기 예수), 칠레 몬테스 슈럽 로제Montes Cherub Rose(아기 천사 그림) 등이 좋다.

평소 존경하던 분이나 가까운 지인이 승진이나 조직의 장을 맡게 되었을 때는 나파 밸리 오퍼스 원Opus One(작품 번호 1번, CEO 의미), 스페인 베가 시실리아 우니코Unico(단 하나의, 유일한), 나파 밸리 조지프 펠프스 인시그니아 Insignia(표장, 상징, 본보기, 도장) 등이 의미 있는 선물이 될 것이다.

여성 사업가나 리더에게 알맞은 선물로는 샴페인 라 그랑 담La Grande Dame(위대한 여인), 샴페인 뵈브 클리코Veuve Clicquot(샴페인의 기술 혁신을 이룬 위대한 여성 리더), 샴페인 레어Rare(귀한, 희귀한 의미) 등이 잘 어울린다.

성당이나 교회의 성직자에게 와인을 선물

샤토뇌프 뒤 파프

오버추어

샤토 무통 로쉴드 2013

크룹 브라더스 더 닥터

한다면 프랑스 샤토뇌프 뒤 파프Châteauneuf-du-Pape(교황의 새로운 성), 파프 클레망Pape Clement(클레멘스 5세 교황), 페트뤼스Pétrus(베드로 성인), 미국 나파 밸리 도미누스Dominus(수도원장), 레방질L'Evangile(복음) 등 종교적 의미를 지닌 와인을 추천할 수 있다.

성악이나 음악을 하는 지인이 있다면 나파 밸리 오버추어Overture(서곡), 오퍼스 원Opus One(작품번호 1번), 아리에타Arietta(소규모의 아리아), 프랑스 콩틴 페리구르딘Contine Perigourdine(악보 그림) 등이 좋다.

그림을 좋아하는 분이나 화가를 위한 선물로는 샤토 무통 로쉴드Château Mouton Rothschild 2013(이우환 화백 그림), 미국 부커 더 원스 리저브 아트 레이블Booker The Ones Reserve Art Label 2016(박서보 화백 그림), 호주 르윈 에스테이트 아트 레이블Leeuwin Estate Art Label(다양한 아트 레이블) 등이 어울린다.

치료를 잘해 준 의사나 의료계 종사인을 위한 선물로는 미국 크룹 브라더스 더 닥터Krupp Brothers The Doctor(의사 레이블), 독일 베른카스텔러 독토르Bernkasteller Doctor(교황을 살린 와인) 등을 추천할 수 있다.

레콜 넘버 41

크룹 브라더스 디
애드버킷

샤토 칼롱 세귀르

더 롱 리틀 도그

교수, 선생님을 포함한 교육자에게는 미국 워싱턴주 레콜 넘버 41L'Ecole No. 41(학교 그림), 미국 크룹 브라더스 더 프로페서Krupp Brothers the Professor(교수 그림)가 좋다.

변호사를 위한 와인 선물로는 미국 크룹 브라더스 디 애드버킷Krupp Brothers The Advocate(변호사 그림), 판사에게는 미국 콩스가르드 샤르도네 더 저지Kongsgaard Chardonnay the Judge(판사 레이블)가 의미 있지만 이해관계를 떠난 순수한 선물이어야 한다.

아름다운 여인을 위한 선물로는 프랑스 샤토 칼롱 세귀르Château Calon Ségur, 르 마르키스 드 칼롱 세귀르Le Marquis de Calon Ségur(하트 레이블), 위스퍼링 에인절 로제Whispering Angel Rose(속삭이는 천사), 나파 밸리 테라 발렌타인 Terra Valentine 등이 좋다.

요즘은 집에서 반려동물을 키우는 경우가 많은데, 애견인에게는 프랑스 더 롱 리틀 도그 the Long Little Dog(개 그림), 이탈리아 트러플 헌터 레다Truffle Hunter Leda(사냥개 라벨), 스페인 마이 펫 소비뇽 블랑My Pet Sauvignon Blanc(개 그림) 같은 재미있는 와인 선물이 어울리고 애묘인에게는 스페인 마이 펫 모나스트렐 로제

마이 펫 모나스트렐 로제

My Pet Monastrell Rose(고양이 그림), 칠레 가토 네그로 카베르네 소비뇽Gato Negro Cabernet Sauvignon(고양이 그림), 이탈리아 투삭 점퍼 스위트 캣Tussock Jumper Sweet Cat(고양이 레이블) 등을 좋은 선물로 추천할 수 있다.

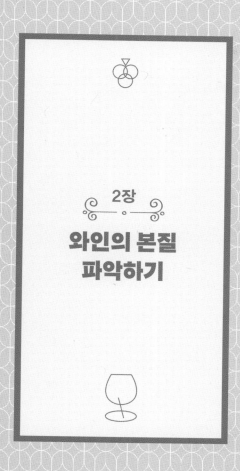

2장

와인의 본질
파악하기

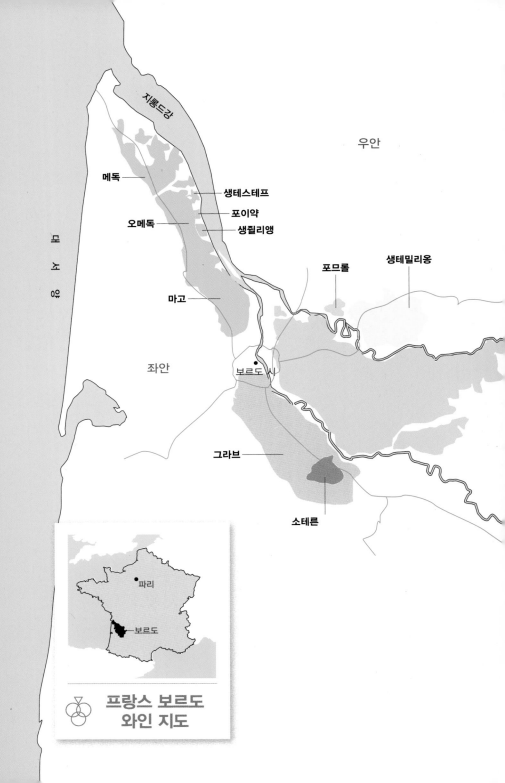

지롱드강

우안

메독

생테스테프

포이약

오메독

생쥘리앵

포므롤

생테밀리옹

대 소 양

마고

좌안

보르도 시

그라브

소테른

파리

보르도

프랑스 보르도
와인 지도

보르도의
숨은 비밀

보르도는 세계 최고급 와인이 가장 많이 생산되는 곳으로 6,000개가 넘는 샤토château에서 1만 종 이상의 와인이 연간 6억 병 정도 생산되고 있어 부르고뉴와 함께 프랑스 와인의 양대 산맥을 이루고 있다. 수천 원대부터 수백만 원대의 레드, 화이트, 로제, 디저트 와인까지 다양한 스타일과 빈티지, 심지어 자신의 생년 빈티지까지 찾아볼 수 있는 장기 숙성력이 보르도 와인의 매력이다.

보르도 하면 우선 레드 와인을 떠올리는데, 생산량의 90%가 레드이기 때문이다. 기후 특성 때문에 적포도 품종을 키우기에 적합하여 카베르네 소비뇽, 메를로, 카베르네 프랑이 잘 자라는데, 식재 면적으로는 메를로가 압도적으로 많은 66% 정도이고, 카베르네 소비뇽과 카베르네 프랑이 33%, 나머지 1%는 프티 베르도, 카르메네르, 말벡이 차지한다. 하지만 보르도 최고의 와인으로는 카베르네 소비뇽 기반의 메독 와인과 메를로 기반의 생테밀리옹 와인이 양대 산맥을 구축하고 있다.

보르도 레드 와인의 풍미 특성은 블랙베리나 체리, 흑자두, 연필심, 고급스러운 오크 향의 조화를 보여 주고, 미디엄에서 풀 바디의 무게감과 탄탄한 산미가 돋보인다. 어릴 때는 타닌이 거칠고 강한 편이지만 숙성될수록 타닌과 산미가 부드러워지고 화려하면서도 복합적인 풍미를 느낄 수 있다. 무엇보다도 수십 년간 보관이 가능한 장기 숙성력이 큰 장점이다.

보르도의 트레이드마크라 할 수 있는 블렌딩 방식은 카베르네 소비뇽, 메를로, 카베르네 프랑, 프티 베르도, 말벡 등 4~5종의 포도 품종을 별도로 양조한 후 병입하기 전에 양조자가 원하는 스타일대로 섞는 방식을 말한다. 그 이유는 하나의 품종이 주는 단조로움보다 여러 종을 섞어 훨씬 복합적인 풍미와 고급스러운 질감을 자아낼 수 있기 때문이다. 미국에서 만드는 컬트cult 와인 또한 이런 보르도 블렌딩 방식을 따르고 있는데, 이런 스타일을 추구하는 미국 와인을 1980년대부터 메리티지meritage 와인이라고 부르고 있다. 메리티지는 보르도 품종의 장점merit과 세월로 증명된 보르도의 블렌딩 유산heritage이라는 두 단어를 결합한 신조어다. 이 이름은 수많은 와인 애호가들로부터 응모를 받아 채택했다고 한다. 조셉 펠프스의 인시그니아를 필두로 오퍼스 원, 콜긴 셀러스 등은 대표적인 메리티지 와인이다.

비록 생산량은 많지 않지만 보르도의 화이트 와인 또한 최상급의 품질로 알려져 있다. 주로 세미용과 소비뇽 블랑을 블렌딩해서 만드

보르도의 포도밭

주먹만 한 자갈이 깔린 보르도 포이약 샤토 피숑 바롱의 포도밭

는 드라이 화이트 와인과 세계적으로 알려진 소테른의 디저트 와인 샤토 디켐 등이 있다.

중세 시기 서유럽 역사에서 잉글랜드는 한때 프랑스 보르도에서 주인 행세를 한 적이 있었다. 12세기 초에 보르도 지역을 소유하고 있던 아키텐Aquitaine의 공녀 엘레오노르Éléonore가 프랑스 북부 앙주 백작 앙리 2세(헨리 2세)와 결혼하면서 보르도를 포함한 아키텐 지역을 결혼 지참금으로 바치는데, 2년 뒤인 1154년 앙리 2세가 잉글랜드의 왕이 되면서 잉글랜드뿐 아니라, 엘레오노르가 가져온 보르도 땅까지 다스리게 되어 이후 300년 동안 잉글랜드의 땅이 되었다. 이에 프랑스는 잃어버린 보르도 땅을 되찾기 위해 잉글랜드와 백년전쟁을 벌였고 1453년 다시 보르도를 되찾아 왔다. 이런 역사적인 배경 때문에 지금도 보르도의 샤토 중에는 전투를 뜻하는 바타이예Bataille라는 이름을 붙인 샤토를 찾아 볼 수 있다. 샤토 바타이예Château Batailley, 샤토 오바타이예Château Haut-Batailley와 같은 이름은 이곳이 백년전쟁 당시 격전지였음을 말해 주고 있으며, 잉글랜드 총사령관 탈보 John Talbot 장군 영지의 일부였던 포도밭은 샤토 탈보Château Talbot가되어 가성비가 좋고 맛이 뛰어난 와인을 생산하고 있으며, 우리나라에서도 인기가 있다.

오늘날 보르도 최고의 그랑 크뤼급 샤토들은 주로 오메독Haut-Medoc에 모여 있는데, 이 와인들이 유명해진 것은 17세기 이후다. 오늘날의 보르도가 있기까지 가장 큰 공을 세운 사람들은 네덜란드인이라 할 수 있다. 당시 거대한 지롱드강 하류에 있던 보르도 메독 지역은 대서양의 해류가 역류해 들어오고 강이 자주 범람하여 물웅덩

보르도 오메독의 샤토 라라퀸

이가 많아 포도나무를 심기에 부적합한 상태였다. 이에 프랑스 정부는 16세기 후반 네덜란드에 도움을 요청하여 보르도에서 물을 빼내는 공사를 시작했다. 네덜란드는 국토의 4분의 1이 바다보다 낮아 물을 계속 퍼내야 살 수 있는 나라이기에 물을 다루는 기술자들이 많았다. 이들이 프랑스로 건너와 메독 지역의 조류 범람을 막는 제방을 쌓고 수로 건설, 준설 공사, 풍차를 이용한 웅덩이 물 빼기 공사를 수십 년간 진행했다. 그 결과 17세기 중반에 이르러 포도 재배에 알맞은 포도원이 조성되기 시작했고 1760년대에 메독 지역에 포도나무를 심는 일이 마무리되었다. 보르도의 지형을 바꾸고 지금과 같은 명품 와인이 나오도록 하는 데 가장 크게 기여한 것은 바로 네덜란드에서 온 물 기술자였다.

18세기 후반 산업혁명 덕분에 와인 병은 더욱 단단해지고 높은 압력에도 견딜 수 있게 되었다. 이전에는 목탄을 사용해서 유리를 녹였기 때문에 쉽게 파손되었지만, 산업혁명 이후 석탄을 사용한 고온용융법으로 충격과 압력에 잘 견디는 단단한 와인 병이 생산되기 시작했다. 또한 병마개로 코르크를 사용하고 이산화황으로 오크통을 소독하는 방법이 개발되면서 와인의 저장, 운반, 해외 수출, 장기 숙성이 비로소 가능해졌다. 공장에서 와인 병을 대량으로 찍어 내기 시작한 것은 19세기 말로, 이때부터 대량 생산과 유통이 본격적으로 시작되었다고 할 수 있다.

보르도 최악의 재앙은 19세기 후반 유럽을 덮친 필록세라였다. 당시는 검역 개념이 없었던 때라 포도뿌리를 갉아먹는 필록세라 해충이 미국에서 들여온 포도나무 뿌리에 묻어서 들어와 점차 전파되어 프랑스는 물론 전 유럽의 와인 산업을 황폐화시켰다. 1870년부터 20년 이상 보르도의 포도나무는 모두 필록세라에 감염되어 말라 죽는 바람에 포도밭이 초토화되었다. 이에 일자리를 잃은 포도 농가와 와인 메이커들은 필록세라가 없는 해외 산지로 눈을 돌렸고, 아르헨티나, 호주, 칠레 같은 신대륙으로 건너가 양조 기술을 퍼뜨리는 계기가 되었다.

덕분에 프랑스의 포도 품종들이 신대륙으로 퍼져 나갔고 재배 기술도 함께 전파되었다. 보르도의 습기와 추위에 약한 품종들은 고향에서 명맥이 끊긴 대신 아르헨티나와 칠레에서는 크게 번성하였는데 카르메네르는 칠레에서, 말벡은 아르헨티나에서 자리를 잡았다.

보르도 포이약과 생쥘리앵을 가르는 작은 수로를 통해 포도밭의 물이 빠진다.

보르도의 포도 품종과
주요 생산 지역별 특성

보르도란 원래 물가Board of Water라는 뜻으로, 거대한 지롱드강 하구에 자리 잡고 있어서 물이 풍부한 곳이다. 미국 남쪽 해안의 따뜻한 멕시코 만류가 대서양으로 이동하여 유럽에 영향을 끼치기 때문에 바다에 접한 보르도 지역은 해양성 기후를 보이는데, 덕분에 춥지 않은 온화한 겨울과 길고 따뜻한 여름이 지속되어 포도 농사에 적합했던 것이다. 사실 보르도는 북위 45도에 가깝다. 위도로만 보면 매우 춥고 포도 재배가 어렵지만 미국 멕시코 만류의 따뜻한 해류가 대서양으로 이동하는 영향 덕분에 보르도는 와인 명산지로 우뚝 서게 된 것이다. 프랑스나 영국 여행을 가면 날씨가 흐리거나 비가 부슬부슬 내리는 경우가 많은데, 대서양에 가까이 있어 해양성 기후의 영향을 받기 때문이다.

위도에 비해서는 온화하여 포도가 잘 익는 편이지만 싹이 나는

대서양의 찬 바람으로부터 보르도를 보호해주는 아르카숑 해변Arcachon Bay의 거대한 모래언덕

초봄에 서리가 내리면 큰 피해를 입는다. 사상 최악의 서리 피해는 1956년 봄에 일어났는데, 영하 20도에 이르는 서리로 인해 전체 포도나무의 30%가 얼어 죽는 피해를 입었다. 죽은 나무를 뽑아내고 다시 나무를 심었지만 추위에 취약했던 말벡은 보르도에서 사라졌다. 뒤이은 서리 피해는 1991년과 2017년, 최근에는 2021년에 발생했다. 특히 2021년에는 샹파뉴, 샤블리, 부르고뉴가 서리 피해를 많이 입어 생산량이 크게 줄었다.

와인 산업은 이렇게 자연의 영향을 많이 받는 편이며, 봄 서리뿐 아니라 비 또한 큰 문제가 된다. 개화기에 비가 계속 내리면 꽃가루받이에 문제가 생겨 열매를 잘 맺지 못하고, 수확기에 비가 잦으면 포도가 썩거나 곰팡이가 발생한다. 보르도에서 카베르네 소비뇽이나 메를로를 베이스로 하여 몇 개의 품종을 블렌딩하는 전통은 이러한 자연재해에 대응하려는 지혜의 산물이다. 포도 품종마다 개화 시기가 다르고 익는 시기도 다르기 때문에 여러 품종을 심어서 한 품종이 피해를 입어도 남은 품종들로 와인을 만들 수 있도록 한 위험 분산 전략이자 일종의 보험이다.

보르도 와인이 유명해진 계기는 1855년 파리 만국박람회 덕분이다. 당시 나폴레옹 3세는 프랑스 와인을 홍보할 목적으로 보르도 최고 생산지인 메독 지역 와인의 등급을 분류해 달라고 요청했다. 보르도 상공회의소에서는 과거 수십 년간의 판매 기록을 근거로 하여 61개 샤토를 1등급에서 5등급까지 5개의 그랑 크뤼 등급으로 분류했다. 이때 정해진 등급은 1973년 샤토 무통 로쉴드가 2등급에서 1등급으로 승격한 것 외에는 아직까지 변동이 없다. 농산물인 와인을 5개 등급으로 분류한 것 자체가 획기적이고 창의적인 발상이었는데, 숫자로 구분되는 간편하고 명료한 기준은 오늘날 보르도 와인의 유명세에 크게 기여했다.

보르도가 원산지인 품종 중 으뜸인 카베르네 소비뇽은 전 세계로 퍼져 나가 가장 인기 있는 국제 품종이 되었는데, 짙은 색상과 강한 타닌, 묵직한 바디감, 복합적인 풍미, 숙성력에서 매우 뛰어나다. 레드 와인의 왕이라 불리는 카베르네 소비뇽은 350여 년 전에 갑자기 생겨난 교배종으로, 카베르네 프랑과 소비뇽 블랑의 우연한 교배로 탄생하여 현재 전 세계에서 가장 인기 있는 적포도 품종으로 자리매김했다.

메를로는 원산지인 보르도 지역에서 날개가 검은 새의 이름인 '메를Merle'에서 유래한 품종이다. 포도가 익으면 이 새가 즐겨 파먹었다고 하며 날개가 포도의 색상을 닮아 '메를로'라 부르게 되었다. 보르도에 가장 많이 심어진 품종으로, 다른 포도보다 빨리 익고, 알이 크고 즙이 많아 와인이 부드러운 편인데, 특히 보르도의 우안 생테밀리옹의 슈발 블랑, 포므롤의 페트뤼스는 최고로 손꼽힌다.

카베르네 프랑Cabernet Franc은 프랑스 남서 지역이 원산지로, 카베르네 소비뇽과 메를로의 한쪽 부모이기도 하다. 카베르네 소비뇽보다는 좀 부드럽고 우아하지만 피망 향이 약간 나며, 주로 다른 품종과의 블렌드로 많이 쓰이지만 루아르 지역에서는 매우 중요한 품종이다. 프티 베르도는 '작은 초록색 열매'란 의미로 타닌과 색상, 풍미가 강해서 보르도 블렌드에 소량 사용되는 양념 같은 역할을 한다.

보르도에서는 몇 가지 품종을 블렌딩하여 와인을 만드는데, 이는 자연재해를 피하기 위한 지역의 관습이기도 하지만 와인에 풍미와 질감을 더하고 복합미가 강조되는 효과가 더 크다고 할 수 있다.

메독 지역

보르도는 토양의 특성에 따라 지역별로 주력 품종이 달라진다. 특히 메독 지역은 지롱드 강변에 쌓인 자갈이나 돌이 햇볕에 데워졌다가 저녁 무렵 열기를 발산하기 때문에 포도 숙성에 도움이 되며, 돌이 많은 토양 구조상 물 빠짐이 용이하기 때문에 카베르네 소비뇽이 잘 자란다. 하지만 생테밀리옹과 포므롤 지역은 점토가 많고 토양이 습해서 카베르네 소비뇽이 완전히 익기 어려우므로 조생종인 메를로나 카베르네 프랑 중심의 와인을 만든다. 보르도의 주요 와인 생산지 중하나인 생테스테프Saint-Estephe는 보르도 북쪽, 지롱드강 하구 쪽이라 자갈보다는 점토가 많기 때문에 배수가 늦고 토양이 무거운 편이다. 신맛이 강하고 구조감이 견고한 와인이 나오지만 오래 숙성할수록 놀라운 매력을 발산한다. 유명 와이너리로는 샤토 코스 데스투르넬, 샤토 몽로즈, 샤토 칼롱 세귀르, 샤토 코스 라보리, 샤토 라퐁 로셰 등이 있다.

포이약 지방

포이약 지방은 보르도 최고의 산지로 자갈이 많은 언덕은 물 빠짐이 뛰어나 신선한 과일 향과 뛰어난 밸런스가 특징이고 탄탄함과 섬세함이 조화를 이루어 오래 숙성할 수 있다. 그랑 크뤼 1등급인 샤토 라피트 로쉴드, 샤토 라투르, 샤토 무통 로쉴드, 이른바 보르도 5대 샤

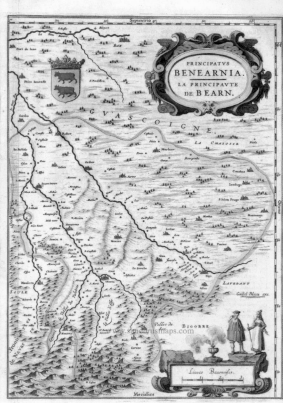

17세기 중반 메독 지역 지도

포이약의 샤토 페데스클로

토 중 무려 3개가 포이약에 있다. 이외에도 그랑 크뤼 2등급인 샤토 피숑 바롱, 샤토 피숑 롱그빌 콩테스 드 랄랑드를 위시하여 샤토 린치 바주, 샤토 퐁테 카네 등 이른바 보르도 슈퍼 세컨드라 불리는 우수한 샤토들이 포진해 있다.

생쥘리앵 지역

생쥘리앵Saint-Jullien 지역의 와인은 포이약과 마고 와인의 중간 정도의 풍미를 지녔는데, 어릴 때는 타닌이 거친 편이지만 몇 년 숙성하면 부드럽고 순해지며 보르도에서 품질이 가장 일관된다는 평을 듣는다. 비록 그랑 크뤼 1등급 샤토는 없지만, 2등급 샤토인 샤토 레오빌 바르통, 샤토 레오빌 라스카스, 샤토 레오빌 푸아페레 등이 유명하며, 남쪽

생쥘리앵의 샤토 레오빌 라스카스

의 베이슈빌 마을에는 샤토 브라네르 뒤크뤼, 샤토 뒤크리 보카유, 샤토 그뤼오 라로즈, 샤토 라그랑주, 샤토 탈보 같은 명가들이 있다.

마고 지역

마고Margaux 지역에서는 메독 지역에서 가장 우아하고 세련되며 향이 풍부한 와인이 나오는데, 그랑 크뤼 1등급인 샤토 마고를 비롯해서 2, 3등급에 해당하는 와이너리들이 가장 많다. 자갈이 많고 토양이 부드러워 일부 지역은 뿌리가 7m까지 깊이 내려가며 섬세하고 달콤하며 향이 풍부한 와인이 나온다. 샤토 마고, 샤토 팔머, 샤토 지스쿠르, 샤토 브란 캉트낙, 샤토 디상 등이 유명하다.

마고 지역의 샤토 지스쿠르

그라브 지역

그라브Grave 지역은 포도밭에 자갈grave이 많은 지역으로 생동감 있는 과일 향과 잘 익은 타닌, 깊은 풍미의 와인이 나온다. 그라브의 북쪽 페삭 레오냥Pessac-Leognan 지역이 으뜸으로, 그랑 크뤼 1등급인 샤토 오브리옹Château Haut-Brion이 가장 유명하고, 샤토 라미숑 오브리옹, 샤토 파프 클레망 등이 뒤따른다. 그라브 지역은 특히 품질이 뛰어난 화이트 와인을 만드는 샤토 오브리옹, 샤토 라미숑 오브리옹이 있으며, 도멘 드 슈발리에, 샤토 카르보니유의 화이트 와인도 수준급이다.

소테른 지역

소테른Sauternes은 보르도 남쪽 65km 아래 자리 잡은 최고급 디저트 와인 산지로, 샤토 디켐Château d'Yquem이 가장 유명하다. 샤토 디

보르도에서 가장 오래된 와이너리
샤토 파프 클레망

화이트 와인으로 유명한 도멘 드 슈발리에

와인의 본질 파악하기

소테른 지역의 샤토 디켐

켐은 옅은 황금색을 띠고 오래 숙성하면 짙은 금색, 호박색으로 변하는데, 세미용이란 화이트 와인 품종을 주종으로 만든다. 가을에 귀부균이 포도알에 미세한 구멍을 뚫으면 수분이 증발하여 건포도처럼 변하며, 와인을 만들면 꿀, 살구, 오렌지 마멀레이드, 망고 같은 열대과일 향이 나는 디저트 와인이 된다. 당도와 산도가 높아 100년 이상 장기 숙성도 가능하다. 샤토 디켐 외에도 샤토 르외섹, 샤토 쉬뒤로, 샤토 쿠테 등이 유명하다.

포므롤과 생테밀리옹 지역

보르도 지롱드강 오른쪽 기슭에서 가장 유명한 생산지는 포므롤과 생테밀리옹을 들 수 있다. 포므롤은 생테밀리옹의 왼쪽에 있는 작은

생테밀리옹 지역의 샤토 슈발 블랑

마을로 공식적인 등급 체계는 없지만 샤토 페트뤼스, 샤토 르 팽 같은
전설의 와인이 나온다. 워낙 생산량이 작아 가격은 샤토 무통 로쉴드,
샤토 마고보다 몇 배 더 비싸다. 그 외 샤토 라플뢰르, 샤토 레방질, 뷰
샤토 세르탕 등이 유명하다.

생테밀리옹은 와인 역사가 2,000년 이상 된 생산지다. 유네스코 세
계문화유산에도 등재되었고, 점토와 백악질의 토양 구조에 기온이
서늘하여 카베르네 소비뇽이 완전히 익기 어려운 곳이라 메를로와
카베르네 프랑을 많이 재배한다. 따라서 와인은 메독보다 더 부드러
우며 좀 일찍 마시기에도 좋다. 샤토 슈발 블랑, 샤토 오존, 샤토 앙젤
뤼스, 샤토 파비, 샤토 피지악, 샤토 카농, 샤토 발란드로 같은 유명한
샤토들이 자리 잡고 있다.

오늘날 세계적으로 인정받은 보르도 와인이 있기까지는 많은 혁신가들의 노력이 있었다. 특히 보르도 대학 양조학과의 에밀 페노 교수는 '현대 양조학의 아버지'라 불리며 재배 방법과 양조 기술을 발전시켜 보르도 와인의 품질 향상을 주도했다. 그가 주장한 방식에 따라 좀 더 숙성한 포도를 수확하고, 새 오크통의 사용을 늘리며, 발효 온도를 통제하고 와인 안정화 기술을 적용했다. 과거에 비해 와인은 맛과 향이 더 풍성해지고 부드러워져 마시기 쉬운 보르도 스타일로 변했다.

세계 와인계에 큰 영향을 미친 와인 메이커이자 양조 컨설턴트인 미셸 롤랑은 에밀 페노 교수의 지도를 받았으며, 플라잉 와인 메이커로 비행기를 타고 다니며 전 세계에 있는 수백 군데 와이너리를 대상으로 양조 컨설팅을 하고 있다. 와인의 과일 향과 복합미를 추구하며, 오크를 적절히 사용함으로써 와인의 질감을 높이는 그의 양조 스타일은 와인의 글로벌화를 이끈다는 우려를 자아내기도 했다.

세계적인 와인 평론가로 알려진 로버트 파커는 1982년 빈티지 보르도 와인의 잠재력을 정확히 예측하여 일약 스타덤에 올랐고, 이후 세계 와인 시장에 엄청난 영향력을 발휘했다. 한때 파커라이제이션 Parkerization이라는 말이 등장할 정도로 세계 와인이 파커의 입맛에 따라 양조되고 소비된다는 비판에 직면하기도 했지만 어쨌든 한 시대를 풍미했던 와인계의 인플루언서였다. 그는 보르도 와인 예찬가로, 보르도 와인에 대한 세계적인 수요를 폭발시켰고, 와인을 오크통에 숙성하기 2년 전에 미리 내다파는 시스템인 '앙 프리뫼르en primeur' 선매제도를 활성화하는 데 크게 기여했다.

오늘날 보르도의 현안은 지구온난화의 문제로, 매년 평균 기온이

보르도와 부르고뉴 와인 병이 다른 이유

보르도(왼쪽)와 부르고뉴(오른쪽)
와인 병의 비교

보르도와 부르고뉴 와인 병이 서로 다른 이유는 실용적이면서도 역사적인 배경이 있다. 보르도 와인 병의 높은 어깨high shoulder는 침전물이 생기기 쉬운 와인을 위해 설계된 것이다. 카베르네 소비뇽 같은 품종으로 만든 보르도 와인은 타닌이 많고 오랜 숙성 과정에서 종종 침전물이 발생하므로, 따를 때 침전물이 높은 어깨 부분에 고여 잔에 들어가는 것을 막아 주는 역할을 한다.

부르고뉴 와인 병은 경사진 어깨 sloping shoulder여서 보다 유연해 보인다. 특히 피노 누아로 만든 와인은 타닌이 적고 섬세해서 침전물이 덜 생겨 어깨가 없는 모양으로 만들어졌다.

19세기에 유리 제조 기술이 발전함에 따라 와인 병의 형태가 표준화되기 시작했고, 주형을 사용하여 병을 만드는 기술이 개발되면서, 와인 산지에 따른 와인 양조 방식과 관련된 전통에 따라 다양한 모양의 병이 만들어지기 시작했다.

마고 지역의 샤토 마고

점점 올라가 당분이 포도에 더 많이 축적되고 알코올 도수가 높아져서 바디감이 무거운 와인이 나오고 있다는 것이다. 보르도 와인의 스타일과 풍미가 이렇게 계속 변하면 우리는 머지않아 진정한 보르도 와인을 맛볼 수 없게 될지도 모른다. 최근 보르도에는 더운 기후에 잘 견디는 새로운 품종의 재배가 허용되고 있다. 예를 들면 마르슬랑Marselan, 투리가 나시오날Touriga naçional, 아리나르노아Arinarnoa, 카스테Castets와 같은 새로운 품종이 심어지고 있으며 머지않아 보르도 블렌딩에도 나름의 역할을 할 것으로 예상된다.

오늘날 보르도 샤토들이 직면한 또 하나의 문제는 프랑스의 상속제도다. 19세기 초에 제정된 나폴레옹 상속법의 영향으로 포도밭은 자녀 수만큼 작게 쪼개져 분할 상속되어야 하기에 대를 이어 포도밭을 지키기가 점점 어려워지고 있다. 특히 1981년에 개정된 법에 의해 상속세가 두 배로 늘어나자 자손들에게 샤토를 온전히 물려주기가 어려워졌고, 세금 부담 때문에 점차 큰 기업에 매각되는 추세다. 일부 샤토들은 소유권을 지분으로 분할하는 셰어홀더Shareholder 제도를 택하여 소유한 지분만큼 세금을 내는 방식으로 샤토의 분할에 대응하고 있다.

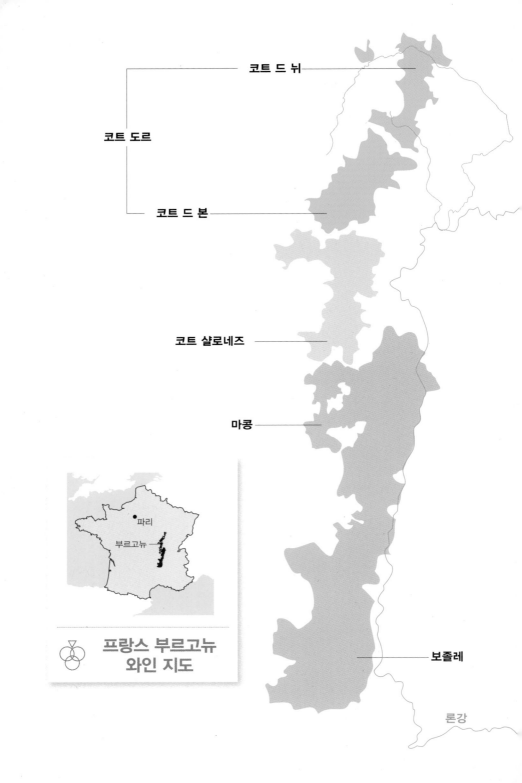

코트 드 뉘

코트 도르

코트 드 본

코트 샬로네즈

마콩

보졸레

론강

파리

부르고뉴

프랑스 부르고뉴
와인 지도

부르고뉴 와인이
특별한 이유

   프랑스 부르고뉴 지역은 세계 최고급의 피노 누아와 샤르도네 와인 산지로 알려져 있다. 부르고뉴Bourgogne는 발트해 연안의 보른홀름Bornholm에서 유래했는데, 독일계 부르군트족Burgund이 보른홀름에 살다가 서쪽으로 이동하여 5세기경에 지금의 부르고뉴에 정착하여 살면서 프랑스화 된 것이다.

   역사에 따르면 발루아 왕가의 공작이 다스렸던 부르고뉴 공국에서는 11세기부터 시토 수도원이나 클뤼니 수도원의 수도사들이 포도 재배와 양조법을 발전시켜 왔는데, 특히 14세기 말 필립 공은 부르고뉴에 피노 누아 이외의 품종은 모두 뽑아 없애라는 칙령을 내릴 정도로 와인의 품질에 신경을 썼다. 이때부터 보졸레를 만드는 가메 품종은 부르고뉴의 최남단 보졸레 지역으로 쫓겨났다. 이처럼 부르고뉴 와인은 오랜 역사를 통해 발전해 온 것이라 할 수 있다.

부르고뉴의 클뤼니 수도원

부르고뉴 포도밭의 구분

농부들은 포도밭이 1~2m만 떨어져도 다른 맛이 난다는 것을 오래 전부터 알고 있었고 클리마climat 그리고 류디lieu-dit라는 이름으로 포도밭을 구분해 왔다. 특별한 지질상의 구조와 미세기후, 고도, 햇빛을 받는 각도, 밭의 경사도 등에 따른 토지 구분의 개념이 바로 클리마다. 부르고뉴에는 약 1,250개의 클리마가 있고 그중에서 684개가 프리미에 크뤼 클리마로 분류된다. 이에 비해 류디는 프랑스 정부의 토지대장에 등재된 역사적·위상학적 이름을 뜻하는데, 클리마와 혼용되어 쓰인다. 클리마는 모두 포도밭이지만 류디는 지리적 이름으로 포도밭이 아닌 곳도 포함된다. 결국 클리마나 류디는 테루아를 나타내는 포도밭 구획에 대한 부르고뉴 방식의 표현으로 와인의 품질에 영향을 미치는 요소다. 예를 들면 주브레 샹베르탱의 클로 드 베제 Clos de Beze도 하나의 클리마인데 수백 년 전부터 시토 수도사들에 의해 특별한 밭으로 인정되어 온 대표적인 그랑 크뤼 클리마다. 중세 시기에 담을 쳐서 양떼 등 동물들의 진입을 막고 이웃 포도밭과의 물리적 경계를 표시하여 구분하는 것을 뜻하는 말은 클로clos다.

부르고뉴 지역은 2억 년 전에는 바다였다. 수많은 굴 껍데기와 조개껍데기가 오랜 세월 퇴적되면서 석회암을 형성했고, 6,500만 년 전에 바닷물이 빠져나가고 토양 침식이 진행되면서 지금의 부르고뉴 토양을 이루었다. 오랫동안 쌓인 해양 퇴적물 덕분에 석회와 칼슘이 풍부해졌고 빙하가 흘러내려 단층이 북에서 남으로 붕괴되면서 작은 언덕과 계곡이 생긴 덕분에 피노 누아와 샤르도네 재배에 가장 적합한 토양이 형성되었다. 특히 부르고뉴는 준대륙성의 다소 사늘한 기

부르고뉴 포도밭의 경계를 이루는 클로

후대로 포도 재배에 최적의 생장 조건을 갖추고 있다.

부르고뉴 와인의 등급

와인은 기후의 영향을 많이 받는 편으로 빈티지에 따라 품질의 차이가 나 가격이나 평점이 많이 달라지는데, 최고의 빈티지를 기억해 두면 구매할 때 도움이 된다. 최근 빈티지로는 2002년, 2005년, 2009년, 2010년, 2015년, 2016년, 2017년, 2018년, 2019년, 2020년 등이 좋은 빈티지로 알려져 있다.

부르고뉴 와인을 이해하기 쉽지 않은 이유는 포도밭이 너무 세분화되어 있기 때문이다. 나폴레옹 상속법의 영향으로 포도밭이 자녀 수만큼 분할 상속된 것이 주된 이유다. 예를 들면 클로 드 부조Clos de

Vougeot 포도밭은 크기가 50.6헥타르인데, 땅주인이 무려 80명이다.

84개의 원산지 통제 명칭AOC으로, 프랑스에서 가장 세세하게 세분되어 있는 부르고뉴는 범위가 넓은 지역보다 좁은 지역에서, 생산지 크기가 작아질수록 품질도 좋아지고 가격도 비싸진다. 광범위한 지역 명칭인 부르고뉴 레지오날Regional급 AOC는 7개로 주로 엔트리급 기본 와인이 생산되지만 마을 이름이 표기되는 빌라주Village급 AOC는 44개로 조금 더 품질이 좋아지고 가격도 높아진다. 또한 빌라주 내에서도 프리미에 크뤼급 와인이 나오는 포도밭 단위인 클리마는 684개에 달하며 와인의 라벨에도 '프리미에 크뤼'라는 표기와 클리마의 이름이 표기되며 가격도 높아진다. 최고급 와인이 나오는 그랑 크뤼 AOC는 33개로 지정되어 있는데, 부르고뉴 전체 와인 중 1.5%에 불과할 정도로 생산량이 적고 희귀하여 가격도 매년 가파르게 오르고 있다.

같은 밭에서도 언덕의 경사도와 위치에 따라 등급이 달라지며, 언덕 꼭대기는 찬바람이 많이 불고, 거친 바위들이 바닥을 구성하고 있어 좋은 와인이 나오지 않는다. 하지만 바로 아래의 밭들은 바람을 피할 수 있고 토양질도 좋아 프리미에 크뤼로 분류되며, 그 아래에 그랑 크뤼 밭이 전개되는데 햇빛을 잘 받고 물 빠짐이 좋으면서 토양의 구조도 석회석과 점토가 적당히 섞여 최적의 재배 조건을 구성하기 때문이다. 그 아래에 다시 프리미에 크뤼 와인, 그 아래에 빌라주급 와인 그리고 가장 낮은 평지에는 기본급 와인인 레지오날 와인이 나오는 식이다. 밭의 경사각과 물 빠짐 정도, 햇볕을 받는 정도에 따라 와인의 등급과 가격에도 큰 차이가 있다.

부르고뉴의 오래된 샤르도네 포도나무

부르고뉴는 최북단 샤블리에서 시작해서 가장 유명한 코트 도르Côte d'Or를 거쳐 코트 샬로네즈Côte Chalonnaise 그리고 남단의 마콩Mâcon 지역까지 남북으로 230km 정도 이어져 있지만, 그 아래에 있는 보졸 레는 워낙 토양 특성도 다르고 사용 품종, 스타일도 달라서 별도의 생산지로 분류하고 있다.

부르고뉴에서 생산되는 와인

부르고뉴 지역에서는 연간 2억 병 정도의 와인이 생산되며 샤르도네가 50%, 피노 누아가 40%를 차지한다. 그랑 크뤼급 와인은 전체 생산량의 1.5% 정도로 극소량이라 가격이 비쌀 수밖에 없다. 그 아래에 프리미에 크뤼급 와인과 빌라주급 와인이 47% 그리고 가장 기본급인 부르고뉴 레지오날급 와인이 52%를 구성한다. 일부 밭에서는 알리고테, 가메, 소비뇽 블랑도 조금씩 재배되고 있다.

부르고뉴에서 보통 도멘Domaine이라고 하면 포도 농사를 직접 짓고 와인을 만드는 경우로, 3,500개 정도의 도멘이 활동하고 있다. 남의 포도를 사서 와인을 만들거나 와인 중개상의 역할을 하는 네고시앙이 250여 개 있는데, 메종maison이라 부르기도 한다. 또한 소규모 영세 농가들이 모여 협동조합을 구성하고 양조와 마케팅을 공동으로 하는 쿠페라티브coopérative가 16개 정도 활동하고 있다.

부르고뉴의 유명한 네고시앙 중에는 부샤르 페레 에 피스Bouchard Pere et Fils, 조셉 드루앵Joseph Drouhin, 페블레Faiveley, 루이 자도Louis Jadot, 루이 라투르Louis Latour, 알베르 비쇼Albert Bichot, 샹송 페레 에 피스Chanson Pere & Fils, 장 클로드 부아세Jean-Claude Boisset 등이 있으며, 이웃 포도 재배자들의 포도나 와인을 구입해서 만들 경우 도멘이 아닌 메종 이름으로 판매한다.

부르고뉴 와인이 쉽지 않은 것은 한 포도밭에서 여러 도멘이 각

부르고뉴 네고시앙 부샤르 페레 에 피스

부르고뉴 네고시앙 알베르 비쇼

자 와인을 만들고 가격에도 큰 차이가 있다는 점인데, 한마디로 누가 만들었냐가 매우 중요하다는 말이다. 예를 들면 본 로마네Vosne-Romanee 마을의 레 숌므Les Chaumes 프리미에 크뤼 밭 2만 평에서 나오는 와인의 가격은 양조자에 따라 가격 차이가 10배 이상 난다.

대표적인 와인 산지는 코트 도르, 즉 황금의 언덕이라는 의미로 가을철 포도밭에 단풍이 들면 마치 황금물결을 보는 듯하여 붙여진 이름이지만 여기서 생산된 와인들이 황금처럼 귀하고 비싸기 때문인 까닭도 있다. 코트 도르의 중심에 위치한 도시 본Beaune을 중심으로 북쪽은 코트 드 뉘Côte de Nuits, 남쪽은 코트 드 본Côte de Beaune으로 나뉘는데, 북쪽인 코트 드 뉘는 주로 피노 누아를 중심으로 하는 레드 와인 산지이며, 남쪽인 코트 드 본은 화이트 와인 산지로, 부르고뉴 와인의 양대 산맥을 형성하고 있다.

포도밭의 토양 구조와 테루아는
와인에 어떤 영향을 미칠까?

부르고뉴에서 발견되는 백악기 암모나이트 화석은 이곳이 석회암이 풍부하여 최고급 와인 생산지로 적합한 곳임을 알려 준다.

토양 구조는 포도나무의 뿌리가 수분을 얼마나 잘 흡수하고 보유하는지에 영향을 미친다. 모래질 토양은 배수가 원활해 수분이 적절히 조절되지만, 점토질 토양은 물을 많이 머금고 있어서 포도의 품질이 저하될 수 있다. 적절한 수분 조절은 포도의 성숙과 당분 함량, 산도의 균형에 영향을 미친다.

토양은 포도나무에 필요한 영양분을 제공하는 매개체로 토양 내의 유기물 함량, 질소, 칼륨, 인 등의 미네랄 함량이 포도의 성장과 발달에 필수적이므로 영양분이 부족하거나 과다하면 포도의 품질과 와인의 맛에 부정적인 영향을 미칠 수 있다. 토양의 깊이와 구조는 뿌리가 얼마나 깊게 자랄 수 있는지를 결정하는데, 깊은 토양은 뿌리가 더 깊이 자라 물과 영양분을 안정적으로 공급받을 수 있도록 해 줘 극심한 기후 조건에서도 포도나무가 생존할 수 있도록 돕지만, 기반이 암석으로 구성된 얕은 토양은 뿌리의 성장을 제한하여 포도나무가 스트레스를 받을 수 있다.

테루아는 토양뿐만 아니라 기후, 지형, 포도 품종, 재배 방법 등 포도밭의 독특한 환경적 요소를 아우르는 개념으로 이런 요소들은 함께 작용하여 와인에 독특한 아로마, 맛, 색상을 부여하고 와인의 개성과 복잡성을 형성한다. 같은 품종의 포도라도 테루아가 다르면 스타일과 풍미 특성도 달라진다.

와인의 본질 파악하기

황금의 언덕 북부,
코트 드 뉘

최고급 와인이 나오는 코트 드 뉘Côte de Nuits 마을별로 와인의 스타일과 특징, 유명한 포도밭과 와인 생산자나 도멘의 이름을 알면 부르고뉴 와인에 대해 좀 더 깊이 알 수 있다. 부르고뉴 와인을 살 때 가장 중요한 것은 바로 도멘이다. 누가 만들었냐가 품질의 기준인데, 그만큼 와인 메이커의 실력과 명성이 중요하다.

독특한 개성, 양조 스타일, 양조철학은 테루아만큼 중요한 요소다. 부르고뉴의 도멘은 가족 중심으로 운영되고 대를 이어 유지되는데, 하나의 도멘은 몇 개의 마을에 분산되어 있는 포도밭을 여럿 보유하고 있으며, 평균 6.5헥타르 밭에서 15종 정도의 와인을 만들고 있다. 농부로서 직접 밭을 갈고, 가지치기와 포도 수확, 양조까지 하기 때문에 라벨에 새겨지는 그의 이름이 품질이며 스타일이다.

주브레 샹베르탱Gevrey-Chambertin은 코트 드 뉘 가장 위쪽의 유명

와인의 본질 파악하기

한 피노 누아 산지로, 와인의 특징은 힘차고 화려한 풍미라고 정의할 수 있는데, 색상이 강렬하며 짙은 아로마와 풍미, 풀 바디 하면서 구조감이 강해 우람한 근육질의 이미지를 떠올릴 수 있다. 그만큼 장기 숙성력도 뛰어나 부르고뉴의 왕이라는 별명이 있다.

부르고뉴 마을 중에서도 그랑 크뤼 등급 포도밭이 9개로 가장 많은 편이다. 이 마을 최고의 그랑 크뤼 밭은 '르 샹베르탱Le Chambertin'인데 최고가의 와인을 생산한다. 가장 유명한 '르 샹베르탱' 포도밭 이름을 주브레Gevrey 마을 이름 뒤에 붙여 주브레 샹베르탱이 되었다. 부르고뉴 주요 와인 산지의 이름은 모두 이런 방식으로 만들어졌다. 본 로마네Vosne-Romanee, 샹볼 뮤지니Chambolle-Musigny, 뉘 생 조르주Nuits-Saint-Georges, 퓔리니 몽라셰Puligny-Montrachet, 샤사뉴 몽라셰Chassagne-Montrachet 등과 같이 마을 이름에 가장 유명한 포도밭 이름을 붙인 곳이 12개나 된다. 말하자면 마을 이름에 가장 유명한 포도밭을 붙여서 함께 유명해지려는 희망이 담긴 작명법이라 할 수 있다.

주브레 샹베르탱의 9개 그랑 크뤼 밭은 모두 마을의 남쪽에 몰려 있다. 급경사면의 중턱에 자리 잡아 클리마가 독특하게 구분되어 있고 각기 다른 그랑 크뤼 아펠라시옹Appellation으로 구분되어 있다. 9개의 그랑 크뤼 중 최고의 밭이 르 샹베르탱이고 나머지 8개의 밭 이름에도 앞 또는 뒤에 샹베르탱이 붙는다(예를 들어 Chambertin Clos-de-Beze, Chapelle-Chambertin, Charmes-Chambertin, Griotte-Chambertin, Latricieres-Chambertin, Mazis-Chambertin, Mazoyeres-Chambertin, Ruchottes-Chambertin).

주브레 샹베르탱에서 가장 유명한 도멘으로는 아르망 루소Armand Rousseau, 도멘 푸리에Domain Fourrier, 도멘 르루아Domaine Leroy, 도멘

모레 생 드니의 클로 데 람브레의 포도밭

트라페 페레 에 피스Domaine Trapet Pere et Fils, 도멘 드니 모르테Domain Denis Mortet, 도멘 뒤가피Domaine Dugat-py, 도멘 뒤작Domaine Dujac 등이 있다.

모레 생 드니Morey-Saint-Denis 마을은 주브레 마을 아래에 있으며 와인의 스타일은 주브레 샹베르탱의 강하고 묵직하며 진중한 스타일과 아래 마을 샹볼 뮤지니의 열린 느낌을 주는 향수 같은 여성적인 스타일의 중간 정도로, 다정다감하면서도 건장한 남성의 이미지를 떠올릴 수 있다.

원래는 모레라는 마을이었지만 유명한 생 드니 포도밭의 이름을 뒤에 붙여 모레 생 드니가 되었다. 4개의 그랑 크뤼 밭이 있는데, 클로생 드니Clos Saint-Denis, 클로 드 라 로슈Clos de la Roche, 클로 데 람브레Clos des Lambrays, 클로 드 타르Clos de Tart가 간판스타들이다.

도멘 뒤작의 피노 누아 와인

　모레 생 드니에는 20개의 프리미에 크뤼 밭이 있지만 잘 알려져 있지 않다. 하지만 일부 뛰어난 도멘으로는 클로 뒤 타르Domaine du clos de Tart, 도멘 뒤작Domaine Dujac, 도멘 아를로Domaine Arlaud, 도멘 퐁소Domaine Ponsot, 도멘 위베르 리니에Domaine Hubert-Lignier, 도멘 르루아, 도멘 아르망 루소 등이 손꼽힌다.

　모레 생 드니 아래에는 샹볼 뮤지니Chambolle-Musigny 마을이 펼쳐지는데, 샹볼이라는 이름은 들판을 뜻하는 '샴champ'에 보글보글 끓는다는 의미인 '부아이양bouillant'이 합쳐져 생긴 단어로, 비 온 뒤에 들판 개울에 물이 콸콸 흐른다는 뜻의 '샹볼'이 되었다. 뮤지니는 14세기 부르고뉴 공작을 보좌했던 가문의 이름에서 유래한 것으로 최고의 와인이 나는 포도밭이라, 마을 이름과 연결하여 샹볼 뮤지니로 부르게 되었다. 주민이 400명 정도인 작은 마을로, 샹볼 뮤지니 와인은 퍼퓸 같은 향기로움과 섬세하고 세련된 풍미가 특징이며, 드레스를 입은 우아하고 세련된 여성의 이미지로 표현할 수 있다.

최고의 그랑 크뤼 밭으로는 '르 뮤지니Le Musigny'와 '본 마레Bonnes-Mares'가 있으며, 본 마레가 구조감이 좀 더 강하지만, 뮤지니가 피네스finesse(섬세함)와 유연함에서 더 뛰어나다는 평을 듣는다. 그랑 크뤼 밭이 2개밖에 없기 때문에 대부분의 와인은 24개의 프리미에 크뤼 밭에서 나오며, 이 중에서도 레 자뮤뢰즈Les Amoureuses와 레 샤름Les Charmes이 가장 유명하다. 언덕 꼭대기와 언덕 아래 바닥에는 평범한 수준의 빌라주급 와인이 나오고 이 중 좋은 와인은 언덕의 중간 물 빠짐이 좋은 밭에서 나온다.

샹볼 뮤지니 아래에는 부조Vougeot 마을의 포도밭이 펼쳐진다. 부조라는 이름은 샹볼 뮤지니와 부조 마을 사이를 가르며 흐르는 부주Vouge라는 개천 이름에서 따왔다. 부조는 69헥타르의 포도밭 중 50.6헥타르가 그랑 크뤼 밭인 클로 드 부조Clos de Vougeot로, 마을의 절반이 그랑 크뤼 밭인 셈이다. 최고의 밭은 언덕 쪽과 서쪽에 있으며, 북쪽의 12헥타르 땅에는 프리미에 크뤼 밭이 펼쳐져 있다. 프리미에 크뤼 밭 중에는 클로 드 라 페리에르Clos de la Perriere, 레 프티 부조Les Petits Vougeot, 르 클로 블랑Le Clos Blanc, 라 린 블랑슈La Ligne Blanche, 레 크라Les Cras 등이 유명하다.

클로 드 부조 그랑 크뤼는 크기가 50.6헥타르로 작은 밭 100개로 구성되어 있다. 따라서 그랑 크뤼 명성에 맞지 않는 와인도 나올 수 있기 때문에 잘 알려진 밭에서 나온 와인이나 유명 도멘의 와인을 고르는 것이 중요하다. 클로 드 부조는 중세 시기 시토 수도원의 소유였

본 로마네 마을의 라 그랑 뤼 포도밭

고, 수도사들이 포도밭을 일구고 와인을 만들어 왔지만 프랑스 혁명으로 수도회 재산을 몰수당하고 일반인의 손에 넘어갔다. 이후 작게 쪼개져 매각되고 세월이 흐르면서 자녀수만큼 분리 상속되는 바람에 현재 클로 드 부조의 소유주는 무려 80명이 넘는다.

본 로마네 마을이 부조 마을 아래로 펼쳐지는데, 코트 드 뉘에서 가장 작은 마을이다. 원래 본Vosne이었는데 이곳에서 가장 유명한 포도밭인 로마네Romanee가 붙어 1866년부터 본 로마네라고 불렸다. 크기가 27헥타르이고 가장 유명한 6개 그랑 크뤼 밭은 마을 북쪽에 포진해 있다. 클래식한 본 로마네 와인은 바디감과 구조감, 엘레강스함과 장기 숙성력을 모두 갖춘 완벽한 밸런스를 갖춘 와인으로 평가받고 있다. 멋진 연미복에 신사 모자를 쓴 귀족 같은 이미지다. 중세 때부터 최고의 와인 생산지로 알려져 왔으며, 생 비방Saint Vivant 수도원의 수도사들이 부르고뉴 와인의 포도 재배와 양조 기술을 전파한 원조

격인 마을이다. 6개의 그랑 크뤼 밭으로는 로마네 콩티Romanée-Conti, 라 로마네La Romanée, 라 타슈La Tâche, 리슈부르Richebourg, 로마네 생 비방Romanée-Saint-Vivant, 라 그랑 뤼La Grande Rue가 있다.

본 로마네 북쪽에는 플라제 에세조Flagey Echézeaux 마을에는 그랑 크뤼 밭이 2개 있는데, 에세조Echézeaux와 그랑 에세조Grand Echézeaux 밭으로, 앙리 자이에, 도멘 르루아, 엠마누엘 후제 같은 전설의 와인 메이커들이 와인을 만들어 왔다. 《신의 물방울》이란 와인 만화의 저자 아기 타다시 남매도 도멘 드 라 로마네 콩티Domaine de la Romanée-Conti(DRC)가 만든 에세조 와인을 마시고 와인의 세계에 빠졌다고 전해진다.

뉘 생 조르주Nuits-St-Georges는 부르고뉴 남단 코트 드 뉘의 남단에 자리하고 있으며 본 로마네 마을 아래에 있다. 와인의 특징은 짙은 색상과 풍미를 보이며 힘과 복합미가 넘친다. 양복을 깔끔하게 차려입은 댄디한 신사의 이미지를 상상할 수 있다. 코트 드 뉘의 '뉘Nuits'는 원래 뉘 생 조르주Nuits-St-Georges에서 차용해 온 것으로, 뉘Nuits라는 마을 이름은 라틴어로 '호두'라는 뜻의 '누티움nutium'에서 유래했다. 옛날에 호두가 많이 났던 마을로 가장 유명한 포도밭인 생 조르주Saint-George를 마을 이름에 붙여 '뉘 생 조르주'가 되었다. 부르고뉴 26개 마을 중 두 번째로 큰 마을로, 페블레Faiveley 같은 큰 규모의 네고시앙을 비롯해서 대형 도멘이 뉘 생 조르주를 근거지로 활동하고 있다. 뉘 생 조르주는 41개의 프리미에 크뤼 밭을 자랑하지만, 아쉽게도 그랑 크뤼 밭이 없는 무관의 제왕이다. 하지만 프리미에 크뤼 와인의 품질은 매우 뛰어나다는 평가를 받고 있다.

로마네 콩티 포도밭에 독극물 협박 사건이?

로마네 콩티 포도밭

지난 2010년 부르고뉴에서 가장 비싼 로마네 콩티 포도밭에 한 괴한이 침입해 포도나무 일부에 독을 뿌리고 100만 유로의 돈을 요구하며, 요구를 들어 주지 않으면 포도밭 전체를 파괴하겠다고 협박하는 사건이 벌어졌다. 도멘 측은 즉시 경찰에 신고했고, 경찰은 로마네 콩티의 주인 오베르 드 빌렌Aubert de Villaine과 함께 체포 작전을 세웠다. 협박범의 요청을 들어 주는 척하며 100만 유로의 가짜 돈을 가방에 넣어 약속한 공동묘지에 두고 나왔다. 경찰은 잠복해 있다가 범인이 가방을 챙기는 순간 덮쳐 현장에서 범인을 체포했다. 그의 아들도 공범으로 체포되어 유죄 판결을 받았다.

이 사건은 와인 업계에서는 매우 드문 범죄 유형으로 주목받았는데, 이후 로마네 콩티 포도밭은 보안 조치를 강화하였고, 비슷한 유형의 범죄가 발생하지 않도록 예방 조치를 했다고 한다. 사실 어느 나라의 포도밭이든 철망도 담장도 없는 구조라 누구라도 들어갈 수 있어서 이런 범죄에 취약하다. 하지만 어떤 도둑도 이런 황당한 범죄를 저지르지는 않을 것 같다.

세계 최고의 샤르도네가 나오는
코트 드 본

황금의 언덕 코트 도르의 남쪽은 코트 드 본Côte de Beaune 지역으로, 그랑 크뤼 피노 누아도 일부 생산하지만 세계적인 품질의 샤르도네로 이름을 떨치고 있으며, 몽라셰Montrachet와 뫼르소Meursault, 코르통 샤를마뉴Corton-Charlemagne 같은 최고급 화이트 와인을 생산하고 있다.

몽라셰는 가장 고급스러운 샤르도네가 나오는 산지로, 최고의 그랑 크뤼 밭은 르 몽라셰Le Montrachet 또는 몽라셰라 부르는 포도밭으로, 퓔리니 몽라셰 마을과 샤사뉴 몽라셰 마을이 절반씩 나누어 가지고 있다. 몽라셰 그랑 크뤼 와인은 세계에서 가장 비싼 화이트 와인 중 하나로,《삼총사》와《몬테크리스토 백작》을 쓴 프랑스 극작가 알렉상드르 뒤마는 "몽라셰를 마실 때는 경건한 마음으로 무릎을 꿇고 모자를 벗고 마셔야 한다."는 말을 남기기도 했는데, 그만큼 고귀한

슈발리에 몽라셰를 생산하는 도멘 르플레브의 타원형 숙성 저장고

와인으로 취급받아 왔다.

　원래 몽라셰는 민둥산이란 뜻으로 키가 낮은 잡초만 무성한 작은 산이라 붙여진 이름이다. 퓔리니 몽라셰는 산 아래 나지막한 언덕배기에 있어서 물 빠짐이 좋고 햇볕을 받기 좋은 위치이며, 석회암limestone 중심의 토양과 특이한 미세기후 때문에 미네랄이 풍부하고 이웃 마을 샤사뉴 몽라셰와 뫼르소에 비해 좀 더 단단한 구조감을 보인다. 퓔리니에는 르 몽라셰 외에도 바타르 몽라셰Bâtard-Montrachet, 슈발리에 몽라셰Chevalier Montrachet, 비앙브뉴 바타르 몽라셰Bienvenues-Bâtard-Montrachet가 있지만 너무 비싸서 국내에서는 보기 어려운 와인이다.

　유명 포도밭 슈발리에 몽라셰와 비타르 몽라셰는 이름에 얽힌 재미있는 이야기가 있다. 이곳의 영주였던 퓔리니 경에게는 아들이 둘

있었는데, 한 명은 십자군전쟁에 기사로 참전했다가 전사했고, 다른 한 명은 혼외자였다. 그래서 하나는 기사를 뜻하는 슈발리에, 또 하나는 서자bastard를 뜻하는 바타르가 되었다는 이야기다.

샤사뉴 몽라셰는 퓔리니 몽라셰보다 고도가 약간 낮은 언덕에 있다. 르 몽라셰와 바타르 몽라셰의 밭을 퓔리니 마을과 나누어 공유하고 있지만 크리오 바타르 몽라셰라는 그랑 크뤼 밭은 100% 샤사뉴 몽라셰 마을에 있다.

서로 이웃하고 있는 퓔리니 몽라셰와 샤사뉴 몽라셰 와인은 스타일에서 약간의 차이가 있다. 샤사뉴 몽라셰가 좀 더 남쪽에 있기 때문에 잘 익은 과일 향이 더 나고 풍성하면서도 둥근 맛에 바디감도 더 있게 느껴지는데, 이에 비해 퓔리니 몽라셰는 좀 더 닫혀 있고, 꽃 향이 나며, 산미도 높고 미네랄리티도 높은 편이다. 말하자면 퓔리니 몽라셰가 더 점잖고 절제되어 있는 편이지만 개별적인 차이가 있다는 것이다. 가격면에서 보면, 퓔리니 몽라셰는 싼 와인을 찾기 어렵지만, 샤사뉴 몽라셰는 작은 도멘이 많기 때문에 좋은 가격대의 와인을 종종 볼 수 있어서 가성비로 따지면 샤사뉴 몽라셰가 우세하다.

샤사뉴 몽라셰에는 무려 55개의 프리미에 크뤼 밭이 있는데, 유명한 곳으로는 베르제Vergers, 앙 르미이En Remilly, 라 말트루아La Maltroie, 모르주Morgeot 등이 있다.

화이트 와인으로 몽라셰 다음으로 유명한 와인 산지는 바로 뫼르소Meursault 마을로, 뫼르소 와인은 향이 풍성하고 질감이 넉넉한 풀바디 샤르도네로 인기가 있으며 구운 아몬드와 헤이즐넛, 꿀 향과 진한 감귤류의 풍미를 자랑하는데, 프랑스 오크통의 감각적 터치가 뛰어나다.

뢰르소는 프랑스 작가 알베르 카뮈의 작품 《이방인》에 나오는 주인공 이름과 같아서 익숙하다. 마을 이름 뢰르소의 유래는 여러 가지다. 그중 라틴어 무리스 살투스muris saltus에서 유래했다는 설이 유력하다. 생쥐의 도약이라는 뜻으로, 옛날에는 레드와 화이트 와인 품종의 밭이 경계가 따로 없이 서로 붙어 있었기 때문에 생쥐가 단숨에 뛰어 다른 나무로 건너갈 거리였다는 뜻이다.

뢰르소에는 그랑 크뤼 밭은 없고 프리미에 크뤼 밭이 19개 있으며 주로 마을의 남쪽 끝에 모여 있다. 가장 유명한 포도밭으로는 샤름Charmes, 페리에르Perrieres, 주느브리에르Genevrieres 등이 있다.

코르통Corton 마을에는 그랑 크뤼가 2개 있는데, 그중 하나가 최고급 샤르도네로 알려진 코르통 샤를마뉴 그랑 크뤼Corton Charlemagne Grand Cru 화이트 와인이다. 이 와인은 서기 800년경 서유럽을 통일한 샤를마뉴 대제의 이름을 따서 지어졌다. 풍채가 컸던 그는 원래 레드 와인을 좋아했는데, 마시고 나면 길게 늘어뜨린 그의 흰 수염이 붉은색으로 물들어 신하들의 웃음거리가 되었다. 이를 보다 못한 왕비가 레드 대신 화이트를 마셔 달라는 간곡한 청을 올렸고, 왕이 이를 받아들여 코르통 포도밭 일부에 화이트 와인 품종을 심어 오늘에 이르러서 그의 이름을 따 코르통 샤를마뉴가 되었다.

코르통 그랑 크뤼 와인은 라벨에 포도밭의 이름이 함께 붙으며, 어느 밭에서 나왔냐가 매우 중요하다. 특히 유명한 그랑 크뤼 밭으로는 페리에르Perrieres, 레 베르젠Les Vergennes, 클로 뒤 루아Clos du Roi 등이 있다.

부르고뉴 퓔리니 몽라셰 지역의 그랑 크뤼 포도밭

코르통 샤를마뉴 그랑 크뤼 와인은 옅은 골드 색상에 부싯돌 같은 미네랄리티를 보이고, 버터, 무화과, 구운 사과, 시나몬과 꿀 향을 특징으로 하는 엘레강스하면서도 균형감을 갖춘 와인으로 부르고뉴 화이트 중에서는 몽라셰 다음으로 손꼽히는 와인이다.

코르통 샤를마뉴 그랑 크뤼 화이트로 유명한 와인으로는 코슈 뒤리 코르통 샤를마뉴Coche-Dury Corton-Charlesmagne, 루이 라투르 코르통 샤를마뉴Louis Latour Corton-Charlesmagne, 도멘 본노 뒤 마르트레 코르통 샤를마뉴Domaine Bonneau du Martray Corton-Charlesmagne, 부샤 페레 에 피스 코르통 샤를마뉴Bouchard Père & Fils Corton-Charlesmagne 등이 있다.

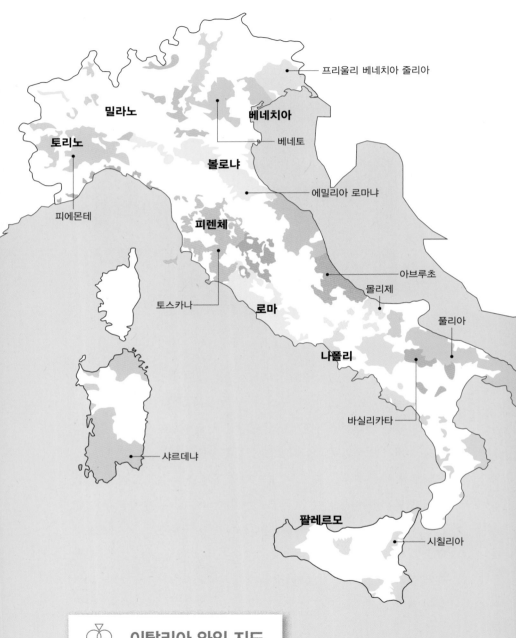

프리울리 베네치아 줄리아

밀라노

베네치아

토리노

베네토

볼로냐

에밀리아 로마냐

피에몬테

피렌체

아브루초

토스카나

몰리제

로마

풀리아

나폴리

바실리카타

샤르데냐

팔레르모

시칠리아

🔻 이탈리아 와인 지도

다양성이 미덕인
이탈리아 와인

이탈리아에서의 포도 재배와 와인 양조는 기원전 8세기경 미케네에서 건너온 그리스인들이 시칠리아와 이탈리아 남부에 정착하여 재배 방법과 양조 기술을 전하면서 발전하기 시작했다. 그리스의 거친 자연환경에 비하면 이탈리아의 따뜻한 기후와 토양은 천국이나 다름없었기에 그리스인들은 이탈리아를 '오이노트리아oenotria', 즉 '와인의 땅'이라 부르게 되었다.

이후 로마는 시칠리아의 패권을 놓고 숙적 카르타고와 세 차례에 걸친 포에니 전쟁에서 승리하면서 제국으로 발돋움했고, 해안 지역에는 노예들을 이용한 대규모 농장 라티푼디움latifundium이 활성화되면서 와인 산업도 발전했다. 이탈리아 중부에서는 에트루리아인들이 오래전부터 포도나무를 키우며 축적한 기술이 로마에 남아 있었고, 여기에 반도의 남부에서 올라온 그리스인들의 양조 기술이 접목되면

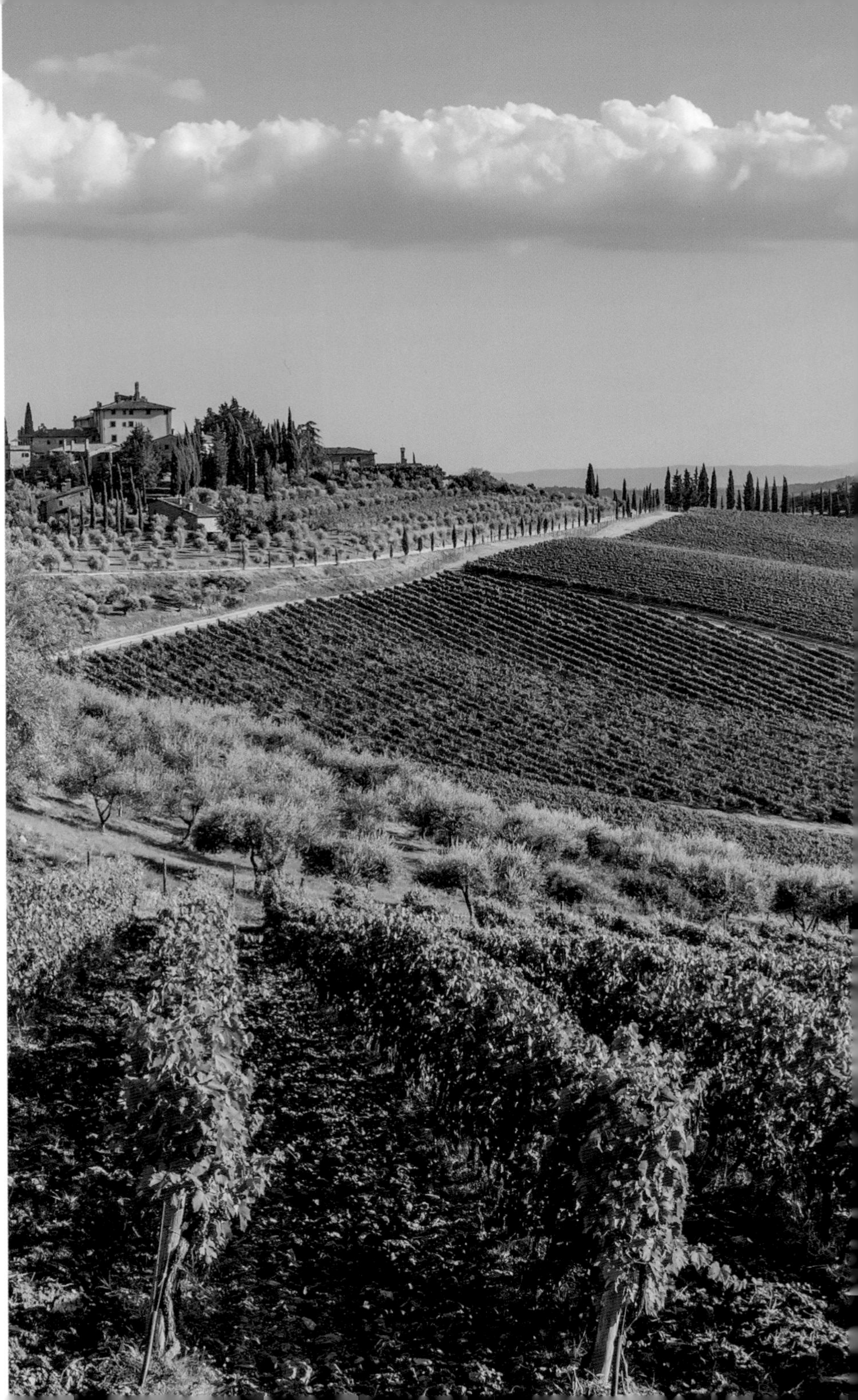

토스카나의 키안티 클라시코 생산 지역

와인을 저장하던 폼페이의 암포라 유물

서 기술적 진보가 이루어졌다. 이후 콘스탄티누스 황제에 의한 밀라노 칙령과 니케아 종교회의 그리고 392년 테오도시우스 1세에 의한 크리스트교의 국교화가 진행되면서 와인에 대한 수요가 급증하여 중요한 산업으로 발전했다.

이탈리아는 온화한 기후와 일조량, 국토를 가로지르는 아펜니노산맥에서 뻗어 나온 구릉과 계곡으로 전 지역이 포도 재배에 적합했고, 476년 로마제국이 붕괴한 이후 19세기 후반 통일 국가를 형성할 때까지 중앙정부의 통치 아래 놓인 적이 없어 수많은 도시국가와 공국으로 나누어져 고유의 문화와 전통을 발전시켜 왔다. 와인 또한 지역 특성에 맞는 토착 품종을 중심으로 전통 음식과 함께 발전해 오면서 독특한 개성을 갖게 되었다.

프랑스는 일찌감치 통일된 중앙정부 체제하에서 와인의 품질 관리와 원산지통제명칭, 등급제도 등을 도입하여 해외 수출을 활성화하면서 국가의 중요한 산업으로 발돋움했지만, 이탈리아는 1963년에 이르러서야 프랑스 AOC 제도를 본받아 DOC 제도를 도입하는 등 제도 정비가 늦었던 탓에 발전이 늦었다. 좀 더 엄격한 기준을 적용하여 와인의 품질을 높인 DOCG 등급제도는 1980년대부터 정착하기 시작했다. DOCG 등급을 받으려면 생산 과정부터 병에 담길 때까지 매우 엄격한 검사와 규제를 거쳐야 한다. 와인의 품질과 특성, 원산지 심사를 통해 정부 기관의 공식 인증을 받아야 한다.

하지만 영원할 것만 같았던 후발 주자의 굴레를 벗어날 기회가 이탈리아에 주어졌다. 세계 와인 시장은 프랑스에서 퍼져 나간 국제 품종으로 넘쳐났고, 수십 년간 익숙한 맛만 보던 소비자들은 이탈리아 토착 품종의 생경한 매력에 관심을 보이기 시작했다. 산지오베제, 베르멘티노 등 일부 이탈리아 품종이 퍼져 나가면서 원산지 이외에서도 인기가 높아졌고, 1990년대부터 이탈리아의 소아베와 베르디키오 와인, 트랜티노 알토 아디제 지역에서 나오는 화이트 와인들이 국제적인 관심을 끌기 시작했다. 요즘은 내추럴 와인의 유행에 힘입어 양조 과정에서 껍질과 접촉시켜 색상과 풍미를 추출하는 복고 방식의 화이트 와인이 새로운 트랜드를 형성해 가고 있다.

이탈리아 와인은 특유의 강한 산미와 타닌, 호기심을 유발하는 토착 품종, 슬라보니안 대형 오크통에서 장기 숙성시켜 맛을 내는 전통 양조 방식과 소형 프랑스 오크통을 사용하는 현대적 방식의 기술적 결합, 자연 친화적인 유기 농법과 바이오다이내믹 농법을 적용하는

슈퍼 투스칸을 생산하는 오르넬라이아 와이너리

재배 농가의 증가 등으로 새로운 평가를 받으며 발전하고 있다.

이탈리아 와인의 장점으로는 무려 500여 종에 이르는 다양한 품종과 독특한 와인 스타일을 꼽을 수 있다. 대체로 가성비가 뛰어나고 음식과도 잘 어울린다. 가볍고 신선한 스파클링과 화이트 와인, 풍부한 과일 향과 산미, 탄탄한 타닌의 레드 와인, 아파시멘토 방식으로 포도를 말려 농축미를 높인 아마로네 와인, 마르살라 같은 주정 강화 와인 그리고 토스카나의 따뜻한 해안가에서 국제 품종을 재해석한 슈퍼 투스칸 와인에 이르기까지, 이탈리아 와인은 이제 전통과 현대를 아우르는 혁신의 아이콘으로 부상하고 있다.

이탈리아 와인의 등급 분류 체계

이탈리아에서 와인을 체계적으로 분류하여 등급을 지정한 것은 1963년으로, 먼저 DOC 등급이 적용되기 시작했고, DOCG 등급은

와인의 본질 파악하기

와인 색은 원래 뿔고둥에서 나왔다?

와인 색을 의미하는 퍼플purple은 보라색 중에서도 빨강과 파랑의 비율이 같아 자주색에 가까운 색을 뜻하며, 그리스어 '포피라porphyra'에서 라틴어 '푸르푸라purpura'를 거쳐 파생된 고대 영어 '퍼플purpul'에서 유래했다. 퍼플은 자연에서 가장 구하기 어려운 색으로, 특정 뿔고둥에서만 색소를 추출할 수 있기 때문에 극소량만 생산되며, 왕이나 귀족 등 상류 계층만 사용할 수 있었다. 이렇게 만들어진 색소를 티리안 퍼플tyrian purple이라고 했다. 고대 페니키아의 앞바다 시돈Sidon과 티레Tyre에서 잡히는 뿔고둥murex 내장의 점액을 말려서 보라색을 구현했다. 1g의 퍼플 염료를 얻는 데 무려 1만 마리의 뿔고둥이 필요하다니, 엄청나게 노동집약적인 일이었고, 가격도 천정부지였다고 한다. 최근에 전통 방식을 이용해 재현해 본 결과 1g을 얻는 데 2,000유로가 들었다고 하니 금보다 300배나 더 비싸다는 결론이다. 뿔고둥이 잡히는 곳은 고대 페니키아인들이 살던 곳으로, 지금의 레바논 땅이다.

약 20년 뒤인 1982년부터 적용되었다. 좀 더 느슨하고 자유스러운 IGT 등급은 1992년에 새롭게 추가되었다.

이러한 표준은 등급이 높을수록 더 엄격한 생산 방법과 품질 기준을 규정함으로써 국제적인 신뢰도를 높이는 데 기여했으며, 특정 포도 품종이나 블렌딩의 비율을 규정하기도 한다. 최고 등급에서 최하 등급까지 차이점은 다음과 같다.

DOCG : **DOCG**Denominazione di Origine Controllata e Garantita(원산지 통제 명칭 및 보증)는 이탈리아 등급 분류에서 최상위급으로 와인의 생산과 품질을 가장 엄격하게 관리한다. 지정된 지역에서 정해진 포도 품종을 사용해야 하며 최고 품질을 보장하기 위한 단위면적당 수확량의 제한과 수확 시 포도 숙성도를 제한하는 기준이 설정되며 생산자는 특정 와인 제조 과정에 따라 일정 기간 셀러에서 숙성해야 한다.

이 등급에 속하는 와인은 정부의 인증시험을 통과해야 하는데, 화이트 와인의 경우에는 연한 녹색, 스파클링 와인의 경우에는 밝은 분홍색, 레드 와인의 경우에는 마젠타 색 등 정부에서 인정하는 공식 도장이 찍힌다. 2023년 기준으로 78개가 지정되어 있다.

DOC : **DOC**Denominazione di Origine Controllata(원산지 통제 명칭) 등급은 DOCG 바로 아래 등급이다. 허용되는 포도 품종, 와인 생산 스타일의 세부 사항과 재배 지역에 관한 법규를 정한 것으로 대부분의 이탈리아 와인이 여기에 속한다. 거의 모든 와인 스타일을 포괄하는데, 현재 332개가 지정되어 있다. 고품질 와인을 지속적으로 생산하고 규칙과 표준을 준수하는 DOC는 엄격한 심사를 통해 DOCG 등급으로 승격이 가능한 합리적인 제도다.

IGT : 세 번째 등급인 **IGT**Indicazione Geografica Tipica(지역 특성 표기)는 와인을 만드는 방법에 대해 가장 관대한 편이다. 포도가 생산되는 지리적 영역에 대한 제한은 있으나 품종 선택이나 와인 스타일은 자유롭기 때문에 생산자의 창의성이 발휘될 수 있다. 전통 스타일을 유지하면서 국제 품종을 사용한 창의적인 양조가 허용된다. 카베르네 소비뇽이나 메를로를 사용한 슈퍼 투스칸 와인도 IGT에 속하는데, 등급은 낮지만 품질이 뛰어나 국제적으로 인기가 높은 와인도 나온다. 현재 119개가 지정되어 있으며, 지역 IGT 중 시칠리아를 비롯한 몇 개는 DOC로 승격되기도 했다.

VdT : 비노 디탈리아Vino d'Italia 또는 간단히 비노Vino라고도 불리는 VdT Vino da Tavola(테이블 와인)는 품질이 낮은 일반 와인으로, 품종과 빈티지조차 표기하지 않아도 되기에 실험 정신이 강한 와인 메이커들이 선호하며 포장도 자유로우므로 대용량 팩 와인도 만들 수 있다.

이탈리아 주요 와인 산지와 스타일

피에몬테 : 서부 알프스 기슭에 있는 피에몬테Piedmont는 프랑스와 국경을 접하고 있는데, 피에몬테는 '산의 발'이라는 의미로, 알프스 산기슭에 있어서 생긴 이름이다. 뛰어난 와인이 나오는 곳은 랑게Langhe와 몽페라토Monferrato의 언덕 경사면에 흩어져 있는 소규모 계단식 포도원으로, 대부분 DOCG 등급을 받는다. 이 지역의 주요 포도 품종으로는 네비올로, 바르베라, 돌체토, 모스카토, 코르테제Cortese, 아르네이스Arneis 등이 있다.

이탈리아 명품 와인인 바롤로와 바르바레스코를 만드는 품종인 네비올로는 원래 안개를 뜻하는 네비아Nebbia에서 유래했는데, 가을 수확기에 자욱하게 끼는 알프스의 안개를 안고 자란다는 의미가 있다.

타닌이 강하고 구조감이 좋은 바롤로는 이탈리아 최고의 레드 와인으로, 최소 3년간 숙성해야 하며, 이 중 18개월 동안은 오크 숙성을 해야 하지만 일부 바롤로 와인은 더 오래 숙성하여 출하한다. 오래 숙성할수록 타닌이 부드러워지고 풍미를 가지며 밸런스가 좋다. 바르바레스코는 바롤로보다는 조금 떨어진다는 평가를 받지만 안젤로 가야가 만드는 바르바레스코는 최고 수준의 바롤로 와인에 비견된다.

피에몬테에서 나오는 화이트 와인도 빼놓을 수 없다. 침샘을 자극하는 산미와 프레시한 맛이 있는 코르테제와 달콤하고 탄산이 풍부한 모스카토 다스티, 감귤류와 핵과류의 풍미가 있는 아르네이스 등이 있다.

베네토 : 바다 위에 떠 있는 관광지인 베네치아가 있는 베네토 Veneto는 발폴리첼라Valpolicella 와인으로 유명한데, 일반적으로 코르비나와 론디넬라라는 두 가지 품종으로 만들어진다. 신선한 과일

피에몬테의 바롤로 생산자 체레토 와이너리의 포도밭 전망대 겸 시음실

향과 부드러운 맛으로 오래 숙성할 필요 없이 일찍 마시기에 좋다. 베네토의 명품 와인으로 알려진 아마로네는 코르비나, 론디넬라 등 3~4종의 품종을 블렌딩해서 만든다. 몇 달간 포도를 건조하여 양조하므로 알코올 도수가 높고 복합미와 밀도, 바디감이 강하다. 아마로네는 원래 레치오토Recioto라는 달콤한 와인을 만드는 과정에서 실수로 완전히 발효되는 바람에 우연히 탄생한 와인으로, 뛰어난 맛과 향으로 큰 인기를 끌며 이탈리아를 대표하는 명품 와인 중 하나가 되었다. 아마로네의 어원은 맛이 '쓰다'라는 뜻의 '아마로amaro'인데, 달콤한 레치오토에 비해 드라이하고 쓴맛이 나기 때문에 생긴 이름이다. 베로나 동쪽의 소아베Soave에서는 향긋한 오렌지 향이 나는 드라이하면서도 상큼한 맛의 소아베 화이트 와인이 생산되는데, 주로 가르가네가Garganega 품종의 포도를 쓴다.

미국에서 가장 많이 팔리는 스파클링 와인인 프로세코Prosecco가 베네토 지역에서 많이 생산되고 있다. 프로세코라는 이름은 원래 프로세코 마을과 포도 품종을 의미했지만, 현재는 지리적 영역을 뜻하며, 포도는 글레라Glera라고 부르고 있다. 프로세코는 미세한 거품이 나는 프리잔테frizzante와 강한 거품이 나는 스푸만테spumante 스타일이 있다.

토스카나 : 토스카나Toscana는 이탈리아를 대표하는 적포도 품종 중 하나인 산지오베제를 비롯, 화이트 와인 품종인 트레비아노Trebbiano와 말바지아Malvasia가 유명하고, 국제 품종인 메를로와 카베르네 소비뇽 등은 따뜻한 해안에서 재배되고 있다. 키안티Chianti

베네토에서 아마로네를 만드는
코르테 상탈다 와이너리

트렌티노에서 스푸만테를 전문으로 생산하는
페라리 와이너리

와인은 산지오베제를 베이스로 한 가장 유명한 토스카나 와인으로
체리, 말린 허브, 발사믹, 약간의 스파이시한 풍미가 있다. 키안티 와
인 생산 지역은 키안티 클라시코Chianti Classico 구역과 일반 키안티
구역으로 나뉜다. 키안티 와인이 워낙 유명해지다 보니 인근 지역으
로 확장되어, 원래부터 키안티를 만들던 마을을 이들과 구별하기 위
해 키안티 클라시코라 부르게 되었다. 클라시코를 우리말로 하자면
'원조' 생산지라는 뜻이다.

대부분의 키안티 클라시코 와인의 병목에는 검은 수탉 로고가 새
겨져 있고, 그 아래에는 '달 1716 Dal 1716'이라 적혀 있다. 이는 '신스
1716Since 1716'이라는 뜻으로 키안티 클라시코생산조합의 역사가
300년이 넘었음을 의미하며, 검은 수탉 로고는 이 조합에 가입한 와
이너리만 붙일 수 있다.

몬탈치노 지역에서는 산지오베제의 클론으로 브루넬로 디 몬탈치
노 와인을 만든다. 일반적인 산지오베제 와인보다 색상과 향이 짙고,

쓴맛에 민감한 이유

다섯 가지 맛 중에서 우리가 특히 쓴맛에 민감한 이유는 무엇일까? 단맛이 있는 포도당이 생명 유지에 중요한 에너지원으로 작용하기 때문에 섭취했을 때 행복감을 느끼도록 진화해 왔지만, 쓴맛은 이와 정반대로 회피하게 되는데, 쓴맛의 감각을 통해 독초나 독성 물질의 섭취를 피하도록 진화해 왔기 때문이다. 음식에서 쓴맛을 즐기게 되는 것은 학습과 경험을 통해서다. 어릴 때는 케일, 시금치, 씀바귀 같은 쓴맛의 채소에 질색했지만 나이 들면서 쓴맛의 묘미를 알게 되어 가끔은 즐기게 된다.

인간의 미각 수용체 중 단맛을 감지하는 수용체는 단 2개만 있지만, 쓴맛을 인지하는 수용체는 무려 25개나 있다. 우리 몸이 갖추고 있는 엄청난 방어 체계라 할 수 있다. 쓴맛에 대한 민감도는 개인차가 있어서 일부 사람들은 매우 낮은 농도의 쓴맛에도 반응하는데, 유전적인 요인이 크다고 한다. 쓴맛에 대한 민감도는 개인차가 너무 커서 100배 이상이라고 하니 사람마다 정도가 다름을 알 수 있다. 혹시 커피나 레드 와인을 싫어한다면 쓴맛에 민감한 유전자 때문일 수 있다. 나는 프랑스에서 유학하면서 동료들과 단체로 집을 빌려 공동 취사를 할 때면 식사 당번을 자청하여 내가 좋아하는 오이무침을 반찬으로 내놓았다. 그런데 입에도 대지 않는 친구들이 있어서 내심 섭섭했다. 그런데 알고 보니 오이의 쓴맛과 향을 끔찍이 싫어한다는 것이다. 10명 중 3명이나 그렇다 하여 놀랐는데, 특히 서양인 중 오이를 싫어하는 사람이 많다고 한다. 오이와 같은 박과 식물은 해충이나 초식동물로부터 자신을 보호하기 위해 꼭지 주위나 껍질에 쓴맛을 내는 성분을 갖고 있는데, 사람들은 대부분 오이의 향긋한 향을 즐기지만, 쓴맛과 오이 향에 민감한 사람들은 보기만 해도 울렁증이 생기는 것이다.

바디감과 타닌이 높은 편이며, 검은 과일 향, 초콜릿, 가죽, 바이올렛 등의 향 특성을 보인다. 포도 수확 후 50개월이 지나야 판매가 가능하며, 이 중 3년 이상은 오크통에서 숙성시켜야 한다.

토스카나 와인 중에서 세계인들의 사랑을 받는 또 다른 와인은 바로 슈퍼 투스칸 와인이다. 바다에서 가깝고 따뜻한 볼게리 지역에서 산지오베제 대신 카베르네 소비뇽과 메를로 등 국제 품종을 중심으로 만든다. 이 와인들은 이탈리아 품종을 쓰지 않았다는 이유로 DOC 등급을 받지 못하고 IGT로 강등되어 나왔는데, 미국 대도시의 소믈리에들이 이 와인의 뛰어난 품질에 감탄하면서 비공식적으로 슈퍼 투스칸이라 부르기 시작했다. 사시카이아, 솔라이아, 오르넬라이아, 마세토 등이 유명하다.

토스카나의 전통적 레드 와인 중 비노 노빌레 디 몬테풀치아노Vino Nobile di Montepulciano 또한 빼놓을 수 없다. 시에나 남동쪽 중세 마을인 몬테풀치아노 지역에서 생산되는데, 산지오베제에 카나이올로Canaiolo와 마몰로Mammolo를 소량 블렌딩해서 만든다. 최소 2년간 숙성되며 리세르바 와인은 3년간 숙성되어 나오는데, 밸런스가 뛰어나고 강렬하며 블랙체리 향이 풍성하다.

토스카나의 유명한 화이트 와인은 산 지미냐노 주변의 포도밭에서 만드는 베르나차 디 산 지미냐노Vernaccia di San Gimignano다. 이 와인은 신선하고 약산성이며 뒷맛에 독특한 쓴맛이 있다.

프리울리 베네치아 줄리아 : 이탈리아의 북동쪽 끝에 자리 잡은 프리울리 베네치아 줄리아는 북쪽으로 오스트리아, 동쪽으로 슬로베니

브루넬로 디 몬탈치노를 생산하는 아르지아노 와이너리

아와 국경을 접하고 있다. 구릉지대에 펼쳐진 넓은 평야는 화이트 와
인 품종을 재배하는 데 적합하여 소비뇽 블랑, 피노 그리지오, 샤르
도네, 리볼라 지알라, 토카이 프리울리아노 등이 많이 재배되고 있다.
최근 인기를 끌고 있는 오렌지 와인은 껍질과 함께 발효하여 암포라
또는 테라코타에서 숙성한 오렌지 색상의 와인으로 새로운 트렌드를
만들어 가고 있다. 프리울리 베네치아 줄리아에는 12개의 DOC 등급
와인 지역과 4개의 DOCG 등급 와인 지역이 있다. 이 중에서 콜리 오
리엔탈리 델 프리울리 피콜리트Colli Orientali del Friuli Picolit DOCG에서

나오는 피콜리트 와인은 황금색을 띠며 살구, 복숭아, 건포도, 아카시아 꿀의 풍미가 있는 달콤한 화이트 와인으로 인기가 있다.

피노 그리지오는 전 세계적으로 수요가 늘고 있으며, 화이트 와인 품종으로는 트라미너 아로마티코, 말바지아 이스트리아나 등이 재배되고 있다.

시칠리아 : 시칠리아Sicilia에서 인기 있는 포도 품종으로는 네로 다볼라Nero d'Avola, 프라파토Frapatto, 네렐로 마스칼레제Nerello Mascalese, 그릴로Grillo, 카타라토Cattarratto 등이 있다. 시칠리아는 여름이 길고 맑은 날이 많아 전형적인 지중해 기후의 혜택을 누리는 곳으로 포도 재배에 이상적이다. 18세기 주정 강화 와인인 마르살라Marsala 생산지로 유명했으나, 이후 저렴한 테이블 와인이 양산되어 오랫동안 시칠리아의 오점으로 남았다. 하지만 시칠리아는 1990년대부터 품질 향상을 중심으로 변신을 시도했고, 특히 전통 품종에 집중하여 차별성을 내세우는 전략이 성공을 거두었다.

네로 다볼라 품종은 우아하면서도 숙성 잠재력이 있는 과일 향이 짙은 레드 와인으로 자리를 잡았고, 상쾌한 맛과 낮은 타닌, 섬세한 과일 향을 가진 가벼운 바디감의 프라파토, 에트나산의 높은 고도에서 재배되고 과일 향과 미네랄리티가 돋보이며 바롤로나 부르고뉴 피노 누아를 연상시키는 네렐로 마스칼레제가 큰 인기를 끌고 있다. 에트나산의 경사면에서 생산되는 레드 와인과 화이트 와인을 일컫는 에트나 로소 DOC와 에트나 비앙코 DOC는 독특한 테루아의 매력이 있다.

이탈리아 와인의 라벨 읽기

| 로소 | 스푸만테 | 벤데미아 | 수페리오레 |

비앙코bianco : 화이트 와인으로 프랑스의 블랑과 같은 의미다. 청포도로 만들어 산미와 시트러스한 과일 향이 좋다.

로소rosso : 레드 와인을 의미하며, 적포도 품종에서 깊게 배어 나온 색상과 타닌, 검고 붉은 과일 향이 특징이다.

로사토rosato : 로제 와인으로 적포도 품종을 짧은 시간 껍질과 함께 접촉시켜 옅은 분홍빛 색상을 낸다.

돌체dolce : 달콤한 와인으로 잔당감이 있어 디저트 와인으로도 인기가 있으며, 음식 없이 즐기기에도 좋다.

스푸만테spumante : 거품이 나는 모든 이탈리아 스파클링 와인을 포함하는 개념이지만, 특히 탄산가스가 많은 스타일을 뜻한다.

프리잔테frizzante : 거품이 조금만 나는 약 발포성 이탈리아 스파클링 와인이다.

프로세코prosecco : 이탈리아 북동부 베네토와 프리울리 베네치아 줄리아 지역에서 만드는 스파클링 와인으로 글레라라는 품종을 사용한다.

파시토passito : 포도를 말려서 만드는 이탈리아 디저트 와인을 말하며, '시들다'라는 뜻의 아파시멘토에서 유래했다. 레치오토, 빈산토처럼 달콤한 스타일과 드라이한 풀 바디 스타일의 아마로네가 여기에 속한다.

레치오토recioto : 건포도처럼 말린 포도알로 만드는 디저트 와인이다.

벤데미아vendemmia : 와인 병에 표기되는 생산 연도를 뜻하며 포도를 수확한 해를 의미한다.

빈산토vin santo : 토스카나가 원산지인 디저트 와인으로 포도를 말려서 만든다.

테누타tenuta : 포도밭과 양조장을 포함하는 사유지를 의미하며 보통 와이너리 이름 앞에 붙는다.

수페리오레superiore : 우월하다라는 뜻의 이탈리아어로 보통 DOC, DOCG 등급의 동일 와인에 적용되는 최소 알코올 도수보다 0.5% 높을 때 표기하는데, 밀도가 있고 품질도 높다는 의미였으나 최근에는 지구온난화로 인해 오히려 도수를 낮추고 있어 수페리오레의 의미가 점차 퇴색하고 있다.

클라시코classico : DOC 또는 DOCG 등급을 가진 와인 생산지 중 원래부터 해당 와인을 만들어 온 원조격 생산지를 뜻하는데, 키안티, 소아베, 발폴리첼라 클라시코 등이 있다.

리세르바riserva : 일반 와인보다 더 오랫동안(통상 2년 이상) 숙성한 와인을 의미한다.

가성비가 좋은
스페인 와인

　스페인은 기원전 1100년경 해상무역을 장악했던 고대 페니키아인들을 통해 포도 재배와 양조 기술을 배웠고, 이후 로마제국에 편입되면서 인근 프랑스와 로마 지역에 와인을 공습하는 기지 역할을 하면서 본격적으로 와인을 생산하기 시작했다. 하지만 5세기경에 서로마가 멸망하자 와인 산업이 동력을 잃었고, 8세기 초부터 700년간 이슬람의 지배를 받는데, 무슬림은 교리에 의해 술을 마실 수 없어 이베리아반도에서 와인 양조의 전통도 사라졌다.

　와인이 다시 만들어진 것은 15세기 중엽 이사벨 여왕과 페르난도 2세에 의한 국토수복운동의 결과로 이베리아반도에서 이슬람을 완전히 몰아내고 국토를 수복한 이후부터다. 그러나 1938년부터 무려 35년간 지속된 프랑코 독재정권 시절을 겪으며 스페인의 와인 산업은 또다시 위기를 맞았다. 독재자였던 프랑코는 술을 마시지 않았고 와인에 부정적이었기 때문에 성당 미사용 와인과 질이 낮은 벌크 레드 와인만 허용되었다. 그 결과 루에다와 같은 화이트 와인 품종을 많이 심었던 지역의 포도밭은 모두 갈아엎어졌으며, 질보다는 양을 위주로 하는 저질 레드 와인의 생산에만 집중되었다. 벌크 와인을 생산하는 와이너리는 농부들로부터 단순히 포도를 수매하여 양조하였기에 포도 재배와 양조는 상호간의 교류 없이 이루어졌고, 온도 조절 장치도 없이 생산된 와인들은 향이 부족하고 맛이 밋밋하고 알코올 도수만 높아 주로 저가의 내수용으로만 소비되었다. 이 때문에 베가 시실리아Vega Sicilia, 마르케스 데 리스칼Marques de Riscal 같은 고급 와인을 생산했던 와이너리들은 판로를 잃고 다른 사업을 병행하며 힘겹게 버텨 나갈 수밖에 없었다. 드디어 독재정권이 무너지고 1970년대 말 스페인이 민주화되면서 와인산업도 조금씩 발전하기 시작했고, 특히 보르도에서 건너온 양조자들 덕분에 양조 기술이 발전했고 소형 프랑스 오크통을 사용하면서 와인의 숙성 방법도 조금씩 변화를 맞았다.

스페인 와인이 본격적으로 발전한 시기는 1986년 스페인이 EU에 가입하면서부터다. 이에 따라 포도 재배와 양조 기술, 와인 관련 법규가 정비되었고, 이웃 나라에서 대대적으로 자본을 투자하면서 급속한 발전을 보였다. 인고의 시간을 참아내며 오랜 전통을 유지해 왔던 베가 시실리아, 마르케스 데 무리에타Marques de Murrieta, 마르케스 데 리스칼, 카스티요 이가이Castillo Ygay 등이 만드는 스페인 와인은 이제 국제무대에서 최고의 찬사를 받으며 세계 수준의 와인들과 어깨를 나란히 할 만큼 성장했다.

리오하의 마르케스 데 리스칼 와이너리와 포도밭

　연안 저지를 제외하면 대부분 라 메세타la meseta라고 불리는 대고 원으로 이루어져 있으며, 수도인 마드리드는 고원의 중앙 해발 600m 에 자리 잡고 있다. 메세타는 북쪽으로 갈수록 더 높아지며, 부르고스 는 해발 850m에 이른다. 메세타는 북쪽의 칸타브리아산맥과 피레네 산맥, 남쪽의 시에라모레나산맥, 서쪽의 그레도스산맥, 동쪽의 시스 테마산맥과 이베리코산맥으로 둘러싸여 있다. 이러한 다양성으로 스 페인 와인 생산 지역에는 수많은 미세기후와 다양한 테루아가 존재 한다.

　전체 포도밭 면적은 945,000헥타르로 포도원 면적으로는 세계에 서 가장 크다. 이는 EU 13국 전체 포도밭의 30%에 해당한다. 하지만 와인 생산량은 이탈리아, 프랑스에 이어 3위에 머무르는데, 토양이

물이 부족해서 가지치기한 포도나무가 마치 두 팔을 벌린 듯하다.

척박하고, 물이 부족하기 때문에 나무 사이의 간격이 넓어서 단위 면적당 생산량이 낮기 때문이다. 1995년부터 관개가 허용되었지만 우물을 깊게 파서 물을 공급하려면 돈이 많이 드는 일이라 여전히 쉽지 않다. 건조한 기후와 물 부족 때문에 포도나무들은 전통 방식으로 덤불 모양의 가지치기를 한다.

스페인에는 400개가 넘는 포도 품종이 있지만 20개 정도가 전체 와인의 90% 이상을 차지한다. 그만큼 특정 품종에 대한 의존도가 높은 편이다. 토착 품종의 발굴을 통한 품종 다양성을 추구하는 것이 앞으로 스페인 와인을 차별화하고 새로운 소비 시장을 개척하는 중요한 과제다. 현재 템프라니요, 가르나차, 모나스트렐이 레드 와인의 주종을 이루고, 알바리뇨, 베르데호, 팔로미노, 마카베오 등의 화이트 와인이 세계적으로 인기를 얻고 있다.

스페인의 와인 등급 체계

스페인은 프랑스나 이탈리아보다 등급 체계가 단순하며, 중요한 원산지 명칭은 DO다. 데노미나시온 데 오리헨Denominación de Origen 의 약자로, 와인을 만들 때 사용하는 품종, 양조 방법, 숙성 방법, 수확량 등을 5년 이상 관찰한 뒤에 받게 되는 엄격한 등급 기준이다. 현재 스페인에는 DO가 68개 있다. 리베라 델 두에로Ribera del Duero, 페네데스Penedès, 라 만차La Mancha, 리아스 바이하스Rías Baixas 같은 유명 생산 지역이 이에 해당한다.

대표적인 DO 중 하나는 리베라 델 두에로 지역으로, 리베라는 '강둑'이라는 뜻이고 두에로는 대서양으로 흐르는 도우로강을 의미한다. 해발 800m가 넘는 고원 지대에 있어서 강수량이 부족하고 밤과 낮의 기온차가 매우 큰 편으로 주로 템프라니요 중심의 고급 와인을 생산하는데, 베가 시실리아가 만드는 우니코와 발부에나 5, 도미니오 데 핑구스가 만드는 핑구스 와인과 파고 데 카라오베하스Pago de Carraovejas 등이 유명하다.

다음은 DO보다 높은 최상위 등급인 DOCaDenominación de Origen Calificada 등급으로, DO 뒤에 붙은 Ca는 칼리피카다Calificada 즉, 품질이 검증되고 보장된 와인이라는 의미로, 리오하Rioja와 프리오라트Priorat 단 두 지역만 DOCa 등급을 받았다. 스페인 최고의 와인 산지인 리오하는 이베리아반도 북쪽에 있고, 품질이 뛰어난 템프라니요 와인을 생산하므로 가장 높은 등급인 DOCa 등급을 받은 곳이다. 스페인어로 리오Rio는 강이라는 뜻이고, 여기에 오하Oja라는 강 이름이 합해져 리오하라는 지역명이 되었다. 프리오라트 산지는 가파른 산

스페인의 산간 오지 프리오라트의 계단식 포도밭

악 지형으로, 주로 가르나차 품종으로 최고급 와인을 만든다. 강하고 복합적이면서도 바디감이 무거운 레드 와인으로 색은 맑고 알코올 도수가 높은 편이다. 가르나차는 프랑스 남부로 전파되어 프랑스에서는 그르나슈Grenache라고 한다.

그 외에 비노 데 파고Vino de Pago라는 등급이 있는데 명성이 있는 단일 사유지에서 수확한 포도로 만든 고급 와인에 붙이는 용어다.

DO보다 등급이 낮은 비노 데 라 티에라Vino de la Tierra(VT)는 DO의 기준에는 못 미치지만 특정한 장소에서 생산되는 와인으로 프랑스의 뱅 드 페이Vin de Pay와 같은 수준이라고 보면 된다. 티에라는 땅 또는 지역이라는 의미로, 현재 비노 데 라 티에라가 42개 있다.

숙성 규정

와인의 맛과 풍미는 숙성 기간에 따라 많이 달라진다. 스페인 와인은 등급별로 최소 숙성 기간(2년, 3년, 5년)을 법으로 규정하고 있어 다른 와인 생산국과는 확연한 차별점을 보인다. 와인의 숙성 정도에 대한 명확한 법적 규정이 있어서 다른 와인 생산국과는 확연한 차별점으로 부각된다. 19세기부터 스페인 와이너리들은 와인 숙성을 위해 주로 미국산 오크통을 사용했는데, 프랑스 오크통보다 가격이 저렴하고, 템프라니요 품종에는 미국산 오크통의 강한 오크 향과 바닐라 향이 잘 매칭되었기 때문이다. 하지만 1970년대부터 고급 와인의 숙성을 위해 프랑스 오크통이 많이 도입되어 숙성 기간이 조금씩 단축되기 시작했으며, 새 오크통 사용 비율이 늘어가는 등 많은 것이 바뀌기 시작했다. 생산자들은 오크 숙성 이후에 추가로 하는 병 숙성을 통해 와인의 풍미가 더욱 개선되는 장점을 살리게 되었다.

호벤Joven은 어린 와인이라는 뜻이며, 수확한 그다음 해에 병입되어 시장에 나오는 어리고 신선한 풍미의 와인으로, 대부분 오크 숙성을 거치지 않는다. 이에 비해 크리안사Crianza급 레드 와인은 와이너리에서 2년 이상 숙성해서 출시하는데, 오크에서 1년간 숙성한 후에 추가로 병에서 1년간 더 숙성을 거쳐야 한다. 레세르바Reserva급 레드 와인은 3년 이상 숙성해서 나오며, 오크 숙성 1년 이상과 병 숙성 2년 이상을 거쳐야 하기에 더 복합적인 풍미가 느껴진다.

그란 레세르바Gran Reserva 와인은 오크 숙성 2년을 포함, 최소 5년 이상을 숙성해야 하며, 오직 작황이 좋은 해에만 생산되는 고급 와인이다. 명성이 있는 일부 와이너리들은 최소 기준보다 두 배 정도인

카스티요 이가이의 그란 레세르바 에스페시알 2010. 지난 2020년
〈와인 스펙테이터〉 세계 100대 와인 중 1등을 차지했다.

10년 이상 숙성한 그란 레세르바를 출시하기도 하는데, 시음 적기에
이른 최고의 풍미를 느낄 수 있다. 경쟁력 있는 가격대에 시음 적기의
와인을 쉽게 찾아 즐길 수 있는 것이 스페인 와인의 큰 장점이자 매
력이다. 칠레와 아르헨티나의 경우에도 레세르바와 그란 레세르바를
와인 레이블에 표기하지만 스페인처럼 엄격한 법적 용어가 아니므로
주의해야 한다.

프랑스산 오크통과 미국산 오크통의 다른 점

프랑스의 유명 오크통 제조사 세귄 모로의 작업장. 오크통 내부를
불로 그을리는 작업을 하고 있다.

프랑스산 오크통은 나뭇결이 더 섬세하고 조밀하여 와인에 더 미묘
하고 복잡한 향과 풍미를 불어넣는다. 또한 타닌이 적고, 스파이시
한 노트와 함께 우아한 바닐라 향을 와인에 추가하는 경향이 있다.
미국산 오크통은 나뭇결이 더 넓어 와인에 더 직설적이면서도 강한
향과 맛을 불어넣는다. 타닌이 강하고, 달콤하고 진한 바닐라 향과
코코넛, 캐러멜 같은 풍미를 와인에 더한다.
제작 과정에서도 차이가 있다. 프랑스에서는 오크통을 만들기 위해
나뭇결을 따라 마치 도끼로 쪼개듯 분할하는 방식인 데 비해, 미국
은 주로 톱으로 나무를 제재製材하는 방식이다. 프랑스의 분할 방식
은 나무의 자연스러운 결을 따라가기 때문에 타닌이 섬세하게 와인
으로 용출되는 반면 미국의 톱질 방식은 생산성이 높아 원가는 낮
지만, 나뭇결을 거칠게 잘라 타닌이 더 강하게 배어 나온다.
일반적으로 프랑스산 오크통이 미국산보다 비싼 편인데, 제작 과정

의 복잡성, 나무의 품질과 밀도, 수송 비용 등의 요인이 작용하기 때문이다. 어림잡아서 프랑스산 오크통은 1,000달러, 미국산 오크통은 500달러 정도. 오크나무 산지로는 프랑스의 경우 리무쟁, 느베르, 알리에, 트롱세, 보주 등이 유명하고, 미국의 경우 켄터키, 미주리, 오하이오주 등이 유명하다.

프랑스가 오늘날 오크통 강국이 된 것은 조상 덕분이다. 루이 14세 때 재상을 지낸 장 바티스트 콜베르는 영국과의 전쟁에서 승리하려면 군함이 필요하다고 주장하며 군함 건조에 필요한 목재 공급을 위해 프랑스의 리무쟁과 트롱세 지역에 울창한 오크 삼림을 조성했다. 그러나 18세기 후반 산업혁명이 일어나면서 군함의 제조가 목재에서 철강재로 대체되면서 울창한 오크 삼림이 그대로 보존되어 세계 제일의 오크 강국으로 떠오르게 된 것이다.

스페인 포도 품종

템프라니요 : 스페인 전체 포도나무의 20%를 차지하며 리베라 델 두에로와 리오하 지역의 대표적인 적포도 품종이다. 빨리 익는다는 뜻의 '템프라노temprano'에서 파생된 품종명으로 다른 품종 대비 먼저 익는 조생종이다. 지방에 따라 다른 이름으로 불리는데, 리베라 델 두에로에서는 틴토 피노Tinto Fino, 라 만차에서는 센시벨Cencibel이라 불리며, 이웃 나라 포르투갈에서는 친타 호리즈Tinta Roriz라고 한다.

이 와인은 어릴 때는 피노 누아Pinot Noir처럼 밝은 가넷 색상을 보이나 숙성되면 메를로와 같은 깊은 루비 색을 띤다. 호벤이나 크리안사급 와인은 자두, 딸기, 라즈베리, 무화과, 토마토 향과 신선한 과일의 풍미가 느껴지지만 3년 이상 숙성된 와인은 오크, 타바코, 가죽, 흙, 스모크 향이 느껴지고 풍성한 바디감과 밸런스를 보인다. 좀 더 복합적인 풍미를 내기 위해 가르나차, 마수엘로, 그라시아노 등을 20~30% 정도 섞어서 와인을 만들기도 한다.

가르나차 : 스페인 북동부 라 리오하, 나바라Navarra, 아라곤Aragón, 카탈루냐Cataluña에서 많이 재배한다. 과즙이 풍부하고 라즈베리 같은 과일 향이 나며, 알코올 도수는 높은 편으로 템프라니요와 블렌딩하면 가장 좋은 맛이 난다. 가르나차Garnacha는 스페인 전역에 널리 심어졌으나 템프라니요에 비해 산화에 취약하고 포도가 완전히 익는 데 1주일 이상 더 걸리기 때문에 재배량이 줄어들고 있다. 하지만 카탈루냐의 프리오라트 지역에서 최고의 명품 가르나차가 생산되면서 그 명성을 점차 회복해 가고 있다.

카리녜나 : 리오하에서는 마수엘로Mazuelo라는 이름으로 불리며, 프랑스에서는 카리냥이라고 한다. 프리오라트의 오랜 수령의 나무에서 최고 품질의 카리녜나Cariñena가 나오며 대부분 가르나차와 블렌딩한다. 깊은 색상에 강한 타닌, 활기찬 산미가 특징이며 자두, 체리, 레드베리, 향신료의 풍미가 느껴진다.

모나스트렐 : 모나스트렐Monastrell은 무르시아와 발렌시아 남부에서 많이 재배하는 품종으로 알코올 도수가 높고 탄탄한 구조감과 향이 강한 와인을 만든다. 주로 블랙베리, 후추, 코코아, 말린 고기의 풍미가 나며 스페인 남부에서는 무르베드르로 불린다. 무르시아 지역

의 후미야Jumilla와 예클라Yecla에서 수준급 와인이 나온다.

멘시아 : 멘시아Mencia는 스페인 북서부 비에르소와 발데오라 지역에서 많이 재배되며 꽃 향과 붉은 과일, 체리 등 신선하고 가벼운 향과 우아한 타닌을 지닌 와인을 만든다.

베르데호 : 베르데호Verdejo는 주로 스페인의 루에다 지역에서 재배되며 가벼운 바디감에 신선한 산미가 있으며, 자몽, 잔디, 풀, 아몬드 향이 난다. 소비뇽 블랑이나 마카베오를 일부 섞기도 하는데, 껍질과의 접촉이나 오크통 발효를 통해 묵직하면서도 향이 풍부한 스타일도 만든다.

알바리뇨 : 알바리뇨Albariño는 스페인 북서부 리아스 바이하스Rias Baixas 지역에서 나는 인기 있는 화이트 와인 품종으로 산도가 높고 레몬, 라임, 자몽, 배, 복숭아, 살구 향이 좋은 가벼운 바디의 와인을 만든다. 껍질이 두껍고 씨가 많아 약간의 쓴맛을 남기기도 한다.

알바리뇨

스페인 와인의 라벨 읽기

아뇨año : 해year를 뜻하며 보통 생산된 빈티지를 의미한다.

블랑코blanco : 화이트 와인을 말한다.

보데가bodega : 와이너리 또는 와인 셀러를 말한다.

카바cava : 주로 스페인 카탈루냐주 페네데스 등지에서 만든 스파클링 와인이다. 90% 이상의 카바가 카탈루냐의 페네데스에서 생산되고 있으며, 그외 지역에서 생산되더라도 카바라고 한다. 주로 파레야다, 자렐로, 마카베오라는 청포도 품종을 블렌딩해서 병 안에서 2차 발효를 하는 전통 방식으로 만드는데, 국내에서 흔히 볼 수 있는 카바는 프레이세넷(프레시넷), 보히가스, 페데리코 파테르니나, 로저구라트 등이 있다.

코세차cosecha : 수확 연도, 빈티지를 의미한다.

크리아데라criadera : 와인, 또는 주정 강화 와인 숙성용 대형 오크통이다.

둘세dulce : 1L당 50g 이상 잔당이 남은 달콤한 와인이다.

엠보테야도 데 오리헨embotellado de origen : 와이너리에서 병입(프랑스어로는 미장부테이 오 샤토).

에스푸모소espumoso : 스파클링 와인을 의미한다.

로호rojo : 붉은 색상의 와인을 말한다.

로사도rosado : 적포도 품종을 짧은 스킨 콘택트skin contact를 통해 만든 로제 와인이다.

세코seco : 드라이하다는 의미로 잔당이 1L당 5g 미만인 당도가 낮은 와인이다.

카바 보데가 데노미나시온 데 오리헨

세미세코semiseco : 잔당이 1L당 30g 미만인 중간 정도의 드라이한 와인이다.

세미둘세semidulce : 잔당이 1L당 50g 미만인 중간 정도의 달콤한 와인이다.

솔레라solera : 세리 와인을 만들 때 원액이 든 통을 사다리식으로 쌓아 비슷한 숙성 기간을 갖도록 하는 시스템을 말한다.

틴토tinto : 색상이 짙은 레드 와인이다.

벤디미아vendimia : 빈티지와 동일, 수확 연도를 의미한다.

비에호viejo : 오래된, 숙성된을 의미한다.

셰리sherry : 스페인 안달루시아 지방에서 만드는 식전주로, 화이트 와인을 만든 다음 큰 통에 가득 채우지 않고 공기와 접촉시켜 와인 표면에 효모 막yeast film을 만드는데, 주로 호두, 아몬드, 발사믹, 토스트, 구운 향과 같은 산화적 풍미가 있다. 알코올이 15~17% 정도로 높은 편이다. 제조 방법에 따라 피노fino, 올로로소oloroso, 아몬티야도amontillado, 만사니야manzanilla 등으로 나눌 수 있다.

우아한
독일 화이트 와인

독일의 포도 재배 역사는 고대 로마 시대인 서기 100년 정도까지 거슬러 올라간다. 당시 포도 재배에 사용되었던 가지치기용 칼이 모젤강 근처에서 발견되었고 3세기 말에 로마 황제 마르쿠스 아우렐리우스 프로부스는 경제 활성화를 위해 군사를 동원하여 황량한 땅 위에 포도나무를 심었다. 이전에는 라인강 서쪽 지역에서 포도를 재배했지만 샤를마뉴 대제 시절에는 라인가우 지역까지 포도밭이 확장되었다. 이후 교회와 수도원이 고품질 와인 생산에서 중요한 역할을 담당했다. 마인츠의 대주교는 가이젠하임 근처 언덕에 베네딕토 수도원을 짓고 슐로스 요하니스베르크에서 와인을 만들면서 독일 와인의 역사와 품질의 발전에 중요한 영향을 미쳤다. 포도 재배와 양조 기술은 수도사들에 의해 후대로 전해졌다. 하지만 19세기 초 나폴레옹이 전쟁을 통해 독일까지 세력을 확대하면서 수도원이 해체되고 포도밭

모젤 강변에 있는 에곤 뮐러의 가파른 포도밭

의 분할과 세속화가 진행되었다. 나폴레옹 상속법의 영향으로 포도밭은 자녀의 수만큼 작게 나눠졌고 이후 많은 협동조합이 생겨나는 계기가 되었다.

독일 와인은 라인강과 그 지류인 모젤강 그리고 주로 독일 서부에서 생산된다. 독일의 총 와인 생산량은 2022년 기준 890만 헥토리터(8억 9,000만L)로 약 12억 병에 달하며, 와인의 60%는 라인란트Rhineland와 팔츠 주에서 생산된다. 세계 8위의 와인 생산국이며 화이트 와인의 비중이 높아 66%에 이른다. 독일 와인의 명성은 리슬링 와인에 바탕을 두고 있는데, 아로마틱하고 우아한 화이트 와인으로 산미가 강하고 드라이한 스타일부터 달콤하고 농축된 풍미가 있는 스타일에 이르기까지 폭이 넓다. 독일에서 슈페트부르군더라 불리는 피노 누아는 1990년대와 2000년대 들어 수요가 점차 증가하면서 재

라인가우 지역의 슐로스 요하니스베르크 와이너리의 전령 동상.
그로 인해 최초의 슈페트레제가 탄생했다.

배 면적이 계속 늘어나고 있다.

1775년 라인가우 지역의 와이너리 슐로스 요하니스베르크에서 역사적인 사건이 일어났다. 당시 수도원에서는 포도를 수확하기 전에 포도 샘플을 관할 교구장에게 보이고 수확 허가서를 받아야 했다. 그런데 1775년 포도 샘플을 들고 교구장에게 갔을 때 교구장이 장기 출장으로 자리를 비워 포도 수확이 2주간이나 늦춰졌다. 그사이 포도가 아주 잘 익어 일부에 귀부균이 피어, 전보다 더 달콤하고 향이 풍부한 스타일의 와인이 만들어져 슈페트레제Spätlese라 부르게 되었다. 이 사건을 계기로 더욱 달콤한 베렌아우스레제 등 새로운 스타일의 와인이 나왔다. 1971년 포도의 숙성도에 따라 분류되는 등급 체계인 프레디카트Prädikat가 법으로 제정되었다.

독일 와인의 등급 체계

독일은 포도가 자랄 수 있는 북방 한계선에 가까운 북위 48~49도에 자리 잡고 있기 때문에 추운 기후에 잘 적응하는 리슬링이나 뮐러트루가우 같은 화이트 와인 품종이 주를 이루며 품질 기준이나 분류 체계가 비교적 논리적이고 명확한 편이다.

독일 와인은 크게 네 가지 클래스로 분류된다. 가장 낮은 도이처 바인Deutscher Wein부터 시작되는데, 독일 와인이란 뜻으로 과거에는 타펠바인Tafelwein으로 불렸다. 한 단계 높은 란트바인Landwein은 지역 와인이란 뜻으로 독일 내 19개 주요 생산 지역에서 나온 와인이다. 이보다 상위 단계인 크발리테츠바인Qualitätswein은 퀄리티 와인이란 뜻으로 보다 엄격한 품질 기준을 만족시키고 공식 승인을 받아야 하는 와인 등급이다. 최상위 등급은 프레디카츠바인Prädikatswein으로, 잘 익은 포도로 만든 고품질의 와인이며 우리나라에 수입되는 독일 와인은 대부분 이 범주에 속한다.

당분을 인위적으로 첨가할 수 없는 프레디카츠바인은 포도의 숙성 정도에 따라 5개의 세부 등급으로 나뉜다. 추운 기후대인 독일에서는 포도가 얼마나 잘 익었는지가 중요한데, 익을수록 당분 함량이 높아지고 아로마와 풍미도 뛰어나기 때문이다. 기본 등급은 카비네트Kabinett 등급으로 주로 리슬링으로 만들며 맛이 가볍고 신선하며 산도가 높다. 당도는 낮은 편으로 레몬, 라임, 사과와 같은 과일 향이 뚜렷하다. 약 300년 전 수도원에서 아주 잘 익은 포도로 만든 와인은 카비네트에 별도로 보관했다고 해서 생긴 이름으로, 귀중품을 넣는 금고를 영어로 '캐비넷cabinet'이라고 부르는 것은 사실 독일에서 유래한 것이다. 카비네트보다 한 단계 높은 슈페트레제는 '늦수확'이란 의미로, 포도를 늦게 수확하여 당도와 향이 더 강한 와인이다. 화이트 와인이지만 20년 이상 오래 숙성할 수 있다. 아우스레제Auslese는 슈페트레제보다 상위 등급으로 잘 익은 송이만 골라서 수확하기 때문에 당연히 당도가 더 높고 향도 더 풍성하다. 귀부균이 핀 귀부 포도가 일부 섞이기도 하는데, 귀부 포도는 포도에 미세한 구멍이 생겨 수분이 증발하면서 당분이 농축되는 효과가 있다. 슈페트레제보다 포도즙의 당도가 더 높다. 베렌아우스레제Beerenauslese(BA)는 이보다 상위 등급으로 아주 잘 익은 포도알만 손으로 수확해서 만들기에 그만큼 귀하고 생산량도 적다. 디저트 와인으로 인기 있는 아이스바인Eiswein은 베렌아우스레제 등급에 해당하는 당도를 지닌 아이스 와인

독일최고급와인생산자협회VDP의 시음회. 독일에서 가장 유명한 와인을 맛볼 수 있다.

으로 포도를 한겨울에 수확해서 만든다. 1794년 독일 프랑코니아에서 처음 만들어진 아이스바인은 가을에 수확하지 않고 두었다가 기온이 영하 7도 아래로 떨어지는 한겨울에 수확해서 만들었다. 하지만 지구온난화로 독일은 영하 7도 이하로 내려가지 않는 경우가 있어 매년 아이스바인을 만들 수 있는 것은 아니다. 수확 조건이 맞는 날에는 새벽에 수확하여 주스를 추출해야 하므로 일시에 많은 인력이 필요하다. 요즘은 아이스와인의 80% 이상이 캐나다에서 생산되는데, 한겨울에 영하 20도까지 쉽게 내려가기 때문이다. 베렌아우스레제보다 높은 최상위 등급은 트로켄베렌아우스레제Trockenbeerenauslese(TBA)라 불리는데, 트로켄은 '드라이' 또는 '마른'이란 뜻으로 TBA는 포도나무에서 건포도처럼 마른 귀부 포도만 골라서 와인을 만들기 때문에 세계에서 가장 비싼 화이트 와인으로 알려져 있다. 모젤 지방의 와인 명가 에곤 뮐러가 만든 샤츠호프베르그 리슬링 TBA 한 병의 해외

고대 로마 시대에 여성 음주금지법이 있었다?

고대 로마의 로물루스법에는 여성은 술을 마시면 안 된다는 조항이 있었다. 와인을 마시면 판단력이 흐려져 부정을 저지르기 쉽다는 이유였는데, 술을 마신 것이 발각되면 이혼이나 신체적 처벌을 받았다고 한다. 당시 여성들이 처했던 사회적인 지위나 제한적인 활동의 단면을 보여 주는 법이라 할 수 있다. 종종 여성이 파티에 함께 참석하면 그 여성과 가장 가까운 남성이 가벼운 입맞춤을 하면서 술 냄새가 나는지 확인했다고 한다. 그러나 이 법은 이후 로마의 영토 확장과 노예를 이용한 라티푼디움(대토지소유제도)의 발달로 밀의 생산이 늘어나고 밀로 만든 빵을 주식으로 하면서 여성도 와인을 마실 수 있도록 바뀌었다. 식단이 죽에서 빵으로 바뀌면서 여성도 식사와 함께 와인을 즐길 수 있게 되었다는 것이다.

평균 가격은 2,000만 원이 넘는다.

최고급 독일 와인의 병목에는 포도송이가 새겨진 독수리 문양이 그려져 있는데, 이는 VDP 회원을 상징하는 심볼이다. VDP는 버반도이체 프레디카츠Verbant Deutscher Prädikats의 약어로 독일 최고급 생산자 협회를 뜻한다. 독일 와인은 몰라도 독수리 마크가 보인다면 고급 독일 와인이라 생각하면 된다. VDP 와인 중에서도 그랑 크뤼급 와인을 그로세 라게Grosse Lage라 부르고, 그중에서도 와인의 잔당이 1L당 9g 이하인 최고급 드라이 와인은 별도로 그로세스 게베크스Grosses Gewächs(GG)라고 한다. GG 아래 등급은 에어스테 라게Erste

모젤 지방 닥터 루센의 리슬링 와인

Lage로 프랑스의 프리미에 크뤼급 와인을 뜻한다. 이보다 아래는 오르츠바인Ortswein으로 지역 와인 중 상급 와인이며, 가장 낮은 등급인 구츠바인Gutswein은 지역 단위 와이너리 와인이다.

독일 포도 품종

리슬링 : 독일을 대표하는 화이트 와인 품종으로 전체 생산량의 25%를 차지한다. 아로마가 뛰어나고, 꽃 향, 라임, 녹색 사과, 복숭아, 슬레이트(점판암) 같은 미네랄의 특성을 보인다. 자연적 산도가 높은 편이고 숙성 잠재력이 뛰어나며, 고유의 풍미를 살리기 위해 젖산 발효를 하지 않으며 오크통도 사용하지 않는다. 리슬링Riesling은 다른 포도 품종과는 달리 토양의 특성에 민감한 편이다. 무거운 점토 토양에서는 감귤류 향을, 붉은 사암에서는 살구 맛을, 점판암 토양에서는 미네랄 풍미를 느낄 수 있다. 다양한 스타일의 와인을 만들 수 있

와인의 본질 파악하기

는데, 젝트 스파클링 와인부터 가볍고 신선한 카비네트, 늦은 수확으로 당도를 높인 슈페트레제, 디저트 와인인 아이스바인에 이르기까지 폭 넓은 선택이 가능하며 다양한 음식과 조화를 이룬다. 리슬링은 천천히 그리고 늦게 숙성되지만 프레시한 산미를 유지한다. 귀부균의 영향을 받은 베렌아우스레제BA나 트로켄베렌아우스레제TBA 와인은 산도 때문에 단맛과 균형을 이루며 복합적인 향을 즐길 수 있다.

밀러 투르가우 : 밀러 투르가우Müller-Thurgau 또는 리바너Rivaner라 불리며, 독일에서 세 번째로 널리 재배되는 품종으로 전체 식재 면적의 11%를 차지한다. 스위스 투르가우 태생의 포도 육종가 헤르만 밀러Hermann Müller 박사에 의해 1882년 독일 가이젠하임 연구소에서 교배종으로 탄생한 품종이다. 리슬링보다 재배가 쉽고 빨리 익으며 수확량이 많아 농부들에게 한때 큰 인기를 누렸다. 하지만 리슬링보다는 구조감과 풍미가 떨어지는 단점이 있어서 2000년대에 들어서는 점차 인기를 잃어 가고 있다. 밝은 노란색을 띠고 허브, 풀, 시트러스한 과일 향을 지닌 미디엄 바디 와인을 만든다.

실바너 : 실바너Silvaner는 17세기경 독일로 들어온 품종으로 한때 가장 중요한 품종 중 하나였으나 지금은 전체 면적의 4.5% 정도로 줄어들었다. 단위 면적당 수확량이 많은 편으로 햇빛이 잘 들고 습기가 있는 토양에서 잘 자란다. 실바너는 향이 약하고 상쾌한 산미가 부족하지만, 리슬링보다 빨리 익기 때문에 서리가 내리기 전에 수확할 수 있고 포도밭 토양이나 환경에 상관없이 잘 자라 포도 재배

자들에게 매력적인 품종이다. 세계 최고의 실바너는 프랑코니아 지역에서 나오는데, 점토와 석회암 토양으로 와인의 구조감과 바디감을 높여 주고 찬 날씨로 인해 포도의 산도가 유지된다. 또한 뷔르츠부르크의 실바너는 미네랄리티와 허브 향, 감귤류와 멜론 향이 있고 밸런스가 좋다.

슈페트부르군더 : 슈페트부르군더Spätburgunder는 늦게Spät 익는 부르군더Burgunder 품종이란 의미로 프랑스에서 건너온 피노 누아를 의미한다. 독일에서 가장 많이 재배하는 레드 품종으로 독일은 세계 3위의 피노 누아 생산국이다. 약 4세기 전부터 재배해 온 것으로 추정되며 기후와 토양 조건에 민감하며 백악질 토양에서 잘 자란다. 독일 슈페트부르군더의 전통적인 스타일은 색상이 엷고 바디감과 타닌, 산도가 가벼운 편이나 최근 일부 양조자들은 색상이 짙고 타닌 함량이 높으며 바디감이 있는 국제적인 스타일을 지향하며 프랑스 오크통 숙성을 통해 깊은 맛과 복합적인 향을 가진 와인을 만든다. 주로 독일 남부 바덴과 뷔르템베르크 그리고 아르 지역에서 많이 재배하고 있다.

도른펠더 : 수확량이 많고 비교적 일찍 익는 도른펠더Dornfelder는 1955년 새롭게 개발된 품종으로, 색상이 좀 더 짙은 와인을 만들기 위해 뷔템베르크에서 블렌드 용도로 개발되었다. 체리와 블랙베리, 엘더베리의 과일 향과 바디감, 적당한 산미와 타닌이 있는 와인이지만 복합미가 다소 부족하여 가격이 저렴한 편이다. 그러나 오크통 발

모젤 지방 에곤 뮐러의 지하 셀러에 보관 중인 샤츠호프베르크 1999년산 리슬링 와인

효와 숙성을 거쳐 복합미와 풍미를 높인 도른펠더 와인은 인기가 있다. 독일에서 재배되는 적포도 중 슈페트부르군더와 포르투기저에 이어 3위를 차지하며 주로 팔츠와 라인헤센 지역에서 많이 재배한다.

독일 주요 와인 생산 지역

모젤 : 모젤강은 독일에서는 어머니의 강이라 불린다. 구곡간장처럼 구불구불 흐르는 모젤강은 라인강을 향해 북동쪽으로 250km를 굽이쳐 흐른다. 모젤강의 지류인 자르강, 루버강과 함께 독일에서 가장 오래된 와인 재배 지역으로 알려져 있으며, 로마 시대 사용했던 포도 압착기 등 역사 유물이 많이 남아 있다.

포도원의 절반은 경사가 30도가 넘는 가파른 계단식 밭으로 일부는 경사가 70도에 이르러 모든 일을 수작업으로 해야 한다. 6개 소지역으로 나누어지는데, 베른카스텔이 가장 유명한 마을이다. 구릉진 계곡 덕분에 포도밭은 따뜻한 기온을 유지할 수 있어서 최고의 리슬링이 생산된다. 가파른 슬레이트(점판암) 경사면은 낮에 태양열을 저장했다가 밤에 다시 방출하는 보온 효과가 있으며, 뿌리는 땅 속 깊이 침투하기에 맛의 깊이가 뛰어나고 고급스러운 과일 향이 나는 와인을 생산할 수 있다. 리슬링에 이어 뮐러 투르가우 품종이 두 번째로 많이 재배되며 석회암 토양에서는 피노 블랑과 오세루아 그리고 샤르도네도 점차 재배 면적이 늘어나고 있다.

라인헤센 : 라인헤센Rheinhessen은 라인강 서쪽 기슭에 있으며, 숲이 우거진 계곡의 언덕에서 품질이 좋은 리슬링이 나온다. 독일에서 가장 큰 와인 산지로 독일 전체 포도원 면적의 25%를 차지하며, 완만하게 구릉진 언덕으로 구성되지만 빙겐Bingen 근처와 마인츠 남쪽의 일부 지역은 경사가 급한 편이다. 토양은 석회암과 양토를 바탕으로 강기슭은 붉은 점판암과 점토가 많아 다양한 스타일의 포도를 재배할 수 있는 장점이 있다. 라인헤센은 가볍게 마시기 쉬운 와인에서부터 최고 수준의 깊이와 복합미를 갖춘 우아한 와인에 이르기까지 다양한 선택이 가능하다. 전체 면적의 70% 이상이 화이트 와인 품종으로 리슬링, 뮐러 투르가우, 실바너, 그라우부르군더 등이 많이 재배되고 있다.

라인가우 : 라인가우Rheingau는 세계에서 가장 유명한 와인 지역

800년 이상의 역사를 가진 라인가우 지방의 슐로스 폴라츠 와이너리

중 하나로 여름에는 따뜻하고 겨울에는 온화하며, 동쪽의 평야에서부터 서쪽의 가파른 경사면까지 고도가 다양하다. 열과 햇빛은 라인강에 반사되어 포도밭을 따뜻하게 데워 주는 효과가 있고, 울창한 숲이 있는 타우누스 언덕은 세찬 바람을 막아 준다. 리슬링 재배에 이상적인 양토와 화강암 토양으로 구성되어 있다. 중세 때부터 수도원을 중심으로 리슬링을 재배해 왔고, 특히 슐로스 요하니스베르크에서 슈페트레제를 처음 생산했다. 이후 포도즙의 당도에 따른 독일 특유

의 등급 체계가 완성되는 계기가 되었다. 가이젠하임 대학은 오랜 전통의 양조학 연구로 독일뿐 아니라 세계 양조 기술의 발전에 기여했다. 라인가우에서 인기 있는 품종은 리슬링으로 전체의 80%이며, 슈페트부르군더가 12%로 그 뒤를 잇는다. 리슬링은 세련되고 우아한 스타일의 와인으로 과일 향이 풍부하며 도드라진 산미가 특징이다. 슈페트부르군더는 타닌이 부드럽고 라즈베리와 레드 체리의 풍미가 있는 미디엄 바디의 와인을 만든다.

팔츠 : 팔츠Pfalz는 독일에서 두 번째로 큰 와인 재배 지역으로, 북쪽으로는 라인헤센, 서쪽으로는 하르트산맥, 동쪽으로는 라인강, 남쪽으로는 알자스 지역과 접해 있다. 라틴어로 '궁전'을 뜻하는 팔츠는 아름다운 와인 산지로 평화로운 풍경을 자랑하며 모젤에 이어 리슬링의 주요 재배지로 알려져 있다. 하지만 슈페트부르군더와 리바너 등도 많이 재배하고 있으며 따뜻한 기온 덕분에 달콤하면서도 매콤한 향이 특징인 게뷔르츠트라미너도 인기가 있다.

알자스와 유사한 기후로 독일에서 가장 햇볕이 좋고 건조한 지역으로, 포도밭의 약 60%는 화이트 와인 품종, 나머지 40%는 레드 와인 품종이다. 재배 면적이 가장 넓지만 모젤의 리슬링에 비해 산미가 덜하고 복숭아와 살구 향이 돋보이는 와인을 생산한다. 과일 향이 풍성하고 바디감이 좋은 뮐러 투르가우, 그라우부르군더, 바이스부르군더 등의 화이트 와인과 부드럽고 과일 향이 좋은 포르투기저 레드 와인이 나오며, 점차 늘어나는 레드 와인에 대한 수요에 대응하여 색이 짙고 복합미가 있는 도른펠더Dornfelder의 재배도 확산되고 있다.

바덴 : 스위스와 프랑스 알자스 가까이에 있는 바덴Baden은 독일 최남단 지역이며 세 번째로 큰 와인 산지로 기후가 가장 따뜻한 편이다. 라인강을 따라 400km 정도 길게 이어지는데, 토양에는 칼슘이 풍부한 석회암이 포함되어 있으며, 포도나무에 필요한 수분의 저장 능력이 뛰어나다. 슈페트부르군더와 리슬링이 주종을 이루지만 실바너와 구테델Gutedel도 약간 재배하고 있다. 9개의 세부 지역에서 다양한 스타일의 풍미가 짙은 풀 바디 와인이 나오며, 따뜻한 날씨 덕분에 알코올 도수가 꽤 높은 편이다.

독일 와인의 라벨 읽기

슐로스

할브트로켄

존넨누어

바인구트Weingut : 일반적인 와이너리를 뜻한다.

슐로스Schloss : 원래 고성이나 궁전을 뜻하나 양조 설비를 갖춘 샤토에도 슐로스를 쓴다. 예를 들면 슐로스 요하니스베르크 등이 있다.

트로켄trocken : 드라이하다는 의미로, 잔당이 1L당 9g 이하의 와인이 이에 해당한다.

할브트로켄halbtrocken : 절반 정도 드라이하다Half Dry는 의미로 잔당이 1L당 18g 이하인 와인이 이에 해당한다.

파인헤르브feinherb : 할브트로켄보다 조금 더 달콤하다는 의미이나 공식적인 용어는 아니다.

골트 캅셀Gold Kapsel : 골드 캡슐이 씌워진 와인으로 특정 와이너리에서 만든 품질이 뛰어난 와인을 말한다.

리브프라우밀히Liebfraumilch : 세미 스위트 스타일의 와인으로 뮐러 투르가우, 실바너 등의 품종으로 만드는 수출용 저가 와인을 뜻한다.

존넨누어Sonnenuhr : 해시계라는 뜻으로 정남향에 자리한 최고의 포도밭을 말하며 주로 구불구불한 모젤 강변에 많다.

로트바인Rotwein : 로트는 레드red를 의미하며 레드 와인을 뜻한다.

로트링Rotling : 화이트 와인과 레드 와인의 혼합으로 만드는 로제 와인을 뜻한다.

바이스바인Weißwein : 화이트 와인을 말한다.

젝트Sekt : 독일이나 오스트리아에서 만든 스파클링 와인으로 리슬링, 피노 누아, 피노 블랑 등 다양한 품종을 사용해서 만들 수 있다.

아인젤라게Einzellage : 싱글 빈야드 와인으로 포도밭 이름이 라벨에 표기되는 고품질 와인에 붙는다.

안바우게비트Anbaugebiet : 독일에서 허용된 13개 와인 생산 지역으로 고유한 토양, 기후 및 와인 생산 특성이 있으며 유명한 안바우게비트는 모젤, 라인가우, 라인헤센, 팔츠, 바덴 등이 있다.

구츠압퓔룽Gutsabfüllung : 와이너리에서 직접 병입했다는 의미다.

욉슬레Oechsle : 욉슬레 척도는 포도즙의 밀도를 측정하는 단위로, 포도의 숙성도와 당분의 정도를 말한다. 발명자의 이름을 따 명명되었는데 독일, 스위스 등에서 이 척도를 사용한다. 윅슬레(°Oe) 1도는 섭씨 20도에서 포도즙(머스트) 1L와 물 1L 간의 중량 차이가 1g인 경우다. 포도가 숙성되고 당분이 증가할수록 물보다 점점 더 무거워진다. 예를 들어, 포도즙 1L가 1,100g이면 100윅슬레가 되며, 물 1L보다 100g 더 무겁다는 의미다. 포도즙에 당분 등 고형물이 많을수록 부피에 비해 무거워지는 원리에서 착안한 밀도 측정 방법이다. 포도즙의 윅슬레를 알면 그 와인에 대한 최대치의 알코올 도수를 알 수 있다. 왜냐하면 알코올은 당분의 발효로 생성되기 때문이며 완전 발효되었을 때의 도수를 예측할 수 있다. 와인을 만들기 이전 포도즙 밀도(당분의 정도)가 기준이 되는 이유는 양조자의 선택에 따라 완성된 와인의 잔당 정도가 달라지기 때문이다. 예를 들어 알코올 도수를 낮추고 대신 잔당을 많이 남겨 달콤하게 만들거나, 도수를 높이고 대신 달지 않은 드라이 스타일의 와인을 만들 수 있다.

독일 와인 최고 품질 카테고리인 프레디카츠바인에 윅슬레가 쓰이는데 카비네트 등급부터 TBA 등급까지 윅슬레 기준은 다음과 같다.

카비네트 : 70~85윅슬레, 맛이 가볍고 신선하며 산도가 높다.
슈페트레제 : 76~95윅슬레, 늦수확이라는 의미로 그만큼 당도가 더 농축된다.
아우스레제 : 83~105윅슬레, 잘 익은 송이나 포도알만 골라서 수확했다는 의미로, 귀부 포도가 일부 섞이기도 한다.

베렌아우스레제와 아이스바인 : 110~128왹슬레. 귀부 포도로 만들어 당도가 높은 BA 또는 영하 7도 미만으로 기온이 떨어진 겨울에 수확하여 만드는 아이스바인에 요구되는 포도즙의 당도다.

트로켄베렌아우스레제 : 150~154왹슬레, 건포도처럼 말라서 농축된 귀부 포도로 만든 당분이 가장 높은 수준의 와인으로 가장 가격이 비싸다.

아타카마 지역

코킴보 지역

아콩카과 지역

아콩카과 밸리

카사블랑카 밸리
산 안토니오 밸리

마이포 밸리

카차포알 밸리

콜차과 밸리

센트럴 밸리 지역

쿠리코 밸리

마울레 밸리

사우스 지역

아우스트랄 지역

칠레 와인 지도

청정 환경이 만든
칠레 와인

우리나라에서 가장 많이 수입하는 와인은 칠레 와인이다. 2021년 한국소비자원의 조사에 따르면 이전 3년 6개월간의 통계를 집계해 본 결과 칠레 레드 와인이 수입 물량 기준 1위, 가격 만족도 1위, 품질에 대한 만족도는 2위를 차지했다. 칠레 와인이 소비자들에게 대체로 긍정적인 이미지임을 알 수 있는데, 가격 대비 품질이 좋고 가성비가 좋은 와인이라는 점이 바로 칠레 와인의 경쟁력이라 할 수 있다. 와인의 가격을 결정하는 가장 중요한 요소는 땅값, 인건비, 생산 비용인데, 칠레는 포도밭의 가격과 노동력이 저렴한 편이며, 건조하고 따뜻한 기후 덕분에 병충해에서도 자유롭고 안데스산맥에서 흘러내린 눈 녹은 물을 관개로 이용하는 자연 혜택 등으로 가격 경쟁력을 유지하고 있다.

콜차과 밸리에 자리 잡은 몬테스 와이너리의 포도밭

칠레 와인의 역사

칠레 와인은 16세기 중반 스페인에서 들어온 선교사들이 포도밭을 조성하고 와인을 만들면서 시작되었다. 하지만 오늘날 칠레 와인이 있기까지 가장 큰 영향을 끼친 나라는 프랑스라 할 수 있다. 19세기 후반 유럽의 포도 산업을 망쳐 놓은 필록세라 때문에 실직한 많은 프랑스인들이 필록세라가 없는 청정국 칠레로 이주해 포도 재배와 양조 기술뿐만 아니라 다양한 포도 품종까지 전파한 것이 오늘날 칠레를 와인 강국으로 만든 원동력이었다.

칠레는 기후가 건조하여 포도나무가 질병 없이 생장할 수 있다. 칠레를 제외한 대부분의 와인생산국의 가장 큰 문제는 필록세라라는 해충으로, 포도나무의 뿌리를 갉아먹어 나무를 말라죽게 하는데, 땅속에 있기 때문에 퇴치가 거의 불가능했다. 필록세라에 저항력이 있는 미국산 포도나무 뿌리에 유럽산 비티스 비니페라*Vitis vinifera*의 가지를 접목시키는 것이 이 해충을 피하는 유일한 방법이었다. 현재 유

국회의사당의 해태상 아래 묻힌 와인

1968년에 여의도에 국회의사당을 짓기로 하고 6년의 공사 기간을 거쳐 준공되었는데, 당초에는 해태상을 세울 계획이 전혀 없었다. 그런데 풍수를 보니 건물이 관악산을 향하고 있어서 화마의 위험에 노출되어 있다는 전문가의 주장이 제기되었다. 조선시대에도 경복궁이 화재로 불타고 복원 공사를 하면서 해태상을 세우자 화재가 발생하지 않았다는 그의 주장을 받아들여 뒤늦게 해태상을 세우기로 결정했다. 문제는 예산이 바닥나 당시로서는 큰돈인 2,000만 원의 제작비용을 마련할 수 없었다는 것이다. 할 수 없이 해태제과를 찾아가 사정하니, 해태상을 중요한 장소에 기증함으로써 회사 이미지를 높이고 사회에 기여한다는 명분이 분명하여 건립비용을 선뜻 부담한 것이다. 실제 해태상을 보면 눈을 부릅뜨고 멀리 관악산을 지켜보고 있다.

당시 해태산업은 해태주조라는 자회사를 통해 노블 와인이라는 국산 와인을 1974년부터 내놓기 시작했는데, 해태상 아래에 노블 와인이 만든 화이트 와인을 각각 36병씩 총 72병을 석회로 밀봉하여 타임 캡슐처럼 묻었다. 100년 후인 2075년에 개봉할 예정이라고 한다. 과연 화이트 와인이 100년을 견딜 수 있을지는 의문이지만….

해태제과는 홈런볼, 맛동산, 부라보콘 등이 히트를 치며 1996년 재계 서열 24위까지 올랐으나 외환위기로 무너져 2005년 크라운제과가 인수했다.

럽의 포도나무는 대부분 이 접목법을 이용하여 키운 것이다. 하지만 칠레는 이런 접목을 할 필요가 없는 청정한 토양 조건을 갖추고 있다. 칠레의 테루아는 매우 특별하다고 할 수 있다. 북쪽에는 건조한 아타 카마사막이 있고, 남쪽에는 혹한의 파타고니아 빙하지대가 있으며, 동쪽에는 평균 고도 4,000m에 이르는 안데스산맥이 있고, 서쪽에는 망망대해인 태평양이 있어서 필록세라의 침투가 불가능한 청정지대 를 유지할 수 있었다.

칠레의 와인 산지는 태평양을 따라 1,400km 정도 길게 이어지는 좁은 띠 모양의 광대한 포도밭으로 구성되어 있다. 생산자들은 편의 상 세로로 나누어 해안 지역인 '코스타Costa', 바다와 산맥 사이 지역 인 '엔트레 코르디예라스Entre Cordilleras', 산이 근접한 '안데스Andes' 지역으로 3등분하여 라벨에 표기한다. 왜냐하면 확연히 다른 기후대 의 특성에 따라 와인의 풍미에 영향을 미치기 때문이다.

칠레는 유럽에서 필록세라가 창궐하기 이전인 1850년대에 카베르 네 소비뇽, 피노 누아, 메를로 등 많은 유럽산 품종을 가져다 심었는 데, 오늘날 칠레 포도나무들은 대부분 이들의 후손이라 할 수 있다. 따라서 필록세라 이전의 유럽산 포도나무 원종이 칠레에 남아 있다 고 할 수 있다. 기후가 건조해 벌레나 곰팡이(균)가 증식하지 못하기 때문에 유기농이나 비노디나미, 지속 가능한 친환경 영농법의 적용 이 용이한 곳이다.

보르도에서 19세기 말경 필록세라로 인해 멸종했던 카르메네르 품 종도 칠레에서 크게 번성했는데, 이 품종은 메를로와 구분하기 어려 워서 포도밭에 함께 심어졌고, 서로 섞인 채 메를로 와인으로 만들어

마이포 밸리 쿠시뇨 마쿨 와이너리의 포도밭. 안데스 산맥을 배경으로
카베르네 소비뇽이 익어 가고 있다.

졌다. 1994년 유전자 검사를 통해 카르메네르라는 것이 밝혀진 후에
는 메를로와 분리하여 순수한 카르메네르 와인을 만들기 시작했다.
이 품종의 어원은 카르민carmin으로, 선홍색crimson을 뜻하는데, 늦가
을에 단풍이 들면 붉은 선홍색으로 물들어서 붙여진 이름으로, 현재
칠레를 대표하는 아이콘 품종이다. 보르도에서는 완전히 익기 어려
웠던 카베르네 소비뇽도 칠레의 기후가 따뜻하고 생장 기간을 충분
히 줄 수 있었기 때문에 가성비가 좋은 칠레 와인으로 빛을 발하고 있
다. 칠레의 포도밭은 태평양과 안데스산맥 사이에 있어서 한여름에
도 바닷바람이 열기를 식혀 주고, 저녁에는 안데스산맥에서 차가운
바람이 내려와 포도의 신선한 산도를 유지해 준다.

사실 칠레 와인이 국제무대에 등장한 것은 불과 30년 정도로 역사
가 짧다. 20세기 대부분 동안 정치적 분쟁에 시달린 탓에 와인의 품
질에 신경을 쓸 여력이 없어 값싸고 질 낮은 국내 소비용으로만 생산

하다가, 1990년대에 정치적 안정기에 접어들면서 해외 투자가 시작되었고 설비도 현대화되면서 품질이 크게 개선되기 시작했다. 지금은 전체 생산량의 70%를 수출하고 있으며 중국, 미국, 일본, 영국 등이 가장 큰 시장이다.

칠레의 주요 산지와 포도 품종

칠레의 주요 산지는 최대 소비 시장인 수도 산티아고를 중심으로 흩어져 있다. 아콩카과Aconcagua 지역은 가장 큰 와인 소비 시장인 산티아고에서 북쪽으로 불과 65km 거리에 있으며 지중해성 기후로 뜨거운 여름과 온화한 겨울 날씨로 카베르네 소비뇽, 시라, 카르메네르 등의 적포도 품종이 잘 자란다. 아콩카과는 고대 원주민들의 말로 '눈 덮인 산'이라는 뜻이며, 해발 6,961m로 에베레스트 다음으로 높은 산으로, 산봉우리는 아르헨티나의 영토에 속하지만 칠레까지 펼쳐지는 거대한 산이다. 3개의 소지역으로 나뉘는데, 아콩카과 밸리는 오후에 서늘한 산바람이 불어와 더위를 식혀 주고 저녁에는 바닷바람이 산맥의 서쪽 기슭으로 불어오는 천혜의 조건 덕분에 많은 와이너리가 포진되어 있으며, 약 1,000헥타르에 이르는 광대한 포도밭이 조성되어 있다. 시원하고 언덕이 많은 카사블랑카 밸리는 30년 정도의 짧은 역사에도 불구하고 가장 인기 있는 산뜻한 화이트 와인의 공급지로 떠오르고 있는데, 태평양에 근접해 있어서 포도의 숙성 기간이 길어서 소비뇽 블랑, 샤르도네 등 서늘한 기후대의 품종을 재배하기에 좋다. 산안토니오는 약 20년 전부터 개발되어 소비뇽 블랑, 샤르도네, 피노 누아 등의 유명 산지로 떠오르고 있다.

바다 근처 산안토니오에 자리잡은 카사 마린 와이너리는 서늘한 기후 덕분에
훌륭한 화이트 와인을 만든다.

　센트럴 밸리Central Valley 지역은 산티아고를 끼고 펼쳐지는 마이포
밸리를 비롯하여 라펠, 마울레, 쿠리코 밸리로 연결되는 4개의 소지
역으로 나누어진다. 마이포 밸리에는 칠레를 대표하는 와인 기업인
콘차이토로, 산타 캐롤리나, 알마비바, 산타 리타 등 수많은 와이너리
가 흩어져 있으며, 주로 카베르네 소비뇽의 주요 산지로 알려져 있다.
라펠 밸리는 하위 지역인 카차포알과 콜차과가 더 잘 알려져 있는데,
특히 콜차과 밸리는 산티아고 남쪽 180km 지역으로 지중해성 기후
를 보이며 고품질의 카베르네 소비뇽, 카르메네르, 말벡 같은 적포도
품종이 잘 자란다. 주요 와이너리로는 카사 라포스톨, 코노 수르, 에
밀리아나, 로스 바스코스, 몬테스, 산타 크루스 등이 있다. 그 외에도
칠레 북쪽의 리마리 밸리, 레이다 밸리 등은 태평양에 인접한 서늘한
지역이라 주로 소비뇽 블랑이나 샤르도네 품종을 재배한다.

　칠레는 20종 정도의 포도 품종을 주로 재배하고 있는데, 대부분 프
랑스와 스페인에서 들여온 품종이다. 적포도 품종으로는 주로 카베

르네 소비뇽, 메를로, 카르메네르, 진판델, 프티 시라, 카베르네 프랑, 피노 누아, 시라 등이 재배되고 있다. 칠레에서 카베르네 소비뇽은 가장 중요한 품종으로 단일 품종의 와인이나 다른 품종을 일부 블렌딩해서 생산하는데, 질감이 풍성하며 잘 익은 체리와 흑자두, 산딸기, 민트, 화분 흙, 피망, 허브 같은 풍미가 있고 장기 숙성의 잠재력이 있다. 대부분 미국산 오크통에서 1~2년 숙성하기 때문에 바닐라, 향신료, 타바코의 뉘앙스를 지닌다. 최근에는 칠레를 대표하는 전략적인 품종으로 카르메네르가 각광받고 있다. 보르도 지역에서 단종된 이 품종은 칠레를 대표하는 품종으로 변신했는데, 비냐 몬테스의 퍼플 에인절 그리고 콘차 이 토로가 만드는 카르민 데 페우모 등은 우리나라에서 인기 있는 카르메네르 와인이다. 새롭게 떠오르고 있는 품종은 피노 누아로 카사블랑카와 산 안토니오에서 나오는 즙이 풍부하고 프레시한 피노 누아가 인기가 있다. 색상이 짙은 시라 품종은 서늘한 엘퀴 밸리나 약간 따뜻한 콜차과 밸리에서 잘 자란다.

화이트 와인 품종으로 샤르도네, 소비뇽 블랑, 세미용, 리슬링, 비오니에 등이 주로 재배되는데, 대표격인 샤르도네의 경우 대부분의 신대륙 샤르도네처럼 황금색을 띠고 잘 익은 열대과일 향과 오크 터치가 있는 무거운 스타일이 많다. 하지만 카사블랑카 밸리 등 해안에 근접한 산지에서 생산되는 좀 더 섬세하고 프레시하면서 미네랄리티를 강조하는 스타일이 점차 인기를 얻고 있다.

칠레 와인의 품질을 높이는 데에는 플라잉 와인 메이커도 중요한 역할을 담당했다. 프랑스의 미셸 롤랑 같은 양조 컨설턴트들이 칠레의 여러 와이너리를 오가며 트렌디한 와인 스타일과 양조 기술을 전

칠레 알마비바 와이너리의 양조장

알마비바 와이너리의 숙성 셀러

와인의 본질 파악하기

파한 덕분에 와인의 품질이 빠르게 개선되었다. 이렇게 칠레 와인의 세계적인 확장이 이루어졌지만, 한편으로는 너무 글로벌한 입맛을 추종한다는 비판에 직면하기도 했다. 최근에는 포도밭의 개성과 테루아를 중시하며 포도 재배와 양조에 개입을 최소화하는 새로운 트렌드가 시작되고 있다.

해외의 유명 와이너리들은 칠레가 가진 테루아의 장점과 경쟁력을 일찌감치 알아보고 직접 투자나 조인트 벤처 방식을 통해 진출했는데, 프랑스의 바롱 필리프 드 로쉴드는 칠레 콘차 이 토로와 손잡고 알마비바를 만들어 큰 성공을 거두었고, 도멘 바롱 드 로쉴드(라피트)는 1988년 비냐 로스 바스코스를 인수했다. 프랑스의 코냑 지방의 리큐어 회사인 마르니에 라포스톨은 콜차과 밸리에 카사 라포스톨을 설립하여 클로 아팔타를 생산하고 있으며, 스페인의 와인 명가 미겔 토레스는 1979년 칠레에 동명의 와이너리를 설립하여 만소 데 벨라스코 등 싱글 빈야드 와인과 코디렐라 시리즈, 산타 디그나 시리즈 등을 생산하고 있다.

칠레의 와인 법규

칠레의 와인법은 프랑스보다 미국에 더 가까운 편이다. 주로 와인 생산 지역의 경계와 와인 라벨에 대한 규칙을 정한 것이다. 포도 품종 사용에 대한 제한은 없으며 라벨에 표기된 품종은 85% 룰을 적용하는데, 명시된 품종이 최소 85% 함유되어 있어야 한다. 빈티지의 경우도 85% 룰을 적용하여 해당 연도에 수확된 포도가 85% 이상 함유되어 있어야 한다. 표기되는 생산 지역 또한 85% 룰이 적용된다.

스타일의 변화를 추구하는
호주 와인

호주는 세계에서 다섯 번째로 와인을 많이 생산하는 나라로 와인 수출 규모는 세계 5위다. 200여 년의 짧은 와인 역사에도 불구하고 가장 빨리 성장한 나라 중 하나다. 중요한 성공 요인으로는 과일의 풍미가 강하고, 마시기 쉬우며, 품종을 명시한 심플한 라벨 표기로 친근감을 주고, 가격 대비 품질이 좋은 와인이라는 이미지를 부각시켰으며, 다른 나라보다는 필록세라의 피해가 적어 100년 이상 오래된 포도나무가 많이 남아 있어 고품질의 와인 생산이 가능한 것 등이 있다. 최근에는 마거릿 리버, 태즈메이니아, 애들레이드 힐스 같은 서늘한 지역에서 나온, 신선한 과일의 풍미가 있는 와인들은 호주 와인의 참신하면서도 새로운 스타일로서의 변화를 이끌어 가면서 와인 애호가들의 관심을 모으고 있다.

또한 호주 와인들은 대부분 코르크 대신 스크루 캡을 씌워 와인의 변질 문제를 해결했다. 천연 코르크는 통상 3~5% 정도의 결함이 발생하는 반면 스크루 캡의 불량률은 거의 제로에 가깝다. 호주 와인의 라벨은 비교적 단순하고 이해하기 쉬운 편으로, 읽을 때는 85% 룰만 기억하면 된다. 라벨에 명시된 품종, 빈티지, 생산 지역은 해당 품종이나 빈티지, 지역에서 85% 이상 생산된 포도가 사용되었음을 의미한다.

호주 와인의 역사와 현황

호주 와인의 역사는 1788년 영국에서 1,400명을 태우고 250일간 2만 4,000km를 항해한 끝에 시드니에 도착한 이민자들과 함께 시작되었다. 이때 싣고 왔던 포도나무들은 시드니의 더운 기후와 습기 때문에 살아남지 못했다. 1831년에 제임스 버즈비James Busby가 유럽에서 650여 종의 묘목을 가져와 헌터 밸리, 뉴사우스웨일스, 남호주 등지에 심었고 새로운 토양에 잘 적응하여 뿌리를 내렸다. 호주에는 수령이 100년 이상 된 포도나무들이 많이 있는데, 이 나무의 역사는 제임스 버즈비의 묘목에서 시작된 것이다. 사람들은 버즈비를 호주 와인의 아버지라 부른다. 호주의 초창기 와인은 1840년대에 유럽 이민자들이 들어와 포도밭을 조성하면서 시작되었는데, 빅토리아 지역은 스위스 사람들이, 서호주는 달마티아 사람들이, 남호주의 바로사 밸리는 독일인 루터교도들이, 리베리나 지역은 이탈리아 사람들이 와서 포도나무를 심고 와인을 만들기 시작했다.

현재 호주에는 와이너리 2,150여 개와 포도 생산 농가 6,000여 개가 활동하고 있다. 대부분 가족 중심으로 운영되고 있지만, 대규모의

뉴사우스웨일스 헌터 밸리에 있는 브로큰우드 와이너리

글로벌 와인 회사들이 호주 와인의 3분의 2를 생산하고 있으며 유명 회사로는 포스터즈, 컨스텔레이션, 페르노 리카르 등이 있다.

바로사 밸리가 있는 남호주 지역에서 호주 와인의 50% 이상이 생산되고 있으며, 뉴사우스웨일스, 빅토리아, 서호주 등의 순으로 뒤를 잇는다. 생산량으로 보면 쉬라즈 27%, 샤르도네 19%, 카베르네 소비뇽 17% 등 몇 개 품종에 집중되어 있는데, 더운 기후를 반영하듯 레드 와인의 비율이 60% 정도를 차지하고 있다.

오래된 포도나무에서 생산되는 와인이 더 좋을까?

오래된 포도나무에서 생산되는 와인의 품질이 더 뛰어나다는 주장은 여러 요소에 기반을 두고 있다. 오래된 포도나무, 즉 '비에유 비뉴vieilles vignes'는 뿌리가 땅속에 깊게 뻗어 있고 발달되어 있어 다양한 미네랄과 영양분을 흡수할 수 있기에 와인에 복합적이고 섬세한 풍미를 제공할 수 있다. 나이가 많은 포도나무는 수확량은 줄어들지만 포도에 더 집중된 풍미가 형성된다고 알려져 있다.

예를 들면 부르고뉴의 피노 누아, 코트 로티Côte-Rôtie의 시라, 스페인의 리오하 지역의 템프라니요, 남호주 바로사 밸리의 쉬라즈 품종의 오래된 나무에서 나오는 와인들은 강렬한 향과 복합미를 자랑한다.

호주 와인 스타일의 변화

1950년대까지 호주 와인의 85%는 강한 알코올과 진한 맛을 느낄 수 있는 주정 강화 와인이 주류였지만, 점차 음식과 함께 즐길 수 있는 드라이 테이블 와인이 대체하기 시작했고 1990년대 중반에는 일반 와인이 95%를 차지하게 되었다. 최근 호주 와인은 청정 환경 이미지를 내세우면서 유기농이나 비오디나미biodynamie 와인이 늘어나기 시작했고, 양조 스타일도 지나친 오크 사용을 피하고, 섬세하면서도 절제된 스타일의 와인이 늘어나고 있다. 특히 샤르도네의 경우, 농익은 풍미보다는 신선한 과일 향을 보이는 스타일이 인기를 끌고 있다.

뉴사우스웨일스 헌터 밸리에 있는 티렐 와이너리의 포도밭

태즈메이니아와 본토의 서늘한 해안 지역에서는 뛰어난 품질의 화이트 와인과 스파클링 와인 생산도 늘어나고 있다.

호주의 기후와 풍토

호주는 미국 본토만 한 크기로 기후대가 다양하다. 북부는 열대기후, 중부는 덥고 건조하다. 그래서 포도 재배가 가능한 지역은 지중해성 기후대에 놓인 호주 남동부와 남서부 지역이다. 고급 생산 지역은 주로 서늘한 기후의 빅토리아주 남부, 남호주 애들레이드 힐스, 서호주 마거릿강 그리고 뉴사우스웨일스의 남쪽과 태즈메이니아 지역 등이다. 호주는 지구상에서 가장 오래된 토양 구조를 가지고 있기에 그만큼 독특한 특성을 보이는 스타일의 와인이 많이 나온다. 묵직한 풀바디의 쉬라즈 와인, 우아하고 기품 있는 카베르네 소비뇽, 미묘한 풍미와 산미가 좋은 세미용이 있고, 레몬과 라임 풍미가 산뜻한 리슬링은 호주 최고의 화이트 와인 중 하나로 손꼽힌다. 호주는 특히 쉬라즈와 카베르네 소비뇽의 레드 블렌드, 세미용과 샤르도네의 화이트 블렌드처럼 독특한 스타일의 와인을 만든다. 호주는 남반구에 있기 때문에 우리와는 계절이 정반대로 2월에서 4월이 가을철 수확기다. 따라서 호주 와인의 라벨에 보이는 빈티지는 프랑스, 이탈리아 같은 북반구 빈티지보다 6개월이 빠르다고 보면 된다.

호주의 주요 품종과 유명 생산 지역

호주에는 100종 정도의 품종이 재배되고 있지만, 쉬라즈, 샤르도네, 카베르네 소비뇽, 메를로, 소비뇽 블랑이 호주 전체 생산량의 72%를 차지할 만큼 주종을 이룬다. 생산량이 첫 번째로 많은 호주 쉬라즈는 호주 레드 와인을 대표하며 수령이 100년 이상 된 포도나무들이 와인의 품질에 중요한 역할을 한다. 헌터 밸리, 바로사 밸리 같은 더운 지역에서는 묵직한 바디감에 강렬한 검은 과일 향, 짙은 향신료의 풍미를 보이고, 오래 익히면 가죽과 캐러멜 같은 향으로 발전한다. 특히 바로사 밸리에는 6대째 포도 농사를 짓고 있는 가문이 많고, 150년이 넘는 포도나무들도 아직 남아 있다. 우리나라에도 바로사 쉬라즈가 인기가 높은 편으로, 풍성하고 부드러운 질감에 풀 바디 하면서도 과일 풍미가 있고 균형감이 뛰어나다. 비슷한 스타일의 쉬라즈는 맥라렌 베일, 랭혼 크리크, 클레어 밸리 등에서 나온다.

서늘한 지역에서 생산되는 프리미엄급 쉬라즈는 주로 빅토리아주의 야라 밸리, 히스코트, 골번 밸리 등에서 생산되는데, 라즈베리, 민

빅토리아주 야라 밸리에 있는 야라 예링 와이너리의 테이스팅 룸

트, 후추 같은 풍미가 강하고 감칠맛이 나며 알코올은 낮은 편이다.

생산량이 두 번째로 많은 호주 샤르도네는 1970년대부터 상업적 생산이 시작된 품종으로 초기에는 농익은 과일 향과 짙은 오크 향이 나고 주로 온화한 기후대에서 생산되었지만, 최근 10여 년 전부터는 스타일이 변하고 있다. 좀 더 서늘한 기후대에서 생산되는 샤르도네는 신선한 과일 향과 절제된 풍미가 돋보인다. 토착 효모의 사용과 절제된 젖산발효, 절제된 오크 사용 등으로 더 우아한 스타일의 와인이 많이 나오고 있다. 최고급 샤르도네는 서호주의 마거릿강 지역에서 생산되는데, 특히 르윈 에스테이트의 샤르도네는 바다의 영향으로 농축미와 복합미가 풍부해서 큰 인기를 얻고 있다. 이외에도 빅토리아의 야라 밸리와 모닝턴 페닌슐라 그리고 남호주의 애들레이드 힐스가 유명한 샤르도네 산지로, 서늘한 기후대에서 나오는 샤르도네가 대세를 형성하고 있다.

호주의 레드 품종 중 생산량이 두 번째인 카베르네 소비뇽은 재배 역사가 오래되었는데도 쉬라즈의 그늘에 가려져 있다가 1980년대부터 존재감을 드러내기 시작했다. 이 품종은 더위와 가뭄에 약하기 때문에 시원한 바다의 영향을 받는 곳에서 잘 자란다. 주로 블랙베리, 블랙 커런트 같은 검은 과일 풍미에 구운 향과 고급스런 오크 향이 조화를 이루며, 유명한 생산지로는 쿠나와라와 마거릿강 지역을 꼽는다. 특히 쿠나와라의 테라 로사 지역은 최고의 와인 산지로, 테라 로사 Terra Rosa는 '붉은 토양'이라는 뜻이며, 배수가 좋고 밤에 춥기 때문에 과일 향과 산도를 잘 유지하여 고급 와인이 나온다. 쿠나와라와 쌍벽을 이루는 카베르네 소비뇽 생산지는 서호주의 마거릿강이다. 전형적인 해양성 기후에 자갈 토양으로 구성되어 블랙 커런트, 제비꽃, 민트, 흙, 자갈의 미네랄리티의 특성을 보이는데, 쿠나와라보다 더 우아하면서도 풍부한 아로마가 특징이다. 그 외 유명 산지로는 맥라렌 베일, 클레어 밸리, 야라 밸리 등이 있다.

리슬링은 화이트 품종 중 생산량이 네 번째로 많은 섬세한 품종으로 호주에서는 1840년대부터 재배해 왔고 세계 최고의 리슬링 생산지 중 하나로 손꼽는다. 특히 유명한 리슬링 산지로는 클레어 밸리, 에덴 밸리, 그레이트 서던 그리고 태즈메이니아같이 주로 기후가 서늘한 지역이나 밤에 기온이 많이 내려가는 지역에서 생산된다. 호주 리슬링 와인은 신선하고 향긋한 편으로 샤르도네보다 바디가 가벼운 편으로 감귤류와 사과, 자몽, 복숭아 등의 향 특성을 보인다. 드라이 스타일이 주종이지만 약간 달콤한 오프 드라이 와인과 디저트 와인도 인기가 있다. 비교적 일찍 마시려고 만들지만 서늘한 기후에서 생산된 일부 최고 품질의 리슬링은 몇 년간 숙성해서 마시기도 한다.

세미용은 1830년대부터 재배가 시작된 호주에서 가장 독특한 화이트 와인을 만드는 품종이다. 세미용은 화이트 품종 중 네 번째로 많이 생산되고 있다. 어린 세미용 와인은 신선하고 가벼우며 라임, 허브, 감귤 향이 나며 다양한 음식과 잘 어울린다. 다른 화이트 와인과는 달리 일부 호주 세미용 와인은 10년 이상의 숙성 잠재력이 있으며, 오래될수록 짙은 황금색을 보이고, 아몬드, 꿀, 지푸라기, 복숭아 등의 복합적인 향으로 변화한다. 특히 헌터 밸리는 드라이 세미용 와인 중 가성비가 가장 좋고 숙성 가치가 있는 와인으로 평가되며, 마거릿강과 바로사 밸리도 훌륭한 품질의 세미용이 나오고 달콤한 스타일의 디저트 와인은 리베리나가 유명하다.

떠오르는 별,
미국 와인

미국은 연간 30억 병 정도를 생산하여 이탈리아, 프랑스, 스페인의 뒤를 이은 세계 4위의 와인 생산국이다. 캘리포니아에서 미국 와인의 85%를 생산하며, 워싱턴주, 뉴욕주, 펜실베이니아주, 오리건주에서 12% 정도의 와인을 생산한다. 미국은 세계 최대의 와인 소비국으로 연간 44억 병이 소비되는데 이 중 16억 병 정도를 해외에서 수입하고 있다. 2020년 기준 미국 와인의 소매 시장 규모는 80조 원으로 우리나라의 40배가 넘는다. 내수 시장 규모가 크기 때문에 자체 생산하는 와인의 수출 여력이 크지 않아 연간 5억 병 정도만 수출하고 있다. 미국은 50개의 모든 주에서 소량이나마 와인을 생산하고 있는데 전체 와이너리 숫자는 11,000여 개로 이 중 40%가 넘는 4,700여 개가 캘리포니아에 집중되어 있다. 그만큼 캘리포니아는 와인을 생산하는 데 적합한 기후와 토양 조건을 갖추고 있다고 할 수 있다.

실질적인 미국 와인의 역사는 1769년 스페인 프란체스코 수도회의 사제 주니페로 세라Junipero Serra가 캘리포니아 샌디에이고 지역에 유럽산 포도 품종을 가져다 심으면서 시작되었다. 19세기 중반 캘리포니아에서 금광이 발견되었고 골드러시가 일어나 인구가 늘었고 와인을 포함한 주류의 수요도 급증했다. 1839년 조지 욘트George Yount가 지금의 나파 밸리 지역에 처음 포도나무를 심었고, 1861년 찰스 크룩Charles Krug이 나파 밸리에 와이너리를 세우게 되었다. 1862년에는 칼리스토가에서 슈램스버그가 설립되었으며 100년 후 미국 최초로 샴페인 방식의 스파클링 와인을 만들었다. 1880년에는 러더퍼드에 잉글누크 와이너리가 세워졌고 이후 40년간 약 700개의 와이너리가 세워져 전성기를 맞았다.

그러나 1920년 미국 수정헌법 제18조의 발효로 시작된 금주법Prohibition Law은 1933년까지 무려 14년간 이어졌고, 700개에 이르던 캘리포니아 와이너리는 40여 개로 줄어들었다. 살아남은 와이너리들은 교회 미사용 와인을 만들거나 가정에서 직접 만들어 마시는 와인 소비에 기대어 명맥을 유지해 갔다. 금주법에 약간의 예외 규정이 있어서 집에서 마실 용도로 연간 200갤런(약 757L)까지 와인을 만들 수 있었기에 와이너리들은 일부 포도 품종을 키우며 힘든 금주법 시기를 버텨 나갔다. 금주법으로 인해 밀주가 성행하고 암시장에서는 가격이 치솟으며 오히려 범죄가 늘자, 미국은 수정헌법 제21조를 통과시켜 1933년 말 금주법 시대가 막을 내렸다. 그러나 이미 망가진 와인 산업이 다시 활력을 되찾는 데까지는 많은 시간이 필요했다.

1938년 프랑스의 앙드레 첼리스체프Andre Tchelistcheff가 나파 밸리

미국 와인의 아버지라 불리는 로버트 몬다비가 1966년 나파 밸리에 세운 로버트 몬다비 와이너리

의 보리우 빈야드에 양조 책임자로 오면서 미국 양조 기술의 발전에 크게 기여하였다. 그는 미국 와인의 초창기 역사를 이끌었던 수많은 와인 메이커들을 키웠는데, 로버트 몬다비, 마이크 그르기치, 조지프 하이츠, 워렌 위니아스키, 루이스 마티니, 톰 조단 같은 양조자들에게 큰 영향을 끼쳤다. 1930년에서 1950년 사이에 데이비스 소재 캘리포니아 대학과 프레즈노 대학에 양조학과가 생겨 포도 재배자와 양조 전문가들을 많이 배출했는데, 나파 밸리가 가까이 있었던 덕분에 산학협동을 통한 양조 기술의 발전과 노하우의 공유를 통해 큰 시너지 효과를 냈다.

1966년에는 로버트 몬다비Robert Mondavi가 가족 사업에서 독립하여 오크빌에 로버트 몬다비 와이너리를 세워 미국 와인의 전성기 시대를 열었다. 1976년 프랑스 파리에서 열린 '파리의 심판'에서 미국

1976년 파리의 심판에서 화이트 부문 1등을 한 나파 밸리 샤토 몬텔레나 와이너리

와인은 화이트 와인과 레드 와인 각 부문에서 1등을 차지함으로써 나파 밸리 와인이 전 세계에서 스포트라이트를 받는 새로운 시대가 열렸다. 화이트 와인 1위를 한 샤토 몬텔레나의 샤르도네 1973빈과 레드 와인에서 1위를 한 스태그스 립 와인 셀러스 카베르네 소비뇽 1973빈 와인은 '미국을 만든 101개의 물건' 중 하나로 스미스소니언 박물관에 전시될 정도로 미국 와인의 역사를 바꾼 기념비적인 와인으로 기억되고 있다.

미국에서 1976년과 1978년 〈와인 스펙테이터Wine Spectator〉와 〈와인 애드버킷Wine Advocate〉 같은 와인 전문지가 발행되면서 수준 높은 와인 문화를 선도하기 시작하여 객관적인 와인의 평가와 비평, 평점 체계 등이 보편화되었다. 전문지의 발행은 소비자의 와인 선택에 도움을 주었고 와이너리들은 이에 자극받아 와인의 품질을 향상시키

샤토 무통 로쉴드와 로버트 몬다비의 합작으로 설립된 오퍼스 원 와이너리

는 선순환의 구조를 이루게 되었다.

미국 와인의 위상이 높아지자 프랑스의 유명 와이너리에서 미국 시장을 겨냥한 합작이나 투자가 활성화되기 시작했는데, 1979년 프랑스의 샤토 무통 로쉴드가 나파 밸리의 로버트 몬다비와 손잡고 오퍼스 원을 설립했고, 1983년에는 페트뤼스를 만드는 무엑스 가문이 나파누크를 인수하여 도미누스 와이너리 시대를 열었다.

미국 컬트 와인

1984년 빌 할란Bill Harlan에 의해 할란 에스테이트Harlan Estate가 설립되었고 1990년대 미국 컬트 와인의 시대를 여는 계기가 되었다. 1986년 스크리밍 이글과 브라이언트 패밀리, 1992년 콜긴 셀러스, 1994년 시네콰논, 1998년 슈레더 셀러스 등 기라성 같은 미국의 컬트 와인들이 슈퍼스타처럼 세계 와인계에 등장했다.

컬트 와인이란 1990년대 중반에 미국에서 생겨난 용어로, 주로 나파 밸리를 중심으로 만들어지는 최고 품질의 와인을 말한다. 1990년대 초반에 스크리밍 이글과 할란 에스테이트에서 만든 카베르네 소비뇽이 와인 비평가들로부터 만점에 가까운 높은 점수를 받으면서, 구하기가 어려워져 가격도 천정부지로 치솟았고, 와인 전문 수집가들의 표적이 되면서 컬트 와인이라 불리기 시작했다. 원래 컬트cult란 숭배, 경배를 의미하는 라틴어 '쿨투스cultus'에서 유래한 말로, 특정한 인물이나 물건에 대한 광적인 숭배나 흠모를 뜻한다.

컬트 와인은 다분히 마케팅적인 용어라, 정해진 기준이 있는 것은 아니지만 대체로 다섯 가지 공통적인 특성이 있다. 첫째, 극소량만 생산하여 희소성이 있어야 하므로 대체로 연간 500케이스 정도만 생산한다. 둘째, 대부분의 컬트 와인은 메일링 리스트에 등록된 사람들에게 1년에 몇 병 정도만 할당되기 때문에 그만큼 구하기 어렵다. 스크리밍 이글의 경우, 메일링 리스트에 들기 위해 12년 이상 기다려야 하는데, 기존 회원이 사망하거나 파산하는 경우에 자리가 난다고 한다. 셋째, 주품종이 대부분 카베르네 소비뇽이다. 나파 밸리의 기후와 토양의 장점을 최대한 살릴 수 있는 가장 완벽한 품종이기 때문이다. 최근에는 시라나 샤르도네로 만든 컬트 와인도 나오고 있지만, 전통적으로 나파 밸리의 카베르네 소비뇽을 중심으로 한다. 넷째, 로버트 파커나 제임스 서클링 등 세계적인 와인 평론가들이나 와인 전문지로부터 만점에 가까운 높은 점수와 좋은 평가를 받아야 한다. 특히 만점을 수차례 받으면 인기가 치솟고 희귀해지면서 컬트 반열에 오를 수 있다. 다섯째, 이런 요건들이 갖춰지면 자연히 가격이 치솟는다. 컬렉터들의 표적이 되고, 경매에서 높은 가격이 형성되며 구하기

와인의 본질 파악하기

매년 와인 병 모양과
라벨이 달라지는 시네콰논 와인

도 어려워진다. 높은 가격 때문에 마시기 위한 목적보다는 트로피 같은 소장용이나 재판매용으로 쓰이는 경우가 많다.

미국 컬트 와인의 원조라 할 수 있는 스크리밍 이글Screaming Eagle은 카베르네 소비뇽 90%에 메를로와 카베르네 프랑이 10% 블렌딩된 와인이다. 첫 빈티지인 1992빈이 1995년에 출시되었는데, 로버트 파커로부터 99점을 받으면서 인기가 치솟기 시작했고, 이후 100점 만점을 여러 번 받았다. 2023년 현재 〈와인 스펙테이터〉 기준 평균 가격이 5,900달러가 넘는다. 시네콰논Sine Qua Non 컬트 와인은 라틴어로 필수불가결한 본질, 정수란 뜻을 담은 와인으로 오스트리아 태생의 미국인 만프레드 크랭클Manfred Krankl 부부가 1994년부터 만들기 시작했으며, 와이너리는 나파 밸리가 아니라 캘리포니아 벤추라 카운티에 있다. 주 품종은 시라와 그르나슈 같은 론 품종을 쓰며, 매년 만프레드가 직접 디자인한 와인 라벨과 매년 병 모양이 달라져 독창적이다. 할란 에스테이트는 영국의 젠시스 로빈슨Jancis Robinson이 20세기 최고의 10대 와인 중 하나라고 극찬한 바 있는 컬트 와인이다. 부동산 개발업자였던 빌 할란이 1984년 나파 밸리 오크빌 언덕에 포도밭을 조성하여 1990년 첫 빈티지를 냈고 6년 숙성을 거쳐 1996년에 첫 출시되었다. 할란 에스테이트는 카베르네 소비뇽과 메를로, 카베르네 프랑 등을 블렌딩한 전형적인 보르도 스타일의 와인으로 1994년부터 시작하여 2016년까지

9번이나 로버트 파커 100점 만점을 받았다.

슈레더 셀러스Schrader Cellars 또한 빼놓을 수 없는 컬트 와인이다. 원래 골동품 딜러였던 프레드 슈레더는 1980년대 말 나파 밸리의 와인 경매에서 와인을 맛본 뒤 와인에 빠져 1998년에 슈레더 셀러스를 설립했다. 최고의 와인은 최고의 포도밭에서 나온다고 하듯, 나파 밸리 전설의 투칼론 포도밭의 포도 일부를 공급받기로 장기계약을 맺었고, 여기서 생산된 카베르네 소비뇽으로 2000년 올드 스파키Old Sparky 와인을 만들었다. 이 와인은 2002년 로버트 파커 100점 만점을 받았고 2005년부터는 4년 연속 만점을 받으면서 컬트 와인으로 떠올랐다.

◯ **Wine Navigation**

와인 병은 왜 750mL일까?

와인 병의 표준 크기가 750mL인 이유에 대해서는 여러 가설이 있다. 가장 널리 알려진 가설 중 하나는 옛날에는 녹은 유리를 입으로 불어서 만들었는데, 숨을 한 번 내쉴 때 만들 수 있는 병의 크기가 대략 750mL 정도였다는 것이다. 즉 와인 병의 크기가 인간의 폐활량과 관련이 있다는 가설이다. 또 다른 가설은 미터법을 사용하는 국가들이 무역상 규격을 통일하기 위해 750mL를 표준으로 정해졌다는 것이다. 미국에서 와인을 수입할 때 1/5갤런(약 757mL)에 가까운 용량을 표준으로 사용하면서, 미국의 도량형 체계와 국제적인 무역 표준 사이의 호환성을 위해 750mL가 널리 받아들여졌다는 주장이다. 이 가설이 더 설득력이 있다. 실제로, 1970년대 말 미국이 와인 병 사이즈를 750mL로 표준화하면서 국제적인 기준으로 통용되기 시작했고 이러한 규격화는 생산, 포장, 운송 과정에서 편의성을 제공하고, 소비자들에게도 일관된 양을 제공하는 데 도움을 주고 있다.

미국 와인 법규

미국은 와인을 만드는 데 특별한 규제가 없기 때문에 와인 메이커의 천국이라고 할 수 있다. 유럽은 포도 재배 방법과 양조 과정, 등급 규정까지 까다롭게 정의되어 있지만 미국은 이런 간섭이 없기 때문에 상당히 자유롭고 창의적으로 만들 수 있다. 커스텀 크러시Custom Crush는 계약 양조 방식으로, 남이 키운 포도를 남의 양조장의 설비를 일부 빌려 와인을 만들고 자신의 라벨을 붙여서 파는 방식을 말한다. 아이디어와 열정만 있으면 가진 것이 없어도 자신의 브랜드로 와인을 만들 수 있다. 미국 와인은 라벨에 포도 품종과 생산 지역을 표기하기 때문에 알기 쉬운 편으로 AVAAmerican Viticultural Area라는 개념만 이해하면 된다. AVA는 '미국 포도 재배 지역'을 의미한다. 한 개의 큰 AVA 내에 몇 개의 하부 지역 AVA가 포함되기도 하는데, 예를 들면 나파 밸리 AVA 안에 아틀라스 픽, 칼리스토가, 스태그스 립, 오크빌, 러더퍼드, 세인트헬레나 등 16개의 하부 AVA가 포함되기도 한다. 대부분의 AVA는 85% 룰을 적용하는데, 와인을 만드는 데 사용된 포도는 해당 AVA에서 최소 85% 이상 나와야 한다는 규정이다. 하지만 캘리포니아주 또는 오리건주 같은 넓은 범위의 원산지가 표기되면 포도는 100% 해당 주에서 생산된 것을 써야 한다. 워싱턴주가 표기된 경우는 워싱턴 포도를 95% 써야 하는 등 주마다 약간의 차이가 있다. 라벨에 특정 포도 품종이 표기되려면 최소 75%는 해당 포도 품종을 써야 하고, 빈티지의 경우는 해당 빈티지를 최소 95% 써야 한다. 줄여서 75-85-95 룰이라 기억하면 쉬운데, 75% 포도, 85% 지역, 95% 빈티지를 요약한 것이다.

주요 지역별 와인 스타일과 포도 품종

캘리포니아 오퍼스 원의 카베르네 소비뇽 포도밭

캘리포니아 : 캘리포니아 와인이라고 하면 대체로 강하며 바디감과 복합미가 있는 블록버스터 스타일의 카베르네 소비뇽이나 진판델 같은 레드 와인이나, 잘 익은 열대과일 향과 오크 향, 약간의 잔당감이 있는 샤르도네를 먼저 떠올리지만, 일부 와인 메이커들은 절제미가 있는 보르도 블렌딩 방식의 와인으로 좋은 평가를 받고 있다.

태평양에 좀 더 가까운 소노마를 포함한 서늘한 연안 지역에서는 엘레강스하면서도 섬세한 스타일의 피노 누아나 샤르도네를 만들어 내기 때문에, 캘리포니아는 다양한 스타일이 공존하는 지역으로 발전하고 있다. 샌프란시스코 남쪽의 파소 로블스, 몬터레이, 산타 크루즈 마운틴, 산타 마리아 밸리 등에서도 기후의 특성을 잘 살린 와인들이 많이 생산되고 있다. 캘리포니아에서 가장 인기 있는 품종은 카베르네 소비뇽과 진판델이지만, 피노 누아와 샤르도네 그리고 일부 론 지역 품종인 시라도 인기가 있다.

캘리포니아는 유럽과 달리 포도가 충분히 익을 수 있을 만큼 따뜻하고 강수량도 충분한 조건을 갖추고 있다. 건조한 날씨가 계속되면 포도밭에 물을 대는 관개 또한 합법적이다. 캘리포니아 와인의 단점은 가격이 비싸다는 점이다. 우리나라에서도 나파 밸리 와인을 비롯, 캘리포니아 와인들이 비슷한 품질의 다른 와인에 비해 가격이 높게 형성되어 있다. 와인의 가격은 땅값과 인건비가 중요한 요소인데 캘리포니아 와인이라는 프리미엄까지 작용하는 듯하다.

오리건 : 오리건이 짧은 시간 내에 확실히 자리매김한 것은 부르고뉴 스타일의 피노 누아 품종에 집중하는 특화 전략을 고수했기 때문이다. 부르고뉴와 동일한 위도 선상에 있지만 날씨가 변덕스럽지 않고 여름이 화창하며 밤의 기온이 서늘하여, 특히 피노 누아와 화이트 와인 품종을 키우기에 아주 적합하다. 구릉이 많은 지형이 부르고뉴와 흡사하기 때문에 일찌감치 부르고뉴의 와인 명가 드루앙Drouhin과 루이 자도Louis Jadot를 비롯한 많은 프랑스 와이너리들이 오리건에 진출했다. 던디 힐스Dundee Hills에 피노 누아가 처음으로 식재된 것은 불과 50년 전인데 현재는 무려 900개 이상의 와이너리로 늘어났다. 특히 월라멧 밸리는 피노 누아가 포도밭의 75%를 차지하는 정도다. 월라멧 밸리에는 7개의 세부 AVA가 있는데, 그중에서도 던디 힐스

오리건주 아처리 서밋 와이너리의 포도밭

에 포도밭이 가장 많고, 얌힐 칼턴 디스트럭트, 에올라 에미티 힐스, 체할렘 마운틴, 리본 리지 등이 있다. 오리건 피노 누아는 캘리포니아보다 자연 산도가 높고, 밝고 섬세한 풍미와 미네랄리티, 레드 베리와 레드 체리의 향이 두드러진다. 숙성되면 복잡 미묘한 복합미를 보이며 미국을 대표할 만한 고급 피노 누아가 나오기도 한다. 유럽의 피노누아와 비교해 보면 더 부드럽고, 과일 향이 풍부하면서 빨리 익는 편이라 부르고뉴에 비해 가성비가 좋다. 피노 누아 다음으로는 피노 그리와 샤르도네 그리고 다양한 스타일의 리슬링까지 서늘한 기후대의 특성을 잘 살린 화이트 와인들이 점차 인기를 끌고 있다. 오리건은 초기부터 소규모 가족 경영 와이너리들이 주도했고, 습한 기후에도 불구하고 유기농법이나 비오디나미 농법을 적용한 친환경, 지속 가능한 영농 방식이 트렌드로 정착되어 있다.

와인의 본질 파악하기

워싱턴주 왈라왈라 밸리 페퍼 브릿지
와이너리의 포도밭

워싱턴주 롱 셰도우즈 와이너리의 아름다운
테이스팅 룸

　워싱턴 : 태평양 북서부의 워싱턴 주는 캘리포니아 다음으로 다양
한 테루아를 자랑하며 1,000개가 넘는 와이너리가 흩어져 있다. 포도
밭은 시애틀에서 동쪽으로 떨어진 컬럼비아 밸리, 왈라왈라 밸리, 얘
키모 밸리 등에 집중되어 있다. 완만한 언덕에 배수가 잘되는 모래 토
양이 주를 이루고, 중간에 높이 솟은 케스케이드산맥이 비구름을 차
단해 주기 때문에 사막처럼 건조한 여름을 보이는 대륙성 기후대에
있다. 밤낮의 온도차가 큰 덕분에 카베르네 소비뇽, 메를로, 리슬링,
샤르도네가 뛰어난 품질을 보인다. 생산자들은 다양한 지역에서 난
포도를 블렌딩하기 때문에 컬럼비아 밸리 AVA 같은 광역 생산지를
표기하는 경향이 있다. 캘리포니아 와인의 명성에 가려져 있기 때문
에 샤토 생 미셸, 컬럼비아 크레스트, 스노퀼미가 만드는 와인들은 품
질 대비 가성비가 좋다.

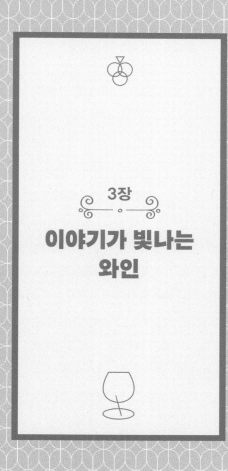

3장

이야기가 빛나는
와인

바닷속에서 120년을 견딘
샤토 그뤼오 라로즈
Château Gruaud-Larose

보르도 생쥘리앵 지역의 그랑 크뤼 2등급인 그뤼오 라로즈 와인은 매우 특이한 이야기를 담고 있다. 지난 2004년 한영 수교 120주년을 기념하기 위해 영국 여왕 엘리자베스 2세가 고 노무현 전 대통령 부부를 국빈으로 초청한 만찬에서 샤토 그뤼오 라로즈 1985년산을 만찬주로 내놓았다. 영국 왕실의 버킹엄 지하 와인 셀러에 있는 25,000병의 와인 중 왜 하필이면 이 와인이었을까 궁금증을 자아냈는데, 여기에는 놀라운 비밀이 숨겨져 있었다.

1992년 싱가포르 근처 가스파르 해협의 깊은 바닷속에 가라앉아 있던 120년 된 난파선이 바다 위로 인양되었다. 이 배는 당시 프랑스 식민지였던 베트남 사이공으로 와인을 싣고 가다가 1872년 이곳에서 좌초된 프랑스의 마리 테레스Marie-Therese호라는 사실이 밝혀졌다. 사람들은 보물을 기대했지만 배 안에서 발견된 것은 수백 병의 와인이었다. 조사 결과 이 와인은 샤토 그뤼오 라로즈로 밝혀졌고, 몇 병을 샤토로 직접 가져가 전문가들이 시음을 해보니 와인의 풍미가 희미하게 살아 있어 모두를 놀라게 했다. 와인은 신기하게도 바닷속에서 120년을 견뎌낸 것이다. 인양된 와인은 새 코르크로 교환되고 라벨도 다시 붙여 경매를 통해 높은 가격에 판매되었다. 일부는 고급 레스토랑의 와인 리스트에 올랐고 병당 1만 달러 정도에 팔렸다고 한다.

　와인이 어떻게 120년을 견딜 수 있었을까 하겠지만, 수심 100m 바닷속은 영상 4도 정도라, 물의 부피가 최소화되는 온도이며 햇볕과 공기가 차단되기 때문에 이론상 와인을 가장 오래 보관할 수 있는 조건이다. 깊은 바닷속에서 120년이란 인고의 세월을 보내고도 여전히 향기를 낼 수 있었기에, 한국과 영국의 수교 120주년을 축하하는 만찬주로 최고의 선택이 아니었을까 생각된다. 그런데 더 놀라운 것은 여왕이 내놓은 샤토 그뤼오 라로즈가 1985년산이었다는 것이다! 120년 만에 바다에서 건져 올린 와인의 빈티지가 1865년산이었는데, 여기에 120년을 더하면 1985년이 되는 것이다! 이는 만찬 행사를 준비한 스테프와 소믈리에들이 일부러 1985빈을 찾아 내놓은 것으로, 역사와 인문학에도 해박한 영국 왕실 와인 담당자들의 준비와 세심한 배려에 놀라지 않을 수 없다.

　샤토 그뤼오 라로즈 와인의 라벨 중앙에는 'Le vin des Rois, Le roi des Vins'이란 글이 새겨져 있는데, 이는 '왕의 와인이요, 와인의 왕이다.'라는 뜻으로, 와인의 품질에 대한 샤토의 자부심이 담겨 있다. 라벨 중앙에 보이는 사자 두 마리는 그뤼오 라로즈 가문의 문장으로, 두 사자는 2세기 초 이 지역을 지배했던 아키텐의 공녀 엘레오노르에 대해 경의를 표하고 있다.

샤토의 이름은 18세기 중반 이 포도밭을 소유했던 조셉 그뤼오 Joseph Gruaud와 이를 물려받은 조셉 드 라 로즈Joseph de La Rose의 성을 따서 지어졌지만, 1997년 자크 메를로Jacques Merlaut가 인수하여 새 주인이 되었다. 특이하게도 이 와이너리의 정원에는 우박 피해를 막기 위해 음파를 발사하는 대포가 설치되어 있다. 우박이 내리면 포도 농사를 망치기 때문에 기상 상태가 안 좋을 때는 레이저를 쏘아 상공에서 형성되는 우박의 크기를 감지하며, 우박이 내리면 강력한 음파 대포를 쏘는데, 이 음파는 우박에 충격을 가해 크기를 줄이거나 없애 준다고 한다. 말하자면 포도밭을 지키는 최첨단 무기인 셈이다.

📖 와인 노트

샤토 그뤼오 라로즈 1999, 보르도 생쥘리앵

Château Gruaud-Larose 1999

그뤼오 라로즈 1999년산은 카베르네 소비뇽 57%, 메를로 31%, 카베르네 프랑 7.5%, 프티 베르도 3%, 말벡 1.5%의 블렌딩으로 만들어졌다. 와인은 열면서부터 향수처럼 짙은 향을 내뿜기 시작하여 20년 정도의 적당한 숙성으로 시음에 가장 적합한 시기에 이르렀음을 직감할 수 있었다. 짙은 가넷 색상을 보였고, 레드 체리, 블랙베리, 농익은 라즈베리와 흑자두,

훈제고기, 향신료, 가죽, 블랙 올리브, 부엽토의 향이 특징이었는데, 전반적으로 복합미와 농밀함이 느껴지는 훌륭한 밸런스의 와인이었다. 묵직한 바디감과 부드러운 타닌, 쾌활한 산도가 좋았고, 입 안에서 긴 여운을 남기는 피니시 또한 깊은 인상을 남겼다.

○ **Wine Navigation**

리코르킹이란?

리코르킹recorking은 오래된 와인의 코르크를 새것으로 교체하여 와인의 상태를 유지하고 장기 보관을 돕는 서비스로, 호주의 유명 와이너리인 펜폴즈Penfolds가 이런 서비스로 유명하다. 펜폴즈는 정기적으로 고객들이 와인의 상태를 점검할 수 있도록 돕고 필요한 경우 새 코르크로 교체해 주고 있다. 장기 숙성이 가능한 와인은 50년 이상 가기도 하지만 문제는 코르크의 수명이 이보다는 짧다는 것이다. 고급 코르크의 수명은 25년 내외라고 보는데, 적절한 시점에 코르크를 새것으로 교체해 주면 20년 이상 추가 보존이 가능해진다.

펜폴즈가 제공하는 이 특별한 서비스는 펜폴즈 그랑주Penfolds Grange를 만든 막스 슈버트Max Schubert가 친구들을 위해 오래된 와인의 코르크를 무료로 갈아 끼워 준 것에서 착안하여 1991년부터 시작되었다. 전 세계를 순회하면서 코르크를 교환해 주는 특별한 무료 서비스를 받으려면 기본 조건이 있다. 일단 생산된 지 15년 이상인 펜폴즈의 와인이면서 와인이 와인 병의 어깨 중간보다 아래로 내려와 있어야 한다. 예약한 일정에 와인을 들고 가면 펜폴즈 양조팀의 직원들이 라벨이나, 보관 상태, 헤드 스페이스(코르크와 와인의 간격)를 보고 리코르킹 여부를 결정하는데, 와인이 병의 어깨 중간 아래로 내려온 경우는 변질된 것으로 판단하고 그냥 돌려주며, 와인이 병의 목과 어깨 중간에 있으면 리코르킹을 해 준다. 아소Ah So라는 특별한 도구를 사용해서 오래된 코르크를 제거하고 공기가 들어가지 않도록 병 안에 질소 가스를 주입한 다음 주사기를 이용해서 와인의 샘플을 뽑아 시음해 보고 와인의 전반적인 상태를 고객에게 설명해 준다. 그다음 모자라는 만큼의 와인을 새로 채우고 질소 가스를 넣어 산소를 제거한 후 새 코르크와 캡슐을 끼워준다. 리필해 주는 와인은 해당 빈티지

오래된 와인의 코르크를
제거할때에는 아소를
사용하는 것이 좋다.

보다는 영한 와인을 쓰는데, 모든 빈티지의 와인을 가지고 다닐 수는 없고, 리필되는 양이 소량이라 원래 와인의 품질에 큰 영향을 주지 않기 때문이다. 와인의 숙성 상태가 정상적인 경우는 인증서에 사인을 해서 백 라벨에 붙여 주고 품질을 보증해 준다고 한다. 이런 리코르킹 서비스는 주로 대도시에서 진행되는데, 호주의 주요 도시와 런던, 뉴욕, 밴쿠버, LA, 싱가포르 등에서 진행된다.

앙리 4세의 전설이 남아 있는
샤토 슈발 블랑
Château Cheval Blanc

슈발 블랑Cheval Blanc은 '백마'라는 뜻으로, 보르도의 우안 생테밀리옹에서 최고의 와인을 만드는 와이너리 중 하나다. 로비에 들어서면 전면에 큰 백마 그림이 눈길을 끈다. 이 샤토는 프랑스 부르봉 왕조를 연 앙리 4세의 전설과 관련이 있다. 그는 백마를 좋아했고, 장거리 여행을 할 때에도 말이 지치면 백마를 바꿔 타곤 했는데, 파리로 가는 도중 생테밀리옹 근처의 농가에 백마가 있다는 사실을 알고 일부러 그곳에 들러 하루를 묵고 다음 날 말을 갈아타고 떠났다는 것이다.

앙리 4세는 프랑스 사람들이 가장 좋아하는 왕 중 한 사람이다. 원래 신교도였으나 구교로 전향하여 프랑스 왕위를 계승했다. 신교와 구교 사이에 30년 동안 벌어진 위그노전쟁(1562~1598)을 낭트 칙령을 공포하여 종식시켰다. 그는 오랜 전쟁으로 망가진 경제를 다시 일으켜 세웠는데, 재정을 개선하고 농민들의 세금을 낮추고 대신 귀족들의 세금을 늘려 상업과 공업의 부흥을 도모한 '선량왕'으로 칭송받았다.

파리의 센강에서 가장 오래된 퐁네프Pont-Neuf 다리는 앙리 4세 때인 1607년 완공되었다. 퐁-네프란 '새로운 다리'라는 뜻인데, 역설적이게도 지금은 가장 오래된 다리다. 얼마나 튼튼하게 지었는지 400년이 지났는데도 멀쩡하게 자리를 지키고 있다. 앙리 4세는 "일요일이면 모든 백성들이 닭고기를 먹게 해 주겠다."고 약속하고, 농업 경제를 일으키고 민생 안정에도 힘써 백성들로부터 큰 인기를 끌었다. 닭 한 마리가 뭐 그리 대수인가 하겠지만, 400년 전 프랑스 가정에서 주말에 닭 한 마리를 먹을 수 있다는 것은 자다가 벌떡 일어날 꿈같은 이야기였다. 그 이후 닭은 풍요로운 프랑스를 상징하는 동물이 되었다. 사실 2,000년 전 카이사르Caesar가 골족Gaul들이 사는 갈리아(지금의 프랑스) 땅을 점령했을 때 이들을 '골루아Gaulois'라 불렀는데, 수탉을 뜻하는 라틴어 '갈루스Gallus'(수탉)와 발음이 비슷하여 프랑스인들을 '수탉'이라고 놀렸다. 오기가 난 골족은 그때부터 닭을 자신들을 상징하는 동물로 삼았다고 한다.

수탉은 다른 의미로 '호색한'을 뜻하는데, 서양에서는 수탉을 바람기 많은 동물로 묘사한다. 앙리 4세는 정부가 무려 56명이나 있었던 바람기 많은 왕이었기에 사람들은 그에게 '르 베르트-갈랑Le Vert-Galant'이라는 별명을 붙여 주었다. '발정 난 수탉'이라는 뜻의 민망한 별명이다. 그의 치세 때 완공된 퐁네프 다리에는 앙리 4세의 위용을 드러내는 기마 동상이 우뚝 서 있고 중간 계단을 타고 내려가면 조그만 공원이 나오는데, 그 공원의 이름 또한 '르 베르트-갈랑Le Vert-Galant(호색한)' 공원이다. 앙리 4세는 바람기는 많았지만 국민들을 잘 살게 해 준 왕, 종교 갈등을 끝낸 멋진 왕, 선량왕으로 아직도 칭송받고 있다. 프랑스 사람들은 왕의 개인사에 대해서는 대체로 관대하다. 정치를 잘하면 모든 것이 용서되는가 보다.

그러나 왕과 귀족들에 대한 분노가 극에 달했던 18세기 말 프랑스 혁명의 혼란 속에서 앙리 4세의 유골도 훼손되었다. 혁명 시기였던 1793년 일부 폭도들에 의해 파리 생드니 수도원에 안장되어 있던 왕족들의 묘가 파헤쳐져 부관참시를 당했는데, 이때 앙리 4세도 목이 잘린 것이다. 그의 두상은 그동안 여러 사람의 손을 거쳐 한 소장가의 손에 들어간 것으로 밝혀졌고, 감식 결과 사실임이 밝혀져 큰 화제가 되었다. 그가 1610년 마차를 타고 가던 중 광신도에 의해 암살당할 때 입은 얼굴 부분의 상처와 귀고리 흔적 등이 법의학적으로도 일치하고 방사성 연대측정 결과도 일치하여 앙리 4세의 머리임이 확인된 것이다. 프랑스는 개인의 소유권을 인정해 줬고, 아직 회수하지 못하고 있다. 죽은 자는 말이 없고 오직 산 자만 죽은 자를 평가할 수 있을 뿐이다.

이러한 앙리 4세의 전설을 간직한 샤토 슈발 블랑Château Cheval Blanc은 프랑스 보르도의 우안, 생테밀리옹에 자리 잡고 있다. 불과 몇 년 전만 해도 샤토 오존Château Ausone과 함께 생테밀리옹 최고의 와인 등급인 프리미에 그랑 크뤼 클라세 (A)Premier Grand Cru Classé (A)를 받은 단 2개의 와이너리 중 하나였으나, 2012년 앙젤뤼스Angelus와 파비Pavie가 동일 등급으로 승격하여 4개로 늘었지만 특급 대우를 받지 못해 기분이 나빴는지 샤토 슈발 블랑과 샤토 오존, 앙젤뤼스는 이 등급에서 스스로 탈퇴를 선언하여 이젠 무관의 제왕이 되었다. 그

럼에도 이들의 명성은 변함이 없다. 이 와인들의 탁월함을 익히 알고 있기 때문이다.

슈발 블랑은 생테밀리옹에서 역사가 아주 길고 화려하다. 1832년까지 거슬러 올라가는데, 당시 이곳 백작 부인의 소유였던 샤토 피지악Château Figeac은 200헥타르에 이르는 큰 포도밭이었는데 여러 개로 쪼개어져 매각되었다. 그중 포므롤의 경계선 너머 샤토 페트뤼스에 이르는 좁다란 자갈 능선의 일부를 포함한 15헥타르의 포도밭이 뒤카스Ducasse 가문에게 넘어가면서 슈발 블랑의 역사가 시작되었다.

그때 쪼개져 나온 몇 개의 포도원은 아직도 피지악이란 이름을 달고 있다. 슈발 블랑으로 출발하기 이전에 이 포도밭은 '르 바라일 드 카이유Le Barrail de Cailloux'라는 이름으로 알려졌는데 '작은 돌로 만든 통'이란 의미다. 자갈이 많았던 포도밭의 특징을 따서 지은 이름이다. 1852년 뒤카스 가문의 딸이 장 로삭 푸르코Jean Laussac-Fourcaud와 결혼하면서 슈발 블랑을 지참금으로 가져간 이후에는 로삭 푸르코 가문의 샤토가 되었다. 로삭 푸르코는 슈발 블랑의 포도밭을 계속 넓혀나갔고, 1871년에 이르러 지금 같은 크기의 포도원을 완성했다. 그때부터 품질을 향상시키려고 노력한 슈발 블랑은 30년 후 1862년과 1867년 런던과 파리에서 개최된 만국박람회에서 우수한 품질을 인정받아 메달을 획득했는데, 현재 와인의 라벨에는 그 메달이 선명하게 새겨져 있다. 1998년 루이 비통의 베르나르 아르노 회장이 샤토를 인수했고, 2009년 루이 비통 회사에 속하게 되어 샤토 디켐Château d'Yquem과 함께 LVMHLouis Vuitton Möet Hennessy 그룹의 자회사가 되었다.

포도밭의 3분의 1은 포므롤의 경계에 있고, 다른 3분의 1은 자갈토로 이루어진 토양이며, 나머지 3분의 1은 전형적인 생테밀리옹 토양 구조를 보인다. 포도밭 전체 면적은 41헥타르다. 37헥타르에 카베르네 프랑이 57%, 메를로가 40%, 나머지는 말벡과 카베르네 소비뇽이 식재되어 있다. 해마다 샤토 슈발 블랑이 72,000병, 세컨드 와인인 프티 슈발이 30,000병 생산되고 있다.

이 와인은 몇 편의 영화에 나오기도 했는데, 2005년 영화 〈사이드웨이〉에서는 피노 누아 예찬자인 주인공이 메를로가 블렌딩된 샤토 슈발 블랑 1961년산을 패스트푸드 식당에서 마시는 장면이 나온다. 뒤에 알려진 사실이지만, 영화감독은 샤토 페트뤼스를 먼저 찾아갔다고 한다. 하지만 당시 샤토 페트뤼스는 이름도 잘 모르는 감독이 찾아와서 부탁하기에 잡상인 취급하며 거절했고, 그 바람에 슈발 블랑이 영화에 나오게 된 것이라고 한다. 1983년 작품인 숀 코너리 주연의 007 시리즈 〈네버 세이 네버 어게인〉에 슈발 블랑을 마시는 장면이 나왔고, 2007년 디즈니 영화 〈라타투이〉에도 1947년산이 등장했다.

슈발 블랑은 생테밀리옹에서 가장 현대적인 와이너리 중 하나로 변모했다. 그동안 몇 차례의 리뉴얼 작업을 거쳐 보르도 와인 양조 기술 분야의 첨단에 서 있다. 지롱드강 우안 포도원 땅 밑에 처음으로 배수 시설을 갖추었고, 크기가 다르고 온도 조절이 가능한 52개의 시멘트 발효조를 갖춘 2,000만 달러짜리 지하 저장고를 지어 포토밭 구획별로 분리해서 양조한다. 독특한 테루아를 자랑하는 포도밭은 포므롤 경계에 자리 잡고 있다. 슈발 블랑이 특별한 이유는 미세한 질감의 점토와 거친 질감의 자갈, 큰 자갈과 모래의 세 가지 토양 유형이 잘 섞여 있다는 점이다. 일부 푸른색을 띤 점토 토양은 이웃하고 있는 샤토 페트뤼스의 토양과 유사하다.

와인계에서는 1980년대 로버트 파커의 샤토 슈발 블랑 방문 이야기가 널리 알려져 있다. 매니저 자크 에브라르는 1981년 빈티지 배럴의 샘플 테이스팅에서 파커가 낮은 점수를 주자, 반발하여 재평가를 요청했다. 매니저가 키우던 개가 슈발 블랑을 찾아온 로버트 파커를 물었다고 하며, 난데없이 개에게 다리를 물린 파커는 매니저에게 상처에 붙일 밴드를 달라고 했는데 매니저는 밴드 대신 파커의 뉴스레터를 한 장 던져 줬다는 우스운 일화가 남아 있다. 아무튼 파커는 와인을 재평가한 후 점수를 상향 조정해 줬다고 한다.

📖 와인 노트

샤토 슈발 블랑 2011, 보르도 생테밀리옹

Château Cheval Blanc 2011

프랑스 체류 시절 운 좋게 샤토 슈발 블랑을 방문하여 2011년산을 시음한 경험이 있다. 2011년산은 카베르네 프랑 52%에 메를로 48%가 블렌딩된 와인으로, 메를로의 비중이 항상 높았던 다른 빈티지에 비해 색다른 느낌이었다. 중간 심도가 짙고, 깊은 루비 색상을 띠었으며, 검은 과일과 잘 익은 딸기, 검은 올리브, 트뤼플, 말린 체

리, 삼나무, 은은한 후추, 초콜릿, 구운 헤이즐넛 향과 고급스러운 오크 향이 어우러졌고, 타닌은 좀 거친 편이었으나 힘차고 강한 구조감과 촘촘한 질감, 우아하면서도 길게 이어지는 피니시가 인상적이었다.

이외에도 1999년산 100% 카베르네 프랑과 100% 메를로 와인을 마신 것은 특별한 경험이었다, 샤토에서는 두 품종을 최종 블렌딩하기 전에 24병씩 따로 보관하여 숙성 잠재력을 연구하는 목적으로 쓰는데, 그중 한 병을 맛보게 되어 귀한 손님 대접을 받은 느낌이었다. 블렌딩 직전의 원액을 마실 수 있다는 것 자체가 큰 행운이자 특별한 경험이었다.

창의적 아트 레이블,
오린 스위프트 파피용
Orin Swift Papillon

　파피용Papillon은 '나비'를 뜻하는 프랑스어로, 미국의 와인 메이커 데이비드 스위프트 피니David Swift Phinney가 만든 카베르네 소비뇽 중심의 레드 블렌드 와인이다. 이름이 우리에게 익숙한 것은 오래전에 나왔던 영화 〈파피용〉 덕분일 것이다. 절해의 고도에 갇힌 주인공 파피용(스티브 맥퀸 분)과 루이 드가(더스틴 호프만 분)의 탈주를 다룬 영화로 두 사람의 진한 우정과 탈주 스토리를 담아 큰 감동을 주었다. 1974년에 개봉되었고 2016년에 재개봉되었다.

　와인 라벨에는 포도 재배 농부의 거칠고 투박한 손 사진이 들어 있다. 포개진 두 손이 마치 나비의 날개 같은 형상이라 정겹고 인상적이다. 당시 프랑스어를 배우던 어린 딸이 따뜻한 봄날 포도밭 위를 날아다니는 나비를 보고 "파피용Papillon"이라고 소리치자, 이에 영감을 받아 지은 이름이라고 한다. 카베르네 소비뇽 베이스의 파피용을 만드는 포도는 호웰 마운틴과 러더퍼드, 오크빌, 세인트헬레나 포도밭에서 생산된다. 라벨의 손 사진은 그렉 고먼 Greg Gorman이 촬영한 것으로 포도재배자 빈스 토파넬리 Vince Tofanelli의 투박한 손등을 보여 주고 있다. 마시고

독창적인 레이블로 인기를 끌고 있는 오린 스위프트의 파피용 와인 라벨

난 뒤 와인 병의 움푹한 홈punt을 들여다보면 나비 한 마리가 양각되어 있다. 모바일 폰의 손전등 기능을 켜서 비춰 보면 나비를 선명하게 볼 수 있다.

피니Phinney는 1998년 오린 스위프트 셀러스Orin Swift Cellars를 설립했다. 오린Orin은 부친, 스위프트Swift는 모친의 성에서 따온 것이다. 로스앤젤레스 태생으로 아버지는 식물학을 가르치는 교수였고, 어머니는 아동발달심리학 교수였다. 그는 애리조나 대학에서 정치학을 전공하고 법대에 진학할 계획이었지만 국선 변호인과 미국 하원의원 밑에서 일하면서 법률과 정치에 환멸을 느껴 포기했고 결국 와인으로 인생의 행로를 바꿨다.

그가 갑자기 와인에 빠진 계기는 1995년 이탈리아 피렌체에 한 학기 동안 공부하러 갔다가 와인을 맛보고 매료되어 그가 가야 할 길임을 깨달았다고 한다. 애리조나로 돌아와 농과대학 교수의 도움을 받아 투손Tucson에 진판델과 프티 시라를 실험 삼아 심어 보았고 와인 숍에 취직해서 와인의 세계에 깊이 빠져들게 된다.

1973년생인 피니는 나파 밸리에서 포도 수확을 해보고 싶어 이력서를 50군데나 넣었으나 받아준 곳은 로버트 몬다비 와이너리뿐이

었다. 가보니 모두 멕시코에서 온 인부들이었고 그가 유일한 백인이 었다고 한다. 1997년에 그는 나파 밸리 세인트헬레나 화이트홀 레인 Whitehall Lane 와이너리에서 일하게 되었는데, 깐깐한 와인 메이커 딘 실베스터Dean Sylvester 밑에서 5년간 조수로 일하면서 양조 기술을 배 웠다. 집안이 좋고 인물도 좋았던 피니는 와이너리 소유주였던 톰 레 오나르디니Tom Leonardini의 딸 킴Kim의 마음을 사로잡아 2001년 결혼 해 두 자녀를 두고 있다.

 와인 노트

오린 스위프트 셀러스 파피용 2018, 나파 밸리 세인트헬레나

Orin Swift Cellars Papillon 2018

파피용 2018년산은 카베르네 소비뇽 45%, 메를로 25%, 프티 베르도 20%, 말벡 10%로 블렌딩되었다. 프랑스 오 크통에서 15개월 숙성하였고, 이 중 52%는 새 오크통을 사 용했다.

가장자리가 보랏빛을 띤 짙은 루비 레드 색상으로 흑자두, 블랙베리, 후추, 달콤한 바닐라, 감초, 민트, 라벤더, 무화과 와 다크 초콜릿, 블루베리 잼 같은 짙은 풍미와 풀 바디의 무게감을 보였다. 강렬한 과일 향과 복합미가 넘치는 와인 이었다. 알코올 도수가 15.6%로 높은 편이나 달콤한 과일 풍미로 인해 그다지 세게 느껴지지는 않았다. 스테이크나 바비큐, 훈제 육류와 잘 어울리는 레드 와인이다.

병 아래 움푹 들어간 홈(펀트)은 왜 생겼나?

와인 병의 밑부분에 움푹 들어가 있는 부분인 '펀트punt'는 제조 공학적이며 실용적인 이유로 만들어졌다. 입으로 불어서 유리병을 만들던 때에는 녹일 유리를 가위로 적당량 잘라서 썼는데 뭉툭하게 잘린 부분을 보이지 않게 안으로 말아 넣던 관행이 있었다. 펀트는 그런 이유로 만들어졌다. 또한 산업혁명으로 대량생산이 가능해지면서 와인 병 바닥을 평평하게 만들었는데, 일부 와인 병이 불량이어서 바닥이 조금 부풀어 올라 균형을 잃고 넘어져 파손되는 일이 잦아지자 펀트를 만들어 지면과 닿는 병의 표면적을 최소화하여 병이 깨지는 문제를 해결했다.

펀트가 있는 병은 압력에 더 잘 견딜 수 있다. 특히 스파클링 와인이나 샴페인처럼 내부의 가스 압력이 높은 경우 펀트는 병의 구조적 강도를 높여 압력에 의한 파열을 막아 준다. 또한 와인이 숙성되면서 생기는 침전물을 병 바닥에 모아 쉽게 분리할 수 있는데, 특히 오래된 빈티지 와인에 펀트는 매우 유용하다. 일부 사람들은 펀트를 이용해 와인 병을 더 안정적으로 잡고 와인을 서빙한다. 한편 펀트는 병의 내용물을 더 많이 보이게 하는 효과가 있다. 펀트가 깊을수록 와인 병의 상체를 더 크고 우람하게 만들어야 한다. 그렇게 하면 와인을 더 고급스럽게 하는 마케팅 수단이 되기도 한다. 펀트가 깊을수록 고급 와인이라는 주장은 사실 편견에 불과하지만 그만큼 병이 무겁고 커야 하므로 병의 원가가 높아질 수밖에 없다. 대체로 고급 와인들이 그런 원가 부담을 감당할 수 있기 때문이다.

기네스북에 오른 8,000만 원의 회식비와 샤토 페트뤼스

Château Pétrus

하루 저녁 5명이 함께한 회식비가 8,000만 원이었다면 과연 믿을 수 있을까? 아직도 1인당 최고가 식대로 기네스북에 기록된 이 사건은 2001년 7월 영국 런던에서 발생했다. 당시 해외 토픽에도 올라 큰 화제였다. 16개의 미슐랭 스타를 보유하고 있고 우리나라 TV 예능 프로그램 〈냉장고를 부탁해〉에도 출연한 적이 있는 영국 출신의 유명한 셰프인 고든 램지Gordon Ramsay가 운영하는 런던의 고급 와인 바 '페트뤼스Pétrus'에서 일어난 사건이다. 2001년 7월 5일 바클레이즈 캐피탈 증권사 간부 5명이 그날 특별한 거래를 성사시킨 후 저녁에 모여 자축하는 의미로 와인 다섯 병을 마셨는데, 계산서에 무려 44,007파운드가 찍힌 것이다. 당시 환율로 계산하면 한화로 8,000만 원에 이르는 엄청난 금액이었다. 금융 계통에서 일하며 와인에도 조예가 깊었던 이들은 최고가로 알려진 샤토 페트뤼스Château Pétrus 올드 빈티지 세 병을 버티컬vertical(연속된 연도의 와인 시음)로 마신 것이 화근이었다. 보르도에서도 가장 비싼 와인인 샤토 페트뤼스를, 그것도 가장 전설적인 빈티지로 알려진 1945년, 1946년, 1947년산을 마셨는데, 세 병만 해도 6,000만 원에 달했고, 나머지 두 병의 와인은 몽라셰 1982년산과 샤토 디켐 1900년산으로 2,000만 원 정도였다. 이들이 모였던 페트뤼스 와인 바가 최고급 식당이어서 와인 가격이 상당히 높게 책정되어 있었지만 어쨌든 이들은 다음 날 회사에 회식비로 청구했다고 한다. 그러나 이런 소문은 빨리 퍼지는 법이라, 곧 뉴스로 다루어졌고, 터무니없는 금액 때문에 언론의 집중 비난을 받았다. 사람들은 문제가 된 레스토랑과 증권사를 곱지 않은 시선으로 바라보았고 금융기관의 사회적 책임과 도덕성을 거론하며 비난했다. 사태를 해결하는 방법은 문제가 된 5명의 간부들에게 책임을 지우는 수밖에 없었기에 결국 이들은 회사를 떠났다. 사건은 일단락되었지만 아직도 와인 호사가들은 당시의 사건을 떠올리며 경외심과 부러움을 표한다. 비록 잘렸지만 그들은 샤토 페트뤼스 세 병을 마시면서 천국의 맛을 보지 않았을까 하면서…. 과연 우리 시대에 20세기 최고의 와인이라 알려진 페트뤼스 1947년산을 포함한 세 병을 누가 마실 수 있을까?

페트뤼스Petrus는 영어로는 피터Peter, 예수의 제자인 '베드로'다. 샤토에 예수님의 1대 제자인 베드로 성인의 이름을 붙인 와인으로, 라벨을 보면 베드로 성인이 보이고 그의 손에는 예수가 준 천국으로 가는 열쇠가 쥐어 있다. 5명의 간부들은 8,000만 원의 회식비로 인해 다니던 회사를 그만두었지만 와인을 마셨던 그 순간만큼은 천국을 경험하지 않았을까….

지난 2017년 배우 이병헌 씨가 입대하는 모 연예인 동생에게 페트뤼스 1987년산을 선물로 주어 우리나라에서도 화제가 된 이 와인은 1년에 3만 병 정도만 생산하기 때문에 구하기 어렵다. 2010년부터는 100% 메를로를 써서 만들고 있으며, 부드러우면서도 복합미가 있고 장기 보관이 가능한 와인이다. 5명이 나눠 마셨던 1945년, 1946년, 1947년산 페트뤼스는 당시만 해도 이미 보관 기간이 50년을 훨씬 넘긴 상태였지만 여전히 최고의 향과 풍미를 간직하고 있었다. 그만큼 이 와인의 장기 숙성력이 뛰어나다는 것을 알 수 있다. 현재 우리나라에서도 샤토 페트뤼스의 뛰어난 빈티지들은 병당 2천만 원 이상의 가격에 거래되고 있다.

페트뤼스는 보르도의 포므롤 지역을 대표하는 와인으로, 약 11.4헥타르의 포도밭을 가지고 있으며, 초콜릿과 향신료, 검은 과일의 풍미가 풍부하면서도 강렬한 메를로 와인을 만들고 있다. 페트뤼스의 역사는 1837년으로 거슬러 올라가지만 유명세를 탄 것은 무엑스^{Moueix} 가문이 50%의 소유권으로 참여하기 시작한 1962년경부터다. 인근 포도밭과는 달리 짙고 푸른색의 점토가 많아 메를로를 키우기에 적합했고 덕분에 부드러우면서도 풍부한 타닌을 지닌 와인이 만들어졌다. 포도는 아침 이슬이 증발한 오후에 손으로 정성스럽게 수확하며, 발효는 콘크리트 통에서 이루어지고, 오크통에서 18~20개월 정도 숙성한 후 여과하지 않고 병입하는 것이 특징이다. 과거에는 주로 새 오크통을 사용했으나 요즘은 새 오크통의 비율을 50% 정도로 줄여 과일 향의 풍미를 강조하고 있다.

샤토 페트뤼스 1994

Château Pétrus 1994

페트뤼스 1994빈은 메를로 95%, 카베르네 프랑 5%의 블랜딩으로 만들어졌으며, 날씨가 좋지 않아 작황이 나빴던 1992년과 1993년에 비하면 그나마 조금 나은 빈티지로 꼽힌다. 오랜 숙성 기간으로 인해 가장자리는 약간 묽은 가넷 색상을, 중간 심도는 어둡고 짙은 루비 레드 색을 보였다. 말린 버섯과 감초,

숲속 바닥, 향신료의 풍미에 이어 블랙베리, 말린 자두, 초콜릿, 블랙 올리브, 구운 허브, 연필심 같은 미네랄의 복합적인 풍미가 느껴졌고 오랜 세월을 통해 부드러워진 타닌의 질감은 마치 입 안을 벨벳으로 감싸는 듯 부드러웠지만, 탄탄한 산도는 여전히 중심을 잃지 않고 와인에 구조감과 밸런스를 지탱해 주고 있었고, 미디엄에서 풀 바디 중간 정도의 무게감을 느낄 수 있었다. 농밀한 질감과 응축된 풍미, 강렬하지만 과하지 않은 완벽한 피니시를 보이며 포므롤 최고의 와인임을 증명해 주었는데, 작황이 어려운 해에도 주변 샤토에 비해 뛰어난 품질의 와인을 만드는 것이 바로 페트뤼스의 실력이자 차별적인 역량인 듯하다.

백년전쟁과
샤토 탈보
Château Talbot

샤토 탈보Château Talbot는 생쥘리앵의 그랑 크뤼 4등급 와인이지만 품질이 뛰어나 인기가 있는 편이다. 심지어 세컨드 와인인 코네타블 탈보Connétable Talbot조차 나오는 즉시 동나는데, 아마도 뛰어난 가성비 때문이지 싶다. 탈보라는 이름은 친근하면서도 기억하기도 쉬워 오래전부터 잘 알려져 있었다. 우리나라 경제가 급성장하기 시작하던 1980년대 대한항공 퍼스트 클래스에서 제공되면서 해외 출장이 잦았던 CEO들의 입소문을 탔고, 특히 월드컵 신화를 만든 히딩크 감독이 가장 좋아하는 와인으로 알려지면서 또다시 주목받았다. 와인의 스타일은 포이약의 중후함과 마고Margaux의 우아한 기품을 함께 갖고 있으며, 가성비 차원에서도 매력적이다.

샤토 탈보의 주인공 존 탤벗John Talbot은 사실 프랑스 군대와 싸우다 장렬히 전사한 잉글랜드군 총사령관이었다. 역사적으로 잉글랜드

와 적대 관계였던 프랑스에 어떻게 적장의 이름이 프랑스 와인에, 그것도 프랑스 와인의 자존심이라 할 수 있는 메독 지역에서 허용되었을까? 이는 프랑스인의 톨레랑스tolerance, 즉 관용의 정신이 아닌가 생각된다. 비록 백년전쟁을 통해 프랑스와 총칼을 겨누고 싸웠지만, 전쟁 말미에 70세의 노구를 이끌고 싸우다 카스티용 전투에서 장렬하게 전사한 탤벗 장군의 용맹함과 신사도 정신을 높이 기려 그의 영지의 일부였던 포도밭에 샤토 탈보라는 이름을 붙여 준 것이다.

와인의 라벨에 '1400년에서 1453년까지 귀엔의 영주였던 탈보 총사령관의 옛 영지Ancien Domaine du Connétable Talbot Gouverneur de la Province de Guyenne 1400~1453'라고 쓰여 있다. 과거에 메독을 포함한 아키텐은 프랑스 귀엔 지역의 일부를 통치한 잉글랜드 총독의 관할지였음을 말해 준다.

프랑스가 잉글랜드와 싸웠던 백년전쟁의 단초는 1150년경 아키텐의 공녀였던 엘레오노르가 프랑스 북부 앙리 2세(헨리 2세)와 결혼하면서 보르도를 포함한 아키텐 지역을 지참금으로 가져갔고, 2년 뒤 앙리 2세가 영국의 왕 헨리 2세가 되면서 아키텐 지역이 졸지에 잉글랜드 땅이 되어 버린 사건 때문이었다. 이 결혼으로 인해 프랑스의 영토가 잉글랜드로 넘어갔고, 국가에 대한 인식이 살아난 프랑스인들이 백년전쟁을 통해 이 땅을 되찾는 데 무려 300년이나 걸렸다. 잔 다르크의 활약에 힘입어 프랑스는 1453년 잃었던 국토를 수복했다.

잉글랜드는 와인의 보물 창고 같았던 아키텐을 되돌려 준 후 매우 아쉬워했다. 하지만 프랑스와의 관계가 악화되자 수입을 금지하는 법령을 내리고 대신 포르투갈 포트와인과 스페인 셰리의 관세를 인하해 이베리아반도가 와인의 대체 공급지로 발전하게 되었다. 오늘날 영국인들이 와인의 세계적인 교육 시스템인 WSET를 운영하며, 마스터 오브 와인MW이라는 세계적인 와인 전문가 양성 체계를 세우고, 잰시스 로빈슨과 휴 존슨 같은 와인 비평가와 수많은 와인 전문 서적 분야에서 주류를 형성하고 있는 것은 아키텐을 300년간 통치했던 역사의 산물이라 할 수 있다. 뭐든 결코 우연히 얻어지는 것은 없다.

 와인 노트

샤토 탈보 2015, 보르도 생쥘리앵

Château Talbot 2015

샤토 탈보 2015년산은 짙은 루비 레드 색상을 띠었고, 블루베리, 레드 체리, 어시earthy 허브, 감초, 연필심, 타바코 등의 화려하면서도 복합적인 풍미를 보였고, 미디엄+ 정도의 바디감과 미드 팔렛mid-palate을 채워 주는 탄탄한 구조감, 길게 이어지는 과일 향의 피니시가 좋았다. 지금 마셔도 좋지만 10년 정도 더 익힌다면 고급스러운 3차 향의 발현과 함께 더욱 완숙한 모습을 보여 줄 것 같다.

110헥타르의 포도원은 포이약 경계까지 북쪽으로 뻗어 있으며 메독의 다른 그랑 크뤼 포도밭과 마찬가지로 지롱드강 기슭에 화석이 풍부한 석회암 기반 위에 자갈 퇴적층이 충적되어 있다.

5헥타르를 제외하고는 모두 레드 품종이 식재되어 있는데, 카베르네 소비뇽 66%, 메를로 26%, 프티 베르도 8%로 구성되어 있다. 오크통과 스테인리스 스틸통을 함께 써서 양조한 후 14개월간 오크통에서 숙성하는데, 이 중 절반은 새 오크통을 사용한다.

도망친 여인,
돈나푸가타
Donnafugata

시칠리아의 와인 명가 돈나푸가타는 아름다운 와인 라벨과 부드럽고 풍부한 향으로 인기가 있다. 이름에 얽힌 이야기가 재미난 와인이기도 하다. 돈나푸가타는 '도망친 여인'이란 뜻으로, 가장 대표적인 레드 와인 앙겔리Angheli의 라벨에는 아름다운 여인이 금발머리를 휘날리며 달밤에 말을 타고 어딘가로 떠나는 모습이 담겨 있다. 그림 속의 여인

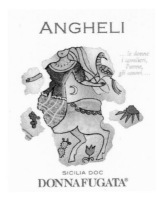

와인 라벨이 아름다운
돈나푸가타 앙겔리 와인의 라벨

은 19세기 초 나폴리와 시칠리아를 함께 통치했던 여왕 마리아 카롤리나Maria Carolina로, 프랑스 나폴레옹 군대가 나폴리를 침공하자 황급히 시칠리아로 피신했는데, 라벨에 그런 역사의 한 장면을 담고 있

다. 시칠리아 사람들은 마리아 카롤리나를 사랑했고 불행한 삶을 살았던 그녀를 추억하며 이 지역을 돈나푸가타라고 부르게 되었다. 양조 역사가 170년이나 되고 5대째 포도 농사를 지어 온 랄로 가문이 와이너리의 이름을 돈나푸가타로 짓게 된 것이다.

마리아 카롤리나는 유명한 합스부르크 왕가의 황녀 마리아 테레지아의 5남 11녀 중 열 번째 딸이었고, 여동생은 프랑스 루이 16세의 부인 마리 앙투아네트였다. 그녀는 프랑스 혁명 때 루이 16세와 함께 단두대에서 처형당했는데, 동생의 죽음에 격분한 언니 마리아 카롤리나는 프랑스에 반대하는 정책을 펼쳐 오다가 결국 왕위를 빼앗기고, 나폴레옹 군대에 쫓겨 시칠리아로 피신하게 된 것이다. 종국에는 프랑스의 압력으로 남편 페르디난드 4세에게도 버림받고 시칠리아에서도 쫓겨나 고향인 오스트리아에서 비참하게 생을 마감했다.

시칠리아는 1860년에 이탈리아 왕국에 병합되기 전까지는 다른 나라였다. 기원전 8세기경부터 페니키아와 그리스인들의 지배를 받았으며, 그 이후 로마, 반달족, 동고트족, 비잔틴, 아랍, 노르만, 아라곤, 스페인, 오스트리아와 영국의 지배가 이어져 그야말로 외세에 의한 수난의 역사를 이어 왔다. 시칠리아에는 그리스식 신전과 모스크를 개조한 성당, 아랍 스타일의 그리스도 벽화, 노르만풍 기둥머리 장식 등이 남아 있고, 다채로운 문화의 산물로 가득하다.

1970년대에 만들어진 〈대부〉라는 3부작 영화가 있다. 시칠리아 마피아에 대한 이야기로, 이 영화로 인해 시칠리아라고 하면 마피아를 떠올린다. 시칠리아에 마피아가 생겨난 이유는 시칠리아의 3,000년 역사에서 그 답을 찾을 수 있다. 오랫동안 외세의 지배를 받아온 이곳 사람들은 믿을 수 있는 것이라고는 오직 자신의 가족과 형제밖에 없다는 생각에 내부 결속을 다졌고, 가족의 명예를 손상시키면 반드시 응징하는 관행이 있었으며, 일부는 극단적인 범죄 조직으로 발전한 것이라고 한다. 마피아라는 용어가 국제적으로 사용된 것은 1875년 이후로, 이탈리아 반도가 통일된 이후 봉건사회가 무너지고 사회가 혼란스러울 때 들끓는 도둑들로부터 토지를 보호하기 위해 지주들이 만든 소규모 사병 조직인 마피에Mafie에서 비롯되었다고도 한다. 결국 돈을 받고 재산과 영업권을 보호해 주는 것에서 시작되었지만, 조직이 확대되면서 돈을 위해서라면 무슨 짓이든 하는 범죄 집단으로 변질된 것이라 볼 수 있다.

 와인 노트

돈나푸가타 앙겔리 2016, 이탈리아 시칠리아

Donnafugata Angheli 2016

앙겔리라는 와인 이름은 안젤리카Angelica에서 유래되었다. 16세기 이탈리아의 시인 루도비코 아리오스토 Ludovico Ariosto의 〈광란의 오를란도Orlando Furioso〉에서 오를란도가 사랑했던 사라센의 공주 안젤리카와의 이루어질 수 없는 사랑 이야기가 숨어 있는 와인 이름이다. 라벨을 보면 이탈리아어로 '여인, 기사, 무기, 사랑le dame, icavalieri, l'arme, gliamori'이라는 문구가 있는데, 이 작품의 첫 구절을 그대로 따왔다. 샤를마뉴 대제 치하의 군인이

었던 오를란도가 이교도인 사라센 공주 안젤리카를 사모해 사랑의 열병을 앓는다는 내용으로 구성되어 있다.

카베르네 소비뇽과 메를로가 각각 50% 블렌딩되어 부드럽고 풍만한 느낌이었다. 색상은 짙은 루비였고 코에서는 잘 익은 딸기와 붉은 체리 같은 과일 향과 은은한 오크와 마른 나무 향이 좋았다. 입 안에서는 블랙베리와 흑자두 같은 검은 과일 풍미에 다크 초콜릿, 검은 후추 같은 스파이시한 여운을 남겼다. 전반적으로 밸런스가 좋고 미디엄에서 풀 바디 중간 정도의 무게감과 부드러운 타닌을 느낄 수 있었다.

○ **Wine Navigation**

로마인들의 납 중독은 와인 때문이었다?

로마 시대 때 와인은 일반 음료였고, 사회의 모든 계층에서 즐겨 마셨다. 당시 와인을 만드는 과정에서 납을 사용하는 경우가 많았다. 와인의 맛을 달게 하고 보존 기간을 늘리기 위해 포도주를 끓여 농축시킨 다음 납으로 만든 용기에서 식히는 방식으로 만든 것이다. 이 과정에서 납이 용해되어 와인에 섞였고 이를 장기간 마신 결과 납 중독이 많이 발생한 것으로 연구되고 있다. 납 중독은 신경계의 손상이나 복통, 빈혈 그리고 다른 건강 문제를 일으키는데, 당시에는 이런 위험성을 몰랐기 때문에 와인의 풍미를 좋게 하는 수단으로 유행했다. 납으로 된 용기나 잔은 내구성과 가공이 용이한 물성 때문에 널리 사용되었지만 시간이 지남에 따라 와인의 산성 성분으로 인해 용기에서 납이 녹아 나와 건강을 해친 것이다.

8,000년 양조 역사를 지닌 조지아와
샤토 무크라니

Château Mukhrani

와인의 고향이라 부르는 조지아는 양조 역사가 8,000년이나 되었다. 1950~1960년대의 고고학적 발견으로 신석기 시대인 기원전 6000년경 조지아 중부 크라미스 디디 고라Khramis Didi Gora 지역에서 와인을 만든 것으로 추정되는 대규모 양조장 흔적이 발굴되었고, 2015년에는 조지아 동부의 신석기 정착지에서 가장 오래된 양조용 대형 항아리인 크베브리Qvevri의 잔해가 발견되었다. 이 크베브리는 기원전 6000년경에 만들어진 것으로 밝혀져 인류 역사상 가장 오래된 와인 유물로 확인되어 원형을 복원하여 조지아국립박물관에 전시되어 있다. 항아리 내부의 검게 착색된 부분은 와인의 침전물로 확인되었다.

지금도 조지아에서는 전통 방식으로 하는 양조의 경우 크베브리를 사용하고 있다. 크베브리는 계란처럼 둥근 토기 항아리로, 진흙을

조지아 전통 와인 양조 용기 크베브리

개어 띠처럼 연결하여 모양을 잡은 다음 불가마에 굽기 때문에 매우 단단하다. 보통 1~2톤 크기의 크베브리는 원래 '땅에 묻은 것'이라는 의미의 '크베우리kveuri'에서 유래했는데, 땅 속에 한 번 묻히면 수백 년간 그대로 쓸 수 있다. 와인이 발효될 때 나는 열은 땅으로 흡수되기 때문에 온도 조절이 가능하다. 와인의 발효와 숙성, 저장이 가능한 크베브리는 인류 최초의 삼위일체형 양조 장비로 아직도 명맥을 이어오고 있다.

러시아와 경계를 이루며 조지아의 북쪽을 우산처럼 덮고 있는 거대한 캅카스Kavkaz산맥은 와인을 만드는 양조용 포도인 비티스 비니페라Vitis vinifera의 원산지이자 고향이다. 세계 대부분의 양조용 포도는 그 뿌리가 조지아의 캅카스산맥에서 시작된 것이다. 고대 해상 무

조지아 북부를 병풍처럼 두르며 러시아와 국경을 이루는 캅카스산맥은 양조용 포도 비티스 비니페라의 고향으로 알려져 있다.

역을 장악했던 페니키아인들은 캅카스의 포도를 그리스와 이집트로 전파했고 여기서 다시 이탈리아와 프랑스 등으로 전파되었다.

고대 그리스인들이 '카프카스'라고 불렀던 캅카스는 매우 신성한 산이었다. 그리스 신화에 따르면 프로메테우스가 제우스로부터 불을 훔쳐 인류에게 전해 주자 제우스가 분노하여 그를 캅카스의 험준한 바위산에 쇠사슬로 묶어 두는 벌을 내렸는데, 형벌은 3,000년 동안 계속되었다. 날마다 독수리가 와서 프로메테우스의 간을 쪼아 먹고, 밤이 되면 간이 다시 회복되는 끔찍한 고통이 계속되었다.

헤라클레스가 열두 가지 과업 중 열한 번째인 헤스페리데스 정원의 황금사과를 훔쳐오는 과제를 해결하기 위해 프로메테우스를 찾아간다. 헤라클레스는 바위산에 당도하여 독수리를 화살로 쏘아 죽이고 쇠사슬을 풀어 프로메테우스를 자유롭게 해 주었다. 그 대가로 프로메테우스로부터 황금사과를 훔쳐오는 방법을 알게 된 그는 하늘을 떠받치고 있는 거인 아틀라스를 찾아가 자신이 하늘을 대신 받치고 있을 테니 황금사과를 갖다 달라고 하는데, 오직 아틀라스만이 황금사과를 따올 수 있었기 때문이다. 그러나 황금사과를 훔쳐온 아틀라스는 맘이 변하여 헤라클레스에게 하늘을 떠받치는 짐을 떠넘기려 했다. 그는 프로메테우스에게 들은 대로 "어떻게 해야 잘 들 수 있는지 시범을 보여 달라."라고 했고, 이 말에 속은 아틀라스가 하늘을 드는 시범을 보이는 순간 헤라클레스는 유유히 빠져나왔다.

아무튼 헤라클레스 덕분에 풀려난 프로메테우스는 제우스의 형벌에 대한 징표로 그가 묶였던 바위와 쇠사슬의 일부를 잘라 반지를 만들어 끼고 다녔는데, 이것이 인류가 반지를 끼게 된 기원이라고 한다.

인간을 위해 3,000년 동안 형벌을 감내한 그의 위대한 희생정신을 기리기 위해 인류가 반지를 끼게 된 것이라는 말이다. 뉴욕의 관광명소 록펠러센터 아이스링크의 전면에 세워진 큰 황금 동상은 바로 이 신화를 형상화한 것이다. 인류에게 불을 전해 준 프로메테우스와 캅카스산맥 그리고 반지 모습의 둥근 테두리로 구성된 이 동상은 이런 깊은 의미가 숨겨져 있다.

3,000년 동안 날마다 독수리에게 간이 파 먹히는 고통을 당했지만 그는 신이라 죽지 않았고 다음 날이면 간이 다시 싱싱하게 재생되었다. 우리가 날마다 와인을 마시고 간을 혹사하는 것은 아마도 프로메테우스의 지고한 인간 사랑의 정신을 기리기 위한 무의식적인 행동이 아닐까? 우리가 와인을 마시는 가장 고상한 변명이라 할 수 있다.

조지아 출신으로 가장 유명한 역사적 인물은 바로 러시아 볼셰비키 혁명의 완성자인 스탈린이다. 하지만 그는 조지아 사람들로부터 큰 원성을 사는데, 자신을 낳고 길러준 고향을 배신하고 무자비하게 탄압했기 때문이라고 한다. 조지아의 수도 트빌리시Tbilisi는 캅카스산맥 남쪽 기슭의 쿠라강 계곡 해발 500m에 있으며 트빌리시란 '따뜻한 물'이라는 뜻으로, 온천이 솟아나는 따뜻한 산자락에 고대의 왕이 도읍을 정한 데서 유래한 이름이다.

현대적인 스타일의 와인 양조는 19세기 초에 러시아안들이 조지아에 정착하면서 시작되었다. 러시아의 대문호 푸시킨은 부르고뉴 와인보다 조지아 와인을 더 높이 평가하면서 러시아에서 프리미엄 와인으로 인정받기 시작했고, 구소련 시절에는 몰도바와 함께 2대 와인 공급 기지 역할을 했다. 1991년 구소련에서 독립하면서 국명을 그루지아에서 조지아로 변경했다. 하지만 소련이 붕괴하면서 소비 시장을 잃었고, 2003년에는 '장미혁명'이라는 무혈 혁명을 통해 친서방 정책으로 선회함으로써 러시아와의 관계가 소원해졌다. 이후 경제적 탄압을 받았는데 특히 2006년부터 7년 동안 러시아가 조지아의 와인 수입을 금지하자 최대의 와인 시장을 잃었지만, 오히려 시장을 다변화하고 품질개선에 집중하여 자생력을 갖추는 계기가 되었다.

조지아의 고유 적포도 품종인 사페라비Saperavi와 알렉산드로울리Aleksandrouli, 화이트 와인 품종인 므츠바네 카후리Mtsvane Kakhuri, 르카치텔리Rkatsiteli, 키크비Khikhvi, 키시Kisi 등은 맛과 향이 뛰어나 세계인의 입맛을 사로잡았고, 수출 시장에서 독특한 개성을 인정받았다. 조지아 와인의 미래는 526종이나 되는 다양한 고유 품종을 현대적 감각에 맞는 스타일의 와인으로 만들어 내는 데 달려 있다고 할 수 있다.

조지아의 전통 양조는 포도를 으깨어 땅에 묻힌 크베브리에 담아 껍질, 씨와 함께 발효시켜 6개월간 숙성하는 방식이다. 시간이 지나면 껍질은 점점 부유물과 함께 밑으로 가라앉으면서 여과가 이루어진다. 와인은 가라앉은 찌꺼기와 분리하여 다른 크베브리로 옮겨 추가 숙성을 하거나 바로 병입한다. 일부 와이너리에서는 청포도의 줄기만 제거하고 포도알을 통째로 크베브리에 넣어 숙성하는데, 맛이 더 부드러워진다고 하며 6개월 후에 건더기를 압착하여 블렌딩한다. 적포도의 경우는 6개월이 아닌 최대 40일 정도 껍질 등과 함께 숙성한 후 부유물을 걸어내고 와인만 6개월 정도 숙성한다. 껍질 등과 함께 너무 오랫동안 숙성하면 색상과 타닌이 더 우러나 쓴맛이 강해지기 때문이다. 이런 크베브리 방식의 와인은 조지아 전체 와인 생산의

5% 정도에 불과하다. 조지아의 전통 양조 방식이자 가장 상징적인 조지아의 양조 방식이지만 노동집약적이고 대량생산이 어려운 탓에 대부분의 와인은 현대적 양조 방식으로 만든다.

샤토 무크라니

조지아의 수도 트빌리시에서 불과 30분 거리에 있는 샤토 무크라니는 조지아 왕실의 이반 무크란바토니 왕자가 거처했던 고궁으로, 19세기에 건축된 궁전과 주변 정원은 프랑스 건축가가 디자인했다. 건설하는 데 12년이 걸렸는데, 궁전과 경내의 화려한 장식과 멋진 풍광으로 많은 방문객들이 찾는 명소다. 당시에도 조지아와 해외 엘리트들의 문화, 정치의 중심지이자 유럽과 국제 영향력의 중심지였는데, 이반 왕자는 외국의 정치 거물, 작가, 시인, 예술가 등 많은 귀빈을 초대하여 활발하게 교류했다고 한다.

현재 샤토 무크라니는 초현대식 양조 설비를 활용한 최고급 조지아 와인의 양조는 물론 각종 연회와 와인 모임 장소로 활용되고 있다. 포도는 유기농으로 재배되어 제초제나 합성 비료, 살충제의 사용을 일절 배제하고 '살아 있는' 포도원을 재현하는 데 기여하고 있다. 포도원은 102헥타르에 달하며, 사페라비, 르카치텔리 같은 다양한 조지아 토착 품종뿐 아니라 카베르네 소비뇽 등 국제 품종을 함께 재배하고 있다.

조지아에서 가장 아름다운 와이너리 샤토 무크라니

무크라니에서 전통 방식인 크베브리로 만든 사페라비 레드 와인은 조지아의 대표 품종으로 카헤티 지역에서 가장 많이 생산되고 있다. 잉크처럼 짙고 진한 보라색을 띠며 상쾌한 산미와 더불어 블랙베리, 자두, 감초, 말린 타바코 잎, 향신료의 풍미에, 숙성이 되면 숲속 바닥, 홍차, 구운 육류, 다크 초콜릿의 풍미 특성을 보인다. 포도는 단단하고 껍질이 두꺼우며, 특이하게도 포도 속의 과육까지 붉은색을 띠는데 이 때문에 색상이 짙고 타닌이 강하지만 오래될수록 부드럽고 밸런스가 좋아진다.

대표적 화이트 와인 품종인 르카치텔리Rkatsiteli는 '붉은 줄기'라는 뜻이다. 포도는 연한 분홍색을 띠며 재배가 용이하고 산도를 적당히 유지하면서도 당도를 높게 유지할 수 있어서 다양한 스타일로 양조가 가능하다. 향이 좀 약한 편이라 므츠바네 카후리를 블렌딩하여 향미를 개선하기도 한다. 르카치텔리는 감귤류, 모과, 사과, 은은한 꽃향기가 나며, 젖산발효를 생략하여 산미를 강화하는 경향이 있다. 전통 방식인 크베브리로 숙성한 와인은 6개월 정도의 껍질 접촉으로 풍미와 질감이 개선되며 깊고 짙은 과일 풍미와 오렌지 마멀레이드, 꿀, 말린 살구, 허브, 스파이스 같은 향이 올라온다. 화이트 와인 품종은 오랜 크베브리 숙성으로 짙은 호박색인데, 이 때문에 앰버Amber 와인이라 부르기도 한다.

와인 노트

샤토 무크라니 크베브리 레드 2020

Château Mukhrani Qvevri Red 2020

샤토 무크라니에서 만드는 최고의 크베브리 와인은 조지
아의 전통 품종이자 최고의 레드 품종으로 손꼽히는 사
페라비와 농밀한 풍미로 이름난 카베르네 소비뇽의 블
렌딩으로 만들어졌다. 샤토에서 만들어진 신선한 와인을
마신다는 것은 언제나 기대와 흥분을 자아낸다. 2020년
산 크베브리 와인은 갓 짜낸 주스처럼 짙은 퍼플 색상을 보였고 잔에 따르
자마자 풍성하면서도 신선한 검은 과일 향이 폭발하듯 올라왔다. 주로 블
랙베리와 흑자두, 잘 익은 무화과, 발사믹, 초콜릿, 코코아 같은 풍성한 풍
미에 더해 입 안을 꽉 채우는 듯한 풀 바디의 묵직함과 탄탄한 질감 그리
고 길게 이어지는 달콤한 과일 향의 피니시가 좋았다. 타닌은 아직 좀 거
친 편이었는데, 충분한 퍼포먼스를 발휘하려면 최소 5년 정도는 추가 숙
성이 필요할 듯하다. 하지만 샤토에서 직접 구워서 내온 조지아의 전통 바
비큐 요리와 소시지 요리와는 아주 훌륭한 페어링을 보여 주었다.

뉴욕만을 발견한 탐험가와
베라차노 와이너리
Castello di Verrazzano

이탈리아를 대표하는 와인 키안티 클라시코Chianti Classico 생산지의 가운데에 자리 잡은 베라차노 와이너리Castello di Verrazzano는 이탈리아 반도가 통일되기 이전 강력한 도시국가로 서로 경쟁하던 피렌체와 시에나 사이의 무역을 통제하기 위해 그레베Greve 계곡 위에 세워져 감시탑 역할을 한 곳이다. 후기 로마네스크 양식의 건축물로 지어졌고 아름다운 르네상스식 정원으로 둘러싸여 있다. 이 고성은 7세기경부터 베라차노 가문의 소유였는데 흥미롭게도 '베라차노Verrazzano'는 라틴어 '멧돼지verres'에서 유래한 이름으로 '멧돼지의 땅'을 뜻한다. 이름처럼 베라차노에는 멧돼지를 방목하는 우거진 숲이 있고, 방문객들은 여기서 키운 멧돼지 구이에 베라차노 와인 한 잔을 곁들이는 것을 최고의 즐거움으로 꼽는다.

조반니 다 베라차노Giovanni da Verrazzano는 프랑스 왕 프랑수아

베라차노 초상

1세의 지원을 받아 신대륙 항로 개척에 나섰고 범선을 타고 북아메리카 연안을 탐험했다. 1524년 4월경 뉴욕만을 발견했다. 500년 전 작은 배에 목숨을 걸고 새로운 항로를 개척하고 뉴욕을 발견한 위대한 항해가였던 베라차노를 기리기 위해, 뉴욕 사람들은 1964년에 완공된 새로운 다리의 이름을 베라차노 다리라고 불렀다. 이 다리는 스태튼 아일랜드Staten Island와 브루클린Brooklyn을 연결하며 뉴욕을 상징하는 다리 중 하나다. 다리의 완공을 앞둔 1963년에 이탈리아 베라차노 와이너리에서 벽돌 3개를 가져와 베라차노 다리 입구에 심어 넣었고, 같은 날 베라차노 다리에서 3개의 벽돌을 가져가 와이너리 건물 전면을 장식함으로써 2개의 건축물에 동질성을 부여했다. 뉴욕 사람들은 이탈리아 키안티 지역을 방문하면 베라차노 와이너리를 방문한다고 한다. 뉴욕 발견에 대한 감사를 표현하려는 것이다. 그러나 안타깝게도 그는 3차 원정 기간 중 원주민들에게 잡혀 생을 마감했다고 하니 위대한 탐험가이자 항해가의 최후라 하기엔 허망하다는 느낌이 든다.

세계 3대 마라톤 대회 중 하나인 뉴욕마라톤대회의 코스는 뉴욕 맨해튼 남서부 섬인 스태튼 아일랜드를 시작점으로 하여 베라차노 다리를 지나 브루클린, 퀸스, 브롱크스, 맨해튼 5개의 자치구를 거쳐 센트럴파크에서 끝이 난다. 매년 11월에 개최되며, 코로나 이후 다시 개최되기 시작했는데 5만 명 이상의 마라토너들이 참석하고 있다.

 와인 노트

카스텔로 디 베라차노 키안티
클라시코 2018, 토스카나

Castello di Verrazzano Chianti Classico 2018

와인의 라벨에는 뉴욕만을 발견한 이탈리아 항해가 조반니 다 베라차노가 갑옷을 입은 위풍당당한 모습이 들어 있다. 베라차노 키안티 클라시코 2018년산은 밝은 루비 색상이고, 체리, 라즈베리의 잘 익은 향에 이어 허브, 가죽, 흙, 타바코와 흰 후추 같은 스파이시한 풍미가 어우러진 미디엄 바디 정도의 와인이다. 아직 어린 빈티지에도 불구하고 풍미와 산도, 타닌의 훌륭한 밸런스를 보여 주었다. 함께했던 마르게리타 피자, 토마토 베이스의 파스타 등 이탈리아 요리와 훌륭한 매칭을 이루었다.

예식장에서 쫓겨난
덕혼 디코이
Duckhorn Decoy

덕혼Duckhorn이 만드는 와인 중 하나인 디코이Decoy의 라벨에는 예쁜 오리가 그려져 있어서 어쩐지 친근하면서도 인상적이다. 디코이란 원래 야생 오리를 사냥할 때 쓰는 오리처럼 만든 유인물을 말한다. 나무를 정교하게 깎아 오리처럼 화려한 색상으로 칠하면 진짜 오리와 모습이 거의 비슷하다. 이런 목각 오리를 연못이나 호수에 여러 개 띄워 놓고 오리 소리를 내는 피리를 불면 인근을 날아다니던 야생 오리들이 진짜 오리로 착각하고 호수나 물가에 내려앉는다. 이때 총으로 쏴서 오리 사냥을 한다. 사전적 의미로 '디코이decoy'는 유인하는 물건이나 미끼를 뜻한다.

디코이 와인은 내가 마케팅 팀장으로 일했던 서울 S호텔 웨딩 와인 중 하나였다. 가격도 부담이 없는 편이고 예쁜 오리가 그려져 있어 원앙과 비슷해 보인다 하여 결혼식용 와인으로 인기가 있었다. 어느 주말 성대한 예식이 진행되는 도중에 신부 측 혼주가 연회 예약실을 찾아와 어떻게 이런 와인을 예식용으로 추천했냐고 하면서 갑자기 소동을 피운 것이다. 자신이 알기로는 디코이가 '미끼'나 '바람잡이'라는 뜻인데, 그러면 "내 딸이 미끼라는 말이냐?"라고 하며 호텔 연회 담당자를 닦아세우는 바람에 이를 수습하느라 애를 먹었다. 이 고객의 황당한 컴플레인 사건 이후 디코이 와인은 결혼식용 와인 리스트에서 제외되었다.

원래 디코이 와인에는 그런 의미가 숨어 있다. 그보다 상급 와인인 덕혼 빈야드Duckhorn Vineyard 시리즈는 가격이 두 배 이상 비싸기 때문에 엔트리급으로 디코이를 내놓았고, 이것을 맛있게 마신 사람들은 다음엔 진짜 오리가 그려진 덕혼 빈야드 라벨을 마셔 봐야겠다고 맘먹게 되는데, 이처럼 상급 와인으로 유도한다는 의도가 담긴 것이 바로 디코이Decoy 와인이기 때문이다.

덕혼 빈야드는 창업자의 이름 대니얼 덕혼Daniel Duckhorn에서 유래했다. 덕혼 빈야드 라벨 속의 진짜 오리는 19세기 프랑스 석판화 속의 그림을 사용한 것이다. 덕혼은 오리 이미지 또는 '덕duck'이라는 단어를 사용하는 다른 와인 브랜드와 오랜 법정 다툼을 벌인 것으로도 유명하다. 덕혼은 1976년 대니얼과 마거릿 덕혼Margaret Duckhorn을 포함한 8인의 공동 투자자에 의해 세인트헬레나 외곽에 설립되었으며, 이후 사업이 확장되어 투자가가 80명으로 늘어났다. 1978년에는 포도를 구매하여 카베르네 소비뇽과 메를로 와인을 처음 생산했다. 1981년 이후 앤더슨 밸리 포도원을 비롯, 워싱턴주 야키마 밸리의 롱 윈즈 에스테이트, 칼레라, 코스타 브라운 등 와이너리가 총

10개로 늘어나 400헥타르에 이르는 포도밭에서 다양한 와인을 생산한다. 덕혼의 컬렉션은 디코이 외에도 패러덕스Paraduxx, 골든아이Goldeneye 및 마이그레이션Migration을 포함하는 여러 제품군으로 구성되는데, 지난 2016년 샌프란시스코의 사모펀드 회사인 TSG 컨슈머 파트너스에 모두 매각되고 지금은 그의 이름만 와인에 남았다.

 와인 노트

디코이 카베르네 소비뇽 2020, 캘리포니아

Decoy Cabernet Sauvignon 2020

디코이 2020년산은 카베르네 소비뇽 90%와 메를로 10%의 비율로 블렌딩되었다. 짙은 루비 색상이었고, 블랙베리와 레드 체리, 블루베리, 말린 자두, 캐러멜, 바닐라 향과 달콤한 향신료 향이 특징이었으며 적당한 산미에 미디엄 플러스 정도의 무게감이 느껴졌다. 가성비가 좋은 미국 카베르네 소비뇽으로 국내에서도 인기가 높은 편이다. 농밀한 풍미의 카베르네 소비뇽은 부드러운 타닌과 약간의 달콤함으로 마무리되는 여운으로 마시기 편한 와인이다. 양고기나 스테이크, 바비큐 등 다양한 육류 안주와 좋은 매칭을 보여 주었다.

미국 와인의 우상,
로버트 몬다비
Robert Mondavi

　로버트 몬다비의 아버지 체사레 몬다비는 이탈리아인으로 1906년 이탈리아 마르케주에서 힘들게 살다가 일을 찾아 미국 미네소타주 철광촌으로 이민을 왔고, 1913년 아들 로버트 몬다비가 태어났다. 광산촌에서 함께 모여 살았던 이탈리아 광부들은 고향에서 즐겨 마시던 와인을 잊지 못해 캘리포니아산 싸구려 와인을 마시며 망향의 설움을 달랬다. 그러나 와인이 유일한 즐거움이었던 이들에게 청천벽력 같은 소식이 들려왔다. 1920년부터 금주법이 발효되어 와인의 제조와 판매가 불법이 된 것이다. 이탈리아 광부들은 모두 큰 충격을 받았고, 절망감에 빠져 있었는데, 다행히 법률상 약간의 예외 조항이 있어 연간 200갤런(약 757L)의 와인을 집에서 가양주로 직접 만들어 마실 수 있었다. 이에 광산 조합원들은 체사레 몬다비를 캘리포니아로 파견하였다. 그의 임무는 현지에서 포도를 구매하여 미네소타 광부들의 집으로 배송하는 일이었다. 쇳가루를 마시며 굴착 작업을 하는 것에 비해 캘리포니아의 광활한 포도밭을 돌아다니며 포도를 사서 동료들에게 배송하는 일은 그야말로 신이 내린 꿀 보직이었다.

금주법 시대에 포도 운송 사업의 전망을 밝게 본 체사레 몬다비는 1921년 캘리포니아 로디Lodi로 이주하여 본격적으로 사업에 뛰어들었다. 큰아들 로버트는 머리가 좋아 미국 서부의 명문 스탠퍼드 대학을 졸업했고, 1933년에는 말도 많고 탈도 많았던 금주법이 폐지되어 다시 '술의 시대'가 열렸다. 로버트는 와인 사업의 미래 가능성을 내다보고 데이비스 소재 캘리포니아 대학에 등록하여 포도 재배와 양조 기술을 배운 후 1936년부터 본격적으로 와인 사업에 뛰어들었다. 나파 밸리 몇 군데의 와이너리에서 실무 경험을 쌓은 다음 아버지와 함께 1943년경 빚에 허덕이던 찰스 크룩Charles Krug 와이너리를 인수했고 동생 피터Peter와 공동 경영을 시작했다.

외향적이고 비즈니스 마인드가 뛰어났던 로버트는 성격이 정반대인 동생과 회사 운영을 두고 자주 대립했는데 이들을 갈라놓은 결정적인 사건이 발생했다. 1963년 미국의 케네디 대통령이 이탈리아 수상을 백악관에 초청하여 공식 만찬을 준비하는데, 미국에서 활동하는 이탈리아 출신 양조 가문의 대표로 로버트 몬다비 부부를 초청한다는 연락이 온 것이다. 가문의 영광이라며 기뻐한 로버트는 백악관 행사에 동행할 부인의 의상을 고민하다가 당시로는 거금인 2,500달러짜리 모피 코트를 회사 비용으로 구입한 것을 두고 동생 피터가 크게 화를 낸 것이다. "아니 우리 형편에 2,500달러짜리 코트라니 말이 됩니까?"라며 난리를 피웠다. 로버트 부부만 초대되고 자신과 부인

나파 밸리의 로버트 몬다비 와이너리

은 초대받지 못한 데 대한 섭섭함과 억울함이 더해져 그랬을 것이다. 그런데 일이 더 꼬였다. 1963년 11월 22일 케네디 대통령이 텍사스 댈러스에서 퍼레이드 중 암살당한 것이다. 그 바람에 초청 행사 자체가 취소되었고 동생은 더 열을 받았다. 결국은 입지도 못할 값비싼 옷을 구입한 꼴이 되었기 때문이다.

두 형제 사이는 더욱 소원해졌고, 사사건건 부딪치다가 2년 뒤인 1965년 가족 모임에서 결국 로버트와 피터는 주먹질 난투극을 벌였다. 결국 평소 집안일에 충실하며 부모의 신망이 두터웠던 동생 피터의 주도로 로버트를 회사에서 쫓아냈다. 졸지에 쫓겨난 로버트는 공동 운영하던 찰스 크룩 와이너리에 대한 자신의 지분 20%를 팔아 돈을 챙긴 다음 1966년에 지금의 로버트 몬다비 와이너리를 세웠다.

로버트는 당시 최신식 양조 설비를 갖춘 대형 와이너리를 세우고 오크빌에 있는 투칼론To Kalon 포도밭에서 생산한 포도로 최고급 와인을 만들겠다는 꿈을 하나씩 실천해 나갔다. 명문 스탠퍼드 출신으로 잘생긴 외모와 사교적인 성격 그리고 뛰어난 비즈니스 감각은 사업에 날개를 달아 주었다. 가장 위대한 업적은 프랑스의 무통 로쉴드와 합작으로 세운 오퍼스 원Opus One 와이너리일 것이다.

그러나 1990년대에 이르러 몬다비 제국은 자체의 무게로 서서히 침몰하기 시작했다. 주주들은 주가를 올려야 한다며 거세게 요구했고, 와인의 품질은 떨어지기 시작했다. 외형상 급속도로 팽창했고, 와인 브랜드가 관리하기 힘들 정도로 많아져 몬다비의 통제에서 벗어났으며 결국 2005년에 이사회는 창업자 로버트를 쫓아내고 세계적 주류 기업인 콘스텔레이션Constellation에 13억 6000만 달러(약 1조 2,000억 원)에 매각했다. 원래 미국 기업의 생태가 이렇다. 회사의 브랜드와 기업 가치를 최대한 키운 다음 높은 가격을 받고 빠져나가는 것이다.

몬다비 가족은 자신들의 지분만큼 매각대금을 배분받아 천문학적인 돈을 벌었지만 미국의 간판 와인 기업으로 놀라운 성장 신화를 남긴 위상에 비하면 아쉬움이 남는 결말이다. 미국 와인의 우상이었던 로버트 몬다비는 2008년 94세의 일기로 생을 마감했다. 그나마 그가 이끌었던 품질 혁신과 마케팅 전략, 수많은 후배 양조자의 육성, 데이비스 소재 캘리포니아 대학과 양조연구소에 거액을 기부하는 등 오늘날 미국 와인의 위상을 세계적으로 높이는 데 일조한 부분은 그의 위대한 공적이라 할 수 있다.

🍷 와인 노트

로버트 몬다비 카베르네 소비뇽 2019, 나파 밸리

Robert Mondavi Winery Cabernet Sauvignon 2019

와인은 카베르네 소비뇽 80%, 메를로 11%, 프티 베르도 5%, 카베르네 프랑 3%, 말벡 1%로 블렌딩되었다. 포도의 절반은 오크빌의 배수가 좋은 토양에서 공급되어 타닌이 부드럽고 화려하면서도 짙고 유연한 질감을 보인다. 나머지 포도는 스테그스 립, 오크 놀, 욘트빌과 러더퍼드에서 공급되어 와인에 복합미를 더했다.

2019년산은 아직 어린 빈티지임에도 불구하고 향과 산미의 밸런스가 좋았고, 타닌도 매끄러운 편이었다. 잘 익은 체리, 자두, 블랙베리, 건포도, 민트, 마른 흙, 허브 향에 이어 스파이시한 오크 향의 풍미가 좋았고, 입 안에서 느껴지는 풍성하면서도 달콤한 과일 향과 크리미하면서도 파우더 같은 타닌, 밝은 느낌의 생동감 넘치는 산도가 멋진 조화를 이루었고, 목 넘김 이후에도 고급스러운 여운이 길게 이어지는 풀 바디에 가까운 와인이었다.

샴페인 혁신을 일으킨 위대한 여인, 뵈브 클리코

Veuve Clicquot

크리스털처럼 맑고 투명한 샴페인을 마실 수 있게 된 것은 클리코 여사 덕분이다. 샴페인의 생명은 병 안에서 2차 발효를 끝낸 효모 찌꺼기(앙금)가 몇 년간 병 속에서 만들어 내는 기막힌 풍미에 있다. 그래서 요즘 고급 샴페인은 심지어 10년 가까이 앙금과 접촉시켜 맛과 향을 차별화한다. 클리코 여사 이전에는 이런 앙금을 제거할 방법을 찾지 못해 뿌옇고 탁한 샴페인이 만들어졌고, 마실 때 걸러내거나 디캔팅을 해서 마시는 불편을 감수해야 했다. 샴페인 업계의 오랜 난제를 해결한 사람은 바로 클리코 여사였다. 그녀는 책상처럼 생긴 직사각형 판에 여러 개의 구멍을 뚫고 2개의 판을 맞대어 'A'자 모양의 퓌피트르Pupitre를 만들었다. 그러고는 이 틀의 구멍에 샴페인 병을 거꾸로 꽂아 조금씩 돌려가면서 효모 찌꺼기가 병목에 뭉치도록 한 것이다. 찌꺼기가 모인 부분을 급속 냉동하여 얼음 덩어리가 되면 병뚜

삼페인 병을 거꾸로 꽂아 침전물을 병목으로 모으는 장치 퓌피트르

껑을 살짝 열어 그 부분만 배출시키는 방식을 고안해 낸 것이다. 다른 샴페인 하우스들도 모두 이 방식을 따랐고 업계의 표준이 되었다. 지금도 일부 샴페인 하우스는 지하 셀러에서 이런 방식으로 병 돌리기를 하고 찌꺼기를 배출하는 작업을 하고 있다. 하지만 인건비를 줄이기 위해 대부분 하우스에서는 수백 병이 들어가는 자동화된 팔레트를 사용하여 병 돌리기 작업을 기계화하고 있다. 1818년에 그녀가 고안한 이 방법은 샴페인의 역사를 바꿨다는 찬사를 듣는다. 또한 1810년에 업계 최초로 빈티지 샴페인을 만들어 냈고, 로제 샴페인 또한 그녀에 의해 1818년부터 시작되었다. 가히 샴페인의 전설이자 위대한 여인이라 할 수 있다.

이름 속의 뵈브Veuve는 '과부'라는 뜻이다. 회사 이름 앞에 '과부'가

붙은 것은 19세기 초에 제정된 나폴레옹 법 때문이다. 당시에 여성들은 경영 활동이나 재산권 행사가 법률적으로 금지되어 있었다. 하지만 예외 조항이 있었다. '남편을 잃은 부인이 가족을 부양해야 할 경우'였다. 클리코 여사뿐만 아니라 당시 남편을 여읜 여성들은 남편 대신 운영하는 회사 이름에 자랑스럽게 '과부'를 붙이게 되었다.

원래 이 샴페인 하우스는 1772년 섬유 사업으로 부자가 된 클리코 여사의 시아버지 필리프 클리코Philippe Clicquot에 의해 시작되었다. 그녀의 아버지는 니콜라 퐁사르댕으로 필리프의 절친이었다. 이 두 사람의 우정이 너무 깊어 자녀들이 어릴 때 일찌감치 사돈을 맺기로 한 것이다. 결혼 후 남편 성을 따 클리코 퐁사르댕Clicquot Ponsardin이 된 그녀는 결혼 6년 만인 27세 때 남편을 잃었다. 그러나 재혼하지 않고, 오직 샴페인의 품질 향상과 영업에 매달려 회사를 크게 키웠고, 당시 상파뉴 지역에서 두 번째로 큰 샴페인 하우스로 성장했다. 나폴레옹 전쟁 중에도 러시아 황제 알렉산드르 1세에게 샴페인을 비밀리에 납품하는 등 사업 수완을 발휘하며 큰 성공을 거두었는데, 이런 성공의 배경에는 효모 찌꺼기를 병에서 걸러내는 리들링(병돌리기) 공정 개발이 있었다. 효율성이 증가하면서 생산량이 크게 늘었고 때마침 샴페인의 수요도 급증하여 사업에 훈풍을 만난 것이다. 이후 1986년에 루이 비통이 샴페인 하우스 뵈브 클리코를 인수하여 새 주인이 되었고, 1987년에 LVMH의 일원이 되었다.

뵈브 클리코 퐁사르댕

라 그랑 담 브뤼 샴페인 2008, 샹파뉴

Veuve Clicquot Ponsardin
La Grande Dame Brut, Champagne 2008

위대한 업적을 남긴 클리코 퐁사르댕 여사를 기리는 의미에서 샴페인 하우스의 창립(1772) 200주년을 기념하는 해였던 1972년부터 라 그랑 담La Grande Dame 빈티지 샴페인이 나오기 시작했다. 라 그랑 담이란 '위대한 여인'을 뜻하며, 클리코 퐁사르댕 여사에 대한 헌정 와인의 의미를 갖는다. 국내에서도 성공한 여성을 상징하는 샴페인으로 여성 CEO들에게 특히 인기가 많다.

뵈브 클리코
라 그랑 담 샴페인

2008년산 샴페인은 피노 누아 92%와 샤르도네 8%가 블렌딩되었고, 아몬드와 무화과, 버섯, 복숭아, 살구 향의 바탕 위에 바닐라와 크림의 풍미, 구운 빵 같은 고소함이 묻어났다. 완벽한 밸런스와 감칠맛, 부드러운 질감과 크리미한 버블이 탄성을 자아냈다. 2008빈은 무려 10년간이나 병내 숙성on the lees in the bottle을 했기 때문에 세월이 빚어낸 깊고 짙은 맛을 즐길 수 있었는데, 특히 2008년산은 〈디캔터Decanter〉 매거진에서 97점을 받았다.

뵈브 클리코의 포트폴리오에는 브뤼, 로제, 드미섹Demi-Sec 빈티지 및 넌 빈티지 샴페인이 포함되며, 최고의 샴페인은 1972년부터 나오기 시작한 라 그랑 담으로, 8개의 그랑 크뤼 포도원에서 나온 포도를 사용하여 만든다.

샴페인 마실 때의 감상 포인트

비싼 샴페인을 마실 때의 감상 포인트는 다양한 과일의 풍미와 빵 껍질, 버터, 견과류 같은 효모의 발효와 장기 숙성에서 오는 복합적인 풍미 그리고 샹파뉴 지역의 백악질과 석회질 토양에서 나오는 미네랄리티와 프레시한 산미 등이다. 병 안에서 효모 찌꺼기와 함께 오랫동안 숙성된 고급 샴페인의 경우, 여러 가지 맛과 향이 복합적으로 느껴지고 맛의 여운이 오래 지속되는데, 미세하면서도 부드러운 기포가 독보적인 질감을 느끼게 해 준다. 특히, 블랑 드 블랑은 샤르도네 100%로 만들어져 섬세하고 우아한 맛을, 블랑 드 누아Blanc de Noirs는 레드 품종으로 만들어져 구조감이 돋보이고 강한 과일 향과 맛을 느끼게 해 준다.

샴페인은 병 안에서 효모 찌꺼기와 함께 수년간 숙성되는 과정에서 특별한 풍미가 더해진다. 이 과정에서 효모는 자가분해되어 와인에 섬세함과 복잡성을 더하는데, 자가분해란 효모가 분해되어 단백질, 효소, 아미노산 등이 와인에 녹아들어가는 현상을 말한다. 이를 통해 브리오슈와 베이커리, 빵 반죽, 버터 향, 견과류, 토스트 같은 구수한 풍미는 물론 부드럽고 크리미한 질감을 만들 수 있다.

아미노산의 분해는 감칠맛을 높여 준다. 감칠맛은 음식의 맛을 더욱 풍부하게 만드는 맛의 5요소 중 하나로, 샴페인에서 이 맛은 종종 숙성된 치즈나 건조한 버섯 같은 식품에서 느낄 수 있는 복합적인 깊은 맛으로 나타난다.

시인 보들레르와
샤토 샤스 스플린
Château Chasse Spleen

샤스 스플린Chasse Splean이라는 와인 이름은 특이하다고 할 수 있다. 지난 2004년 출간된《신의 물방울》이란 만화에서 '슬픔이여 안녕'이라는 와인으로 소개되면서 갑자기 유명해졌다. 인생의 힘든 시기를 잘 이겨내고 툭툭 털고 일어날 때 가장 적절한 격려의 글귀이기도 하다. 심신을 괴롭힌 병을 이겨내거나 사업상의 불운을 딛고 일어서는 친구에게 격려와 축하의 의미로 마시거나 선물하면서 마음을 전하기에도 좋은 와인이다.

와인 이름에서 샤스Chasse란 원래 발레 동작에서 발을 밀어내는 스텝을 말하며, 영어로는 '체이스chase'다. 스플린Spleen은 슬픔이나 외로움, 또는 우울을 뜻한다. 따라서 샤스 스플린은 슬픔을 밀어낸다, 우울함을 떨쳐버린다는 의미가 되어 '슬픔이여 안녕'이란 별명이 생긴 듯하다.

원래 스플린은 의학 용어로 몸속의 장기인 비장spleen(지라)을 의미한다. 신장 옆에 있으며 노후화된 혈구를 처리하는 비장은 옛날 유럽에서는 우울함이나 슬픔을 관장하는 기관이라고 믿었다. 특히 19세기 프랑스의 문학과 문화에 큰 영향을 미쳤던 샤를 보들레르는 우울과 관련된 시를 많이 썼는데, 그중에서도 1869년에 발간한《파리의 우울》이라는 산문 시집이 유명하다. 보들레르는 스플린을 자신이 사용 특허를 낸 양 자주 사용했는데, 그가 살았던 시대의 비참하고 추하고 어두운 내면을 시상에 녹여내는 데 가장 적합한 단어였을 듯싶다. 어쨌든 그는 태생부터 불운했고 사는 내내 우울함을 달고 살았던 시인이다.

샤토 샤스 스플린의 유래에는 두 가지 설이 있다. 첫 번째는 영국의 대표적인 낭만파 시인 조지 고든 바이런 경이 1821년 이 와이너리를 방문해 와인을 마신 뒤 우울증이 나아졌다고 해서 지어진 이름이라는 설이다. 두 번째는 〈우울과 이상Spleen et Ideal〉이라는 보들레르의 시에서 유래했다는 설이다. 보들레르는 와인을 즐겨 마셨고, 그의 대표작이자 유일한 시집《악의 꽃Les Fleurs du Mal》에 삽화를 그린 화가 '오딜롱 르 동'이 와이너리를 자주 방문하여 보들레르 이야기를 해서 샤토 주인이 샤스 스플린을 와이너리 이름으로 짓게 되었다는 것이다. 아무래도 프랑스 사람들은 보들레르 유래설을 더 신뢰하는 듯하다.

이 샤토의 역사는 약 200년 전인 1820년 샤토 그랑 푸조Château Grand-Poujeaux라는 이름으로 시작되었는데, 이후 몇 개의 작은 샤토로 분리되었다가 그 일부가 떨어져 나와 1863년 샤토 샤스 스플린이 되었다. 1976년 소유권에 변동이 생겨, 샤토 그뤼오 라로즈와 샤토 오바주 리베랄을 소유하고 있던 메를로Merlaut 가문이 새 주인이 되어 많은 변화가 일어났다. 프랑스 최고의 양조 전문가였던 보르도 대학의 에밀 페노 교수로부터 양조 자문을 받아 품질이 더 좋아졌다. 하지만 주인 부부가 1992년 피레네에서 등반사고를 당해 사망하는 바람에 지금은 딸들이 상속받아 샤토를 운영하고 있다.

와인 평론가 로버트 파커는 이 와인을 보르도 그랑 크뤼 3등급에 필적할 만한 품질이라며 좋은 평가를 한 바 있다. 80헥타르의 광대한 포도밭에 비하면 샤토의 외관은 소박한 편이다. 특이하게도 정원에 3m 높이의 거대한 녹색 장화 조형물이 세워져 있다. 농부에게 가장 중요한 일인 포도나무 가꾸는 일에 힘을 쏟는다는 샤토의 의지를 보여 주는 상징물이라 할 수 있다.

샤토에서는 연간 30만 병의 샤스 스플린을 만들며, 세컨드 와인으로 레리타주L'Heritage와 로라투아L'Oratoire를 15만 병 정도 생산하고 있다. 포도밭에는 카베르네 소비뇽 73%, 메를로 20%, 프티 베르도 7%가 식재되어 있다. 물리스 앙 메독 아펠라시옹에 속하며, 그랑 크뤼급 와인은 아니기 때문에 가격도 상당히 매력적인 편이다. 문학을 좋아하는 사람이라면 보들레르의 시 한 편을 낭송하면서 그윽한 와인의 향기에 취해 보는 것도 좋겠다.

와인의 라벨에는 매년 새로운 시 구절이 실린다. 내가 자주 마셨던 2013년산 라벨에는 "행복은 일상의 소소한 즐거움이 쌓여서 만들어진다."라는 구절이 있어서 좋았다. 요즘 유행하는 '소확행'이란 표현과 일맥상통한다.

이 와인을 보면 언제나 보들레르가 떠오른다. 내가 프랑스어를 배

파리 몽파르나스 공원 묘원에 있는 보들레르의 묘

운 것은 보들레르의《악의 꽃》에 나오는〈포도주의 혼L'ame du Vin〉이
라는 한 편의 시 때문이었다. 영어로 번역된 이 시를 처음 접하고 좋
아하게 되었는데, 언젠가는 프랑스어로 된 보들레르의 시를 읽으며
원래 시의 의미를 그대로 느껴보고 싶다는 욕망이 솟구친 것이다. 직
장 생활을 하던 50대 중반에 프랑스어학원에 등록하여 1년간 프랑스
어 공부에 매달린 결과 프랑스 교육부 주관 DELF 시험에 합격하여
프랑스어 자격증을 취득했다. 단순한 호기심에서 시작한 프랑스어

공부가 인생의 새로운 길을 열어 줄 단초가 될 줄은 세월이 조금 더 흐른 다음에 알았다.

삼성에서 퇴직하고 2012년부터 3년간 동아원그룹(현 사조동아원)의 교육 총괄 임원으로 일하면서 WSA 와인 아카데미와 츠지원 요리 아카데미를 운영하며 와인의 세계에 빠져들던 즈음에 불현듯 프랑스로 와인 유학을 떠나야겠다고 마음을 먹었다. 이전에 힘들게 배웠던 프랑스어 덕분에 프랑스 국제와인기구OIV와 몽펠리에 고등농업대학원이 공동 운영하는 OIV 와인경영 석사과정에 합격하여 꿈에 그리던 와인 유학을 떠나게 되었다.

파리에 도착한 다음 날 나는 파리 14구 몽파르나스 묘지에 있는 샤를 보들레르의 묘를 찾았다. 나를 파리로 인도해 준 보들레르에게 작은 꽃을 바치며, 내게 만학의 꿈을 이루게 하고 와인의 세계로 인도해 준 그에게 감사의 인사를 올렸다.

보들레르처럼 와인을 온전히 이해하고 와인에 대한 시를 쓴 사람은 없었다. 〈포도주의 혼〉이란 시를 보면 와인이 마치 영혼이 있는 것처럼 시상이 전개되는데, 포도 농사를 위해 한 해 동안 땀 흘린 농부들의 노고에 감사하고, 고된 일과를 끝낸 노동자와 그 가족들에게 한 병의 와인이 얼마나 큰 위안과 희망을 주는지를 감동적으로 표현하고 있다. 와인 속에 혼이 있다니, 그의 뛰어난 상상력에 놀라고 삶의 고통을 위로하며 와인을 극찬한 그의 시는 와인 애호가들이 필독해야 할 최고의 시다.

프랑스어를 배워 내가 직접 번역했던 〈포도주의 혼〉이란 시를 소개한다.

포도주의 혼

-샤를 보들레르

어느 날 저녁 포도주의 혼이 술병에서 이렇게 노래하더라.
"오, 사람아, 가진 것 없이 불쌍한 자여,
나, 그대를 향해 진홍색 밀랍으로 막은 유리병에서 뛰쳐나와
빛과 우정으로 충만한 노래를 부르리라!
내게 생명을 주고 영혼을 불어넣기 위해
불타는 언덕배기에서 그대가 감내했던 고통과 땀, 폭염 속 수고를
알기에,
나 결코 그대를 배신하지 않으리.
하루의 힘든 노동을 끝낸 그대의 목으로 넘어갈 때
난 무한한 기쁨을 느낀다.
냉습한 지하 셀러보다 그대의 따스한 몸 안에
안락한 무덤을 만드는 것이 나에겐 더 기쁜 일이지.

들리는가, 주말에 울려 퍼지는 낭랑한 노랫소리가,
벌떡거리는 내 가슴속에서 속삭이는 희망의 소리가.
양팔을 걷어붙이고 탁자 위에 팔꿈치를 세우고,
그대는 나를 찬미하리라, 흡족하리라.
기쁨에 찬 네 아내의 눈에 광채가 흐르고,
아들의 얼굴엔 화색이 돌게 하며, 젊은 기운을 되찾게 되리라.
삶에 지쳐 무력감에 빠진 사람들의 마음을

투사의 근육처럼 부풀게 하는 기름이 되리라.

나, 그대 몸속에 떨어져 신들의 음료가 되며,

영원의 파종자가 뿌린 진귀한 낱알이 되리라.

우리들의 사랑으로부터 시의 싹이 트고,

한 송이 귀한 꽃 되어 신을 향해 솟구치리라!"

📖 와인 노트

샤토 샤스 스플린 1982, 보르도 물리스 앙 메독

Château Chasse Spleen 1982

무려 40년 이상의 긴 세월을 견뎌낸 샤스 스플린 1982년
산을 마실 기회가 있었다. 1982년 빈티지는 보르도의 레
전드급 빈티지로 그만큼 장기 숙성력도 뛰어나다고 알려
져 있는데, 그랑 크뤼 와인도 아닌, 물리스 앙 메독Moulis
en Medoc 지역의 와인이 여전한 매력을 뿜어낼 수 있다니
놀라웠다. 검게 변색된 코르크는 개봉하는 중간에 망가
져 내심 걱정되었고, 부서진 코르크를 제거하고 디캔터에

따르면서 향을 맡았는데, 의외로 올빈(올드 빈티지)에서 나는 퀴퀴한 냄새도
없이 긴 세월을 잘 견뎌낸 모습이었다. 와인은 벽돌색이 감도는 가넷 색상
을 보였고, 구운 커피, 홍차, 바닐라, 말린 자두, 숲속 덤불, 흙, 감초, 타바
코 같은 은은한 3차 향에, 검고 붉은 베리 향이 프루티한 배경을 이루었다. 섬세
하면서도 부드러운 타닌과 미디엄 정도의 바디감, 그리 길지는 않지만 인상적인
피니시를 남겼다.

라벨에 점자를 새긴 인간적인 와인, 메종 M. 샤푸티에

Maison M. Chapoutier

시각 장애인들을 위해 와인 라벨에 점자를 새겨 넣은 와인이 있다. 프랑스 북부 론 지방의 와인 명가인 메종 M. 샤푸티에Maison M. Chapoutier로, 1994년부터 모니에 드 라 시제란 에르미타주Monier de la Sizeranne Hermitage 와인의 라벨에 맹인용 점자를 세계 최초로 새겨 넣었고, 1996년부터는 샤푸티에가 생산하는 모든 와인에 점자를 넣게 되었다.

오너인 미셸 샤푸티에가 TV 프로그램을 시청하던 중 프랑스의 시각장애인 가수 질베르 몽타네Gilbert Montagné가 대담 중에 진행자로부터 "어떨 때 가장 불편하고 힘이 드나요?"라는 질문을 받고는 "와인 숍에서 와인을 고를 때 가장 큰 좌절감이 듭니다. 누군가와 함께 가지 않으면 원하는 와인을 고를 수 없거든요."라고 대답한 것이다. 이 대화를 들은 미셸은 라벨에 점자를 새겨 넣어야겠다고 결심했다.

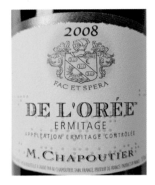

모든 와인에 점자가 새겨진
M. 샤푸티에의 와인 라벨

현재 샤푸티에의 모든 와인 라벨에는 생산자, 빈티지, 재배 지역과 와인 색상이 점자로 표기되어 시각장애인들이 스스로 와인을 고를 수 있다. 마음이 따뜻한 미셸 샤푸티에는 누구도 하지 않았던 일을 실천했고, 그의 와인은 가장 인간적인 라벨을 달고 있다는 찬사를 듣는다.

샤푸티에는 론 계곡에서 가장 오랜 역사를 자랑한다. 1808년 칼베Calvet 가문이 설립했지만 보르도에서 네고시앙 사업에 집중하기 위해 샤푸티에에게 사업을 넘겨 1855년 폴리도어 샤푸티에Polydore Chapoutier가 새 주인이 되면서 가문의 와인 사업이 시작되었다. 그의 아들 마리우스 Marius 샤푸티에 때부터 'M'으로 시작하는 이름을 갖는 전통이 시작되어 미셸, 막심 등으로 이어지고 있다.

오늘날 샤푸티에는 론 계곡에서 규모가 가장 큰 네고시앙 중 하나이자 와이너리이며, 주요 거점은 탱 에르미타주 마을에 있다. 에르미타주 생산지에서 최고의 테루아를 자랑하는 26헥타르의 포도밭을 보유하고 있으며, 에르미타주, 르 파비용Le Pavillon, 르 밀Le Meal, 레르미트L'Ermite 그리고 2001년부터 나오기 시작한 레 그르피외Les Greffieux가 가장 유명한 와인이다.

모든 싱글 빈야드 에르미타주 와인은 콘크리트 발효조에서 4~6주 침용 과정을 거치며, 오픈 탑 발효조를 이용하여 양조한다. 와인은 40~50%의 새 프랑스 오크통에서 숙성하며 청징이나 여과를 생략하여 자연스러운 맛을 살린다. 와인의 농축미를 위해 단위 면적당 수확을 극소화하는데, 1헥타르당 15헥토리터(1,500L)까지 소출을 줄인다. 현재 모든 포도밭에는 생물다양성을 추구하는 비오디나미 농법을 적용하고 있다.

📖 와인 노트

M. 샤푸티에 에르미타주 레르미트 2006, 북부 론 에르미타주

M. Chapoutier Ermitage l'Ermite 2006

레르미트 와인은 북부 론 에르미타주의 레드 와인으로 100% 시라로 만든다. 깊고 복합적인 풍미와 숙성 잠재력이 뛰어난 북부 론 최고의 와인 중 하나로 손꼽힌다. 생물역학 농법을 적용하는 레르미트 포도밭은 샤펠La Chapelle 왼쪽으로 펼쳐지는 가파른 화강암 토양이다.

레르미트 2006년산은 15년 이상의 숙성으로 시음 적기에 이르렀다. 짙은 루비 레드 색상을 띠며

생산하는 모든 와인의 라벨에 점자를 새긴 M. 샤푸티에의 와인

블랙체리, 블랙 커런트, 향신료, 건초, 말린 고기 같은 풍미가 올라왔고, 입에서는 농축된 붉은 과일, 초콜릿, 철분 같은 미네랄의 맛과 가죽, 흙, 블랙 올리브 같은 향이 어우러졌다. 타닌은 견고하면서도 치밀한 구조를 이루고 복잡하면서도 스파이시한 여운을 남겼다.

포도는 최적의 알코올 함량을 얻기 위해 늦은 수확을 하며 일일이 손으로 딴다. 포도 줄기를 모두 제거한 다음 양조하는데 콘크리트 탱크에서의 발효는 4주간 지속되어 부드러운 타닌이 추출된다. 양질의 타닌 추출을 위해 온도는 32도 이하로 제어하고 오직 착즙하지 않고 흐르는free-run 주스만 사용해 양조한다. 숙성은 새 오크통과 1년 사용한 오크통을 섞어서 18~20개월간 숙성하여 나온다. 장기 숙성력이 뛰어나 앞으로 20년 이상 셀러에서 숙성이 가능할 것으로 보인다. 마시기 전에 한두 시간 정도 디캔팅을 하면 맛이 부드러워지고 향도 훨씬 더 올라온다.

무위의 행복과
파 니엔테
Far Niente

파 니엔테Far Niente란 원래 이탈리아어로 '돌체 파 니엔테Dolce Far Niente'에서 유래했다. '무위의 행복'이란 뜻으로 모든 걱정에서 해방되어 완벽한 자유를 즐기는 행복감을 뜻한다. 오랜 숙제를 해결하고 해변가 풀 빌라에서 와인 한 잔 하며 게으른 오후를 보낼 때 느끼는 여유가 바로 파 니엔테의 상태라 할 수 있다.

원래 이 와이너리는 1885년 존 벤슨John Benson이 캘리포니아 오크빌에 설립했지만 1920년 발효된 미국의 금주법 때문에 문을 닫고 60년간 버려져 있었다. 1980년 길 니클Gil Nickel이 포도원을 다시 일구고 건물을 지으면서 재탄생했다. 폐허 더미를 치우는 과정에서 발견된 건물의 돌기둥에 '돌체 파 니엔테Dolce Far Niente'라 새겨진 글을 발견하고는 그 의미에 매료되어 와이너리 이름으로 정했다.

오늘날 파 니엔테 와인은 나파 밸리 샤르도네나 카베르네 소비뇽에서 벤치마킹을 할 정도로 인정받고 있다. 나파 밸리에서도 전망이 가장 아름다운 5헥타르의 포도밭과 정원에 봄이 오면 진달래꽃이 만발하고 구불구불한 정원 길을 따라 붉은색과 분홍색의 아름다운 봄꽃들이 화려한 군무를 이룬다. 입구로 이어지는 도로는 '아카시아 드라이브'라고 불리는데, 100여 그루의 은행나무가 도열하여 가을철에는 황금 물결을 이룬다.

 와인 노트

파 니엔테 샤르도네 2020, 나파 밸리

Far Niente Chardonnay 2020

판교의 일식집에서 마셨던 파 니엔테 2020빈은 다소 어린 빈티지다. 와인을 만들 때 산미를 강조하기 위해 말로락틱 발효를 하지 않았다. 일반적으로 오크 향이 짙고 버터리한 미국 샤르도네와는 달리 섬세하면서도 절제된 풍미의 부르고뉴 스타일을 추구하고 있다. 옅은 지푸라기 색을 띠었고, 레몬과 라임, 사과, 배, 백도, 자몽, 석류 향에 이어 파인애플, 허니듀멜론 같은 익은 과일의 풍미와 상큼한 산미가 돋보였다. 바닐라와 구운 오크 향이 피니시에서 느껴졌고, 입 안에 남는 미네랄의 느낌도 좋았다. 촘촘하게 느껴지는 질감과 섬세한 맛의 깊이는 화장하지 않은 여인의 순수하면서도 자연스러운 아름다움에 비유할 수 있을 것 같다.

고대의 심포지엄은 올 나이트 와인 파티였다?

심포지엄symposium은 고대 그리스에서 밤새 음식과 와인을 즐기며 철학·정치·문화에 관한 토론을 벌이던 모임으로 '함께 마신다'라는 의미다. 모임에서 와인은 대화와 상호 친목의 촉진제 역할을 했는데, 참가자들은 크라테르crater라는 큰 그릇에 와인을 붓고 물에 희석하여 마셨다고 한다. 술에 취하지 않고 장시간 대화를 하기 위한 조치였다고 한다. 심포지엄에서 와인에 물을 섞는 관행은 기록으로 남아 있고, 희석 비율은 토론의 성격과 참가자들의 선호에 따라 달라졌다고 한다. 심포지엄에서 참가자들은 식사와 대화, 음악, 연극을 즐기고 간단한 게임이나 시 낭송, 전문 음악가와 무용수의 공연도 이루어졌다고 한다. 현대의 심포지엄은 특정 분야의 전문가들이 모여 토론하고 의견을 나누는 딱딱한 학술행사에 불과하니, 원래의 낭만적이고 인간적인 의미에서 너무나 동떨어진 방식으로 바뀌어 온 듯하다.

베르주라크의 시라노와
샤토 투르 드 장드르
Château Tour de Gendres

베르주라크Bergerac는 보르도의 동쪽, 도르도뉴강의 연안에 있는 도시로 보르도와 유사한 스타일의 와인을 생산하여 흔히 보르도 카피Bordeaux copy라고도 한다. 베르주라크가 유명해진 것은 이 마을 출신의 유명 작가 '시라노Cyrano' 덕분이다. 그가 쓴 희곡 〈시라노 드 베르주라크Cyrano de Bergerac〉는 프랑스인이라면 누구나 알 정도로 유명하다. 실제 작가는 코가 기형적으로 큰 사람이었는데, 그런 모습의 자신을 작품 속의 주인공으로 등장시켰다.

작품 속에 나오는 시라노는 글을 잘 쓰는 시인이자 천하무적의 검객으로 문무를 겸비한 위인이지만, 얼굴에 비해 코가 너무 커서 항상 열등감에 시달린다. 마을의 아름다운 여인 록산을 사랑하지만 감히 고백할 용기를 내지 못한다. 그러던 중 마을에 잘생긴 귀족 청년 크리스티앙이 오면서, 록산과 크리스티앙은 서로에게 호감을 느낀다. 하지만 잘생긴 반면 말 주변이 없는 크리스티앙에게 록산은 금방 실망한다. 결국 시라노가 크리스티앙을 대신하여 멋지고 감동적인 연애편지를 써 준 덕분에 두 사람의 관계는 지속된다. 시라노는 전쟁터에서도 죽음을 무릅쓰고 연애편지를 전달하는데, 결국 록산이 진정으로 사랑한 사람은 연애편지를 대신 써 준 시라노였다는 대강의 줄거리다. 이 작품으로 인해 '시라노'라고 하면 연애에 서투른 사람을 대신해 사랑을 이루어 주는 사람을 일컫는 대명사가 되었다.

우리나라에서는 2010년 김현석 감독의 〈시라노 연애조작단〉이 만들어졌는데, 실제로는 프랑스 원작의 제목과 모티브를 활용한 작품이다. 영화보다 먼저 2007년에 '시라노 에이전시'라는 회사가 생겼는데, 사설 연애 도우미 회사로 연애에 숙맥인 남자들을 도와 꿈꾸던 사랑을 이루어 주는 서비스를 업으로 했다. 짝사랑하는 이성의 마음을 얻기 위해 기상천외한 상황극을 연출하여 그 이성의 호감을 사게 만드는 그런 '연애 조작'이 현대에도 수요가 있다니 사랑을 쟁취하기 위해서는 못할 것이 없는 듯하다.

프랑스 남서부에 있는 베르주라크 와인 생산지는 보르도의 동쪽에 있으며, 바다의 영향을 덜 받는 도르도뉴 지구 베르주라크 마을 주변에 있다. 전체 크기는 12,000헥타르 정도로, 1,200명의 포도 재배자들이 활동하고 있으며, 13개의 세부 지역으로 나누어져 있다. 주로 레드, 화이트, 로제 와인을 생산하는 베르주라크 AC 내에 더 작고 유명한 AC 지역들이 있는데, 가성비가 뛰어난 스위트 와인을 만드는 몽바지약Monbazillac, 소시냑Saussignac, 오몽라벨Haut-Montravel이 있다. 최고 수준의 드라이 화이트 와인은 몽라벨과 로제트에서 만든다.

샤토 투르 데 장드르의 건물의 외관

베르주라크는 14세기까지 와인 재배 지역에 대한 품질 기준을 엄격하게 적용했다. 베르주라크의 특권에도 불구하고, 이 기간 동안 보르도는 명성이 높은 자신들의 와인을 내세우기 위해 베르주라크 와인에게 불이익을 주었고, 베르주라크 와인은 이에 대응하기 위해 특화 전략을 구사할 수밖에 없었다. 그것은 바로 영국과 네덜란드에서 인기가 있었던 화이트 와인과 디저트 와인에 집중하는 것이었다.

20세기에 와서 보르도 와인 지역의 경계가 정해지자, 오랫동안 보르도라는 일반 명칭으로 팔렸던 베르주라크 와인은 새롭고 차별화된 정체성을 구축해야 했다. 이 지역 토양은 자갈과 석회암을 혼합한 모래와 점토와 석회암을 함유하고 있는 갈색 토양으로 두께와 토양 유형이 다양하고 이상적인 배수를 제공하고 있다.

　이 지역의 레드 와인은 주로 카베르네 소비뇽, 카베르네 프랑, 메를로를 블렌딩하는데, 때로는 말벡을 첨가하기도 한다. 와인은 색이 진하고 바디감이 좋으며 풍미가 좋다. 화이트 와인은 세미용과 소비뇽 블랑, 소비뇽 그리와 뮈스카델을 블렌딩하며, 가끔 위니 블랑과 슈냉 블랑을 섞기도 한다. 이러한 조합은 아로마가 뛰어나고 넉넉한 질감을 주는 과일 향이 집중된 달콤한 스타일의 와인을 만들어 낸다.

📖 와인 노트

샤토 투르 데 장드르 콘티네 페리구르딘 2013

Château Tour des Gendres Contine Perigourdine 2013

베르주라크는 보르도 동쪽으로 90분 거리인 도르도뉴 강둑에 있으며, 전통적인 프랑스 음식과 와인 문화가 강하게 자리 잡고 있는 지방이다. 드 콩티de Conti 가문은 1900년대 초부터 농장을 운영해 왔지만 1986년에 이르러 뤽 드 콩티Luc de Conti 형제가 나무를 심고 와인을 만들기 시작했다. 1994년부터는 살충제, 화학제품의 사용을 배제하고 100% 유기농으로 포도를 재배해 왔다. 주로 청포도 품종인 소비뇽 블랑, 세미용, 뮈스카델이 식재되어 있지만 카베르네 소비뇽, 메를로, 말벡

라벨의 악보가 새겨진 콘티네 페리구르딘 화이트 와인

같은 적포도 품종도 재배하고 있다. 콩티 가문은 두 종류의 클래식한 스타일의 와인을 생산하는데, 투르 데 장드르 클래식 블랑과 라 글루아르 드 몽페레 레드 와인을 만든다.

고급 와인으로는 물랭 데 담므Moulin des Dames와 안톨로지아Anthologia를 만드는데, 이 와인들은 드 콩티 가문의 경험과 열정, 독특한 테루아와 투박한 매력을 반영하고 있다. 샤토 투르 데 장드르 와인은 프랑스의 거의 모든 고급 식당의 와인 리스트에서 찾아볼 수 있다. 최고의 가성비를 보이며 쉽게 다가갈 수 있는 즐거움을 선사한다.

바삭한 산미와 풍부한 과일 향이 돋보이는 와인 중에서도 콘티네 페리구르딘Contine Perigourdine은 라벨에 아름다운 악보가 그려져 있어 매우 참신한 느낌을 준다. 와인 맛도 악보만큼 신선하고 활기차다. 샤토 투르 데 장드르가 만든 콘티네 페리구르딘 2013빈은 1헥타르의 포도밭에서 재배한 향이 좋은 뮈스카델로 만든 와인으로 오렌지 껍질과 장미, 향신료의 향과 풍성하면서도 부드러운 맛이 일품이다. 과일 맛과 신선한 산미를 보이며 해산물이나 샐러드 등과 잘 어울린다.

알브레히트 뒤러의 상상력과
라 스피네타
La Spinetta

아르헨티나에서 이주해 온 조반니 리베티의 아들 주세페 리베티와 부인 리디아가 1977년에 설립한 이탈리아 피에몬테의 라 스피네타La Spinetta는 '언덕 꼭대기'라는 뜻으로, 고급 와인을 만들겠다는 자부심의 표현이다. 라 스피네타 와인의 상징으로 자리 잡은 코뿔소 그림은 중세 독일의 대표 화가이자 판화가였던 알브레히트 뒤러가 1515년에 제작한 목판화다. 당시 인디아에서 리스본으로 실려와 유럽에서 최초로 공개된 코뿔소의 모습을 목판에 새긴 것으로, 놀랍게도 코뿔소를 보고 온 사람의 설명만 듣고 뒤러가 상상력을 발휘해 그렸다는 것이다. 직접 보지도 않고 오직 목격자의 말만 듣고 그린 다음 목판으로 새긴 이 코뿔소는 실제와 너무 닮아 그의 상상력에 경외감까지 생긴다. 와인 메이커 리베티는 와인 또한 전통에 얽매이지 않는 무한한 상상력과 영감이 필요한 예술과 같다는 점을 강조하기 위해 코뿔소

알브레히트 뒤러의 목판화 〈코뿔소〉 그림

를 와이너리의 상징으로 삼았다.

리베티 가족의 역사는 조반니 리베티가 피에몬테를 떠나 아르헨티나로 이민을 떠난 1890년대에 시작되었다. 당시 고향을 떠난 많은 이탈리아 이민자처럼 그도 언젠가 부자가 되어 이탈리아로 금의환향하여 훌륭한 와인을 만드는 것이 꿈이었다. 그의 아들인 주세페가 아버지의 못다 한 꿈을 이루었다. 그는 고국으로 돌아와 와인을 만들기 시작했고 1977년 카스타폴레 란츠 언덕 위에 그의 와이너리를 세웠다. 모스카토 다스티 마을의 중심부에서 모스카토 와인인 브리코 콸리아Bricco Quaglia와 비앙코스피노Biancospino를 만들어 크게 성공했다. 1985년에는 최초의 레드 와인인 바르베라 카 디 피안Barbera Cà di Pian을 만들었고, 1989년에는 레드 블렌드 '핀Pin'을 만들어 부친에게 헌정했다. 1995년부터 1998년까지 다양한 종류의 바르바레스코와 바르베라 와인으로 생산을 확장했고, 2000년부터 바롤로를 만들기 시작하여 최고 수준의 와인인 바롤로 캄페Barolo Campè를 만들었다. 2001년에는 피에몬테 경계 너머로 사업을 확장하여 토스카나 피사와 볼테라 사이에 있는 65헥타르의 포도원을 인수하여 세 종류의 산지오베제 와인을 만들었다.

1970년대 모스카토 생산으로 유명세를 탔고, 이어서 네비올로, 산지오베제, 콜로리노, 티모로소 등에 이르기까지 그가 만든 와인은 모두 큰 인기를 끌었다. 선구적인 단일 포도원 바르베라 와인과 네비올로를 블렌딩한 핀은 랑게 지역 최고 와인 중 하나로 손꼽히며, 바르바레스코와 바롤로 와인 또한 수준급이다. 라 스피네타 와인은 세계적인 권위의 이탈리아 와인 전문 미디어 감베로 로소Gambero Rosso에서 수여하는 최고의 상 '트레 비키에리Tre Bicchieri'를 30개 이상 획득했다.

최고급 와인은 바롤로 캄페 와인으로 연간 7,000병 정도 생산되는데 워낙 마니아가 많아 우리나라에서는 구하기가 쉽지 않다. 캄페는 그린자네 카보르Grinzane Cavour 포도원에서 나오는 네비올로를 사용하고, 평균 14~15일 동안 온도 조절 장치가 있는 오크통에서 침용과 발효를 거치며, 젖산발효는 프랑스 오크통에서 이루어진다. 20%는 새 오크통에서 숙성하고 나머지는 두 번 사용한 오크통에서 24개월간 숙성하며, 추가로 12개월 병 숙성 및 안정을 거친 후 출하된다.

라 스피네타 부르수 비네토 갈리나
바르바레스코 2000, 이탈리아 피에몬테

La Spinetta Vursu Vigneto Gallina Barbaresco 2000

갈리나 포도원은 갈리나 아 네이베에 있으며 석회
성 이회토 바탕에 밝은 모래가 섞인 5헥타르 크기
의 포도밭으로 해발 250m 고지에 남쪽을 향해 경
사져 있다. 평균 수령이 55년 된 포도나무에서 연간
6,500병 정도를 생산한다. 포도는 수확 후 14~15일
동안 온도 조절을 하며 침용과 발효가 진행된다. 프
랑스 오크통에서 젖산발효를 하며, 숙성은 새 오크통에 20%, 나머지
80%는 2년 정도 사용한 오크통을 써서 20개월의 숙성을 거치는데, 병
입된 후 추가로 6개월간의 안정화를 거쳐 판매된다. 최초의 빈티지는
1995년산이었고, 특히 2000년산은 최고의 빈티지로 꼽히는데, 〈와인 스
펙테이터〉에서 96점을 받았다.

비네토 갈리나 2000년산은 20년 이상의 오랜 숙성으로 가장자리가 오
렌지색을 띤 짙은 벽돌색을 띠었고, 꽃 향과 말린 장미, 블랙체리, 부엽토,
토바코 잎, 타르, 가죽, 훈제 고기, 매콤한 향신료의 풍미가 어우러져 있다.
실크처럼 부드러운 질감의 타닌과 상쾌한 산미, 잘 익은 베리 향의 달콤한
뒷맛이 잘 어우러져 일체감을 이루었다. 오랜 숙성으로 처음엔 약간 거슬
리는 산화 풍미가 있었으나 시간이 지나면서 날아가고 와인 본연의 향이

피어나며 제 모습을 드러냈다. 이전에는 느껴 보지 못했던 농축된 풍미와 부드러운 질감 그리고 완벽한 밸런스를 경험해 볼 수 있었다.

◯ **Wine Navigation**

코르크 이전에는 송진으로 막았다?

유리병이 만들어지기 전인 고대 그리스에서는 암포라에 와인을 보관했는데, 산화를 막기 위해 나무에 헝겊을 말아 소나무 송진을 바른 다음 밀봉했다. 이런 방법은 와인에 특유의 송진 향을 부여하는 부수적인 효과가 있었다.

그리스의 레치나Retsina 와인은 바로 이 관습에서 유래한 것으로, 소나무 송진을 첨가하여 특유의 수지 향이 나는 와인으로, 송진은 와인을 보존하는 데 도움을 주었고, 시간이 지나면서 이 특징적인 풍미가 레치나 와인의 전통적인 특성으로 자리 잡게 되었다. 레치나는 주로 사바티아노Savatiano, 로디티스Roditis, 아시르티코Assyrtiko와 같은 화이트 와인 품종으로 만들며 송진을 첨가한다. 현대에는 레치나 와인을 만들 때 발효 과정 중 소량의 송진을 추가하는데, 그 양은 와이너리에 따라 다르며, 와인의 맛과 향도 달라진다. 전통적으로 그리스 요리와 잘 어울리며, 특히 해산물이나 강한 향의 음식과 함께 즐기기에 좋다고 한다.

지난 가을 산사에서 솔잎으로 만들어 20년간 숙성한 솔잎주를 마신 적이 있다. 맛이 기가 막혔다. 항아리에 솔잎을 쌓고 소주를 넣지 않고 설탕만 뿌려 장기 숙성한 술이었는데, 은은한 솔 향이 우러나 특별한 느낌을 주었다. 아마도 레치나 와인도 이와 비슷한 느낌이 아닐까 생각한다.

피가로의 결혼과
비냐 알마비바
Viña Almaviva

    알마비바Almaviva란 '생동하는 영혼'이라는 의미로, 1998년 프랑스의 바롱 필리프 드 로쉴드Baron Philippe de Rothschild와 칠레의 콘차 이 토로Concha Y Toro와의 합작으로 탄생했다. '알마비바'라는 와인명은 로쉴드의 필리핀 남작 부인이 지은 것으로 18세기에 활동했던 프랑스 작가 피에르 드 보마르셰의 희곡 작품이었지만 이후 모차르트가 오페라로 만들어 대성공을 거둔 〈피가로의 결혼〉에 주인공으로 등장하는 세비야의 호탕한 귀족 알마비바 백작의 이름에서 따온 것이라 다분히 프랑스적인 작명이라 할 수 있다.

    모차르트가 1786년 발표한 오페라 〈피가로의 결혼〉은 중세 봉건시대의 악습인 영주들의 초야권(영지 내 하녀들에게 첫날밤을 요구할 권리)을 소재로 하고 있는데, 프랑스 앙시앙 레짐 Ancient Regime(구체제)에 대항하는 민중 의식이 싹트기 시작했던 시기에 일반 시민들이 구체제

칠레의 토속 건축 양식을 따라 지은 비냐 알마비바

의 악습에 저항하는 시대상을 보여 주는 작품이다. 이 작품이 공연된 지 3년 뒤인 1789년에 프랑스 혁명이 일어났으니 어떻게 보면 혁명의 도화선이 되었을지도 모른다. 나폴레옹도 "프랑스 혁명은 보마르셰의 연극에서부터 이미 시작되었다."는 유명한 말을 남겼다.

작품에 등장하는 세비야의 이발사인 피가로는 알마비바 백작의 측근이었는데, 백작이 자신의 애인 수잔나에게 초야권을 행사하여 첫날밤을 차지하려 한다는 속셈을 간파하고 주변의 도움을 받아 기지를 발휘한다. 수잔나와 백작 부인은 교묘한 속임수로 백작을 난처한 상황에 처하게 하고, 결국 부인에게 그의 음흉함이 탄로나 사과하면서 마침내 피가로와 수잔나가 결혼하게 된다는 이야기다.

큰 감동을 주었던 〈쇼생크 탈출〉이라는 영화에서 주인공 앤디가 간수들이 못 들어오게 문을 걸어 잠근 채 확성기로 운동장에 모인 죄수들에게 들려줬던 감동적인 아리아가 바로 〈피가로의 결혼〉 제3막에 나오는 이중창 '산들바람 부는 저녁에 Che Soave Zeffiretto'다. 죄수들이 운동장에서 넋을 잃고 아리아를 들으며 한 마리 새가 되어 자유

이야기가 빛나는 와인

를 찾아 날아가는 듯한 꿈에 빠지게 만든 몽환적인 아리아 이중창이 아직도 귀에 맴도는 듯하다.

알마비바 와인의 흰색 라벨 위에 마치 살아 움직이는 듯한 생동감 있는 필체는 보마르셰의 필체를 그대로 옮겨온 것이다. 라벨에 보이는 북 같은 악기는 칠레의 원주민 마푸체족이 제사 때 사용하는 물건이라, 칠레와 프랑스의 문화적 상징물이 라벨에 함께 나타나 있어서 와인을 문화적 상징으로 승화시킨 느낌을 준다.

푸엔테알토에 있는 비냐 알마비바Viña Almaviva는 칠레의 건축가 마르틴 후르타도의 설계로 1998년에 건축되었다. 미학적 디자인과 기능성의 조화가 돋보이며, 조경에 사용된 나무는 칠레 토착 수목으로 칠레의 남쪽에서 가져왔으며, 토종 수목의 온기를 현대적 스타일의 건물 구조와 결합시켰다. 지붕의 둥근 곡선 구조는 인근의 자연환경과 조화를 이루며 안데스산맥의 모양을 그대로 옮겨 놓았다. 내부 장식과 와이너리의 외양은 칠레 원주민의 문화적 상징물과 공예품을 사용했기에 원주민들의 영감이 와이너리를 감싸고 있는 듯한 인상을 준다. 하지만 내부의 최첨단 양조 설비와 잘 정비된 와인 저장고는 초현대식이라 전통과 기술의 완벽한 조화를 보는 듯하다.

와인 노트

비냐 알마비바 2018, 칠레 푸엔테알토
Viña Almaviva 2018

알마비바는 보르도 리브-엑스의 세계 와인 분류에서 칠
레산 와인 1위를 차지했으며, 세계 2위의 성장률을 기
록한 바 있다. 특히 2015년산은 제임스 서클링 100점
평가를 받았다. 내가 맛본 2018빈은 제임스 서클링이
98점을 주었고, 로버트 파커가 96점을 주었다. 2018빈
은 아직 영한 편으로 카베르네 소비뇽 72%, 카르메네르
19%, 카베르네 프랑 6%, 프티 베르도 3%를 블렌딩했다. 가장자리에 보
랏빛이 감도는 짙은 루비 색상인 와인은 블랙체리, 말린 프룬, 라벤더, 무
화과, 피망, 타르, 에스프레소 같은 복합적인 풍미와 촘촘한 질감, 풍성한 과
일 향과 산미의 밸런스가 좋았지만 아직 마시기엔 조금 이른 편으로, 강렬
한 타닌의 질감이 부드러워지려면 몇 년의 시간이 더 필요할 듯하다.

예수님이 결혼식장에서 만든 와인의 양은?

예수님이 성모 마리아와 제자들과 함께 갈릴리 가나에 있는 친척 결혼식에 참석했는데, 피로연 중에 그만 와인이 모자라는 난처한 상황을 맞았다. 잔칫집에 와인이 떨어져 축제 분위기가 싸늘하게 식어갈 때 마리아가 예수께 어떻게 좀 할 수 없을까 눈치를 줬지만 예수께서는 "아직 내 때가 이르지 않았다."고 하며 처음엔 완곡히 거절하셨다. 이에 마리아는 하인들에게 "예수께서 이르는 대로 하라."고 말하자, 예수께서 하인들에게 돌로 된 항아리 6개에 물을 채워 오라고 하셨고 이들이 들은 대로 하자 "그대로 손님들에게 내주라."고 명하셨다고 한다. 놀랍게도 물이 모두 와인으로 변해 있었고, 하객들은 맛 좋은 와인을 마음껏 마시며 연회를 즐겼다. 이렇게 예수님이 이루신 첫 번째 기적은 행복한 가정의 출발점인 결혼식에서 축하와 단합의 상징인 와인을 만든 것으로 성경에 기록되었다.

그러면 예수님께서 만든 와인의 양은 얼마나 될까? 당시 갈릴리 지방 사람들이 사용했던 돌항아리의 크기는 20갤런(75.7L) 정도였기에, 6개의 항아리는 120갤런(454.2L)의 양으로 와인 600병에 해당한다. 1개의 팔렛을 채울 양을 말씀 한 번으로 순식간에 만드신 것이다. 당시 중동 지역의 결혼식은 3일 이상 계속되는 축제라, 하객들이 마음껏 마시기에 충분한 양이었다. 맛과 향이 이전에 마신 와인보다 더욱 뛰어나 감탄했다고 하니 와인의 풍성한 과일 풍미와 복합미, 바디감, 밸런스까지 맞춰 만들어 내신 예수님의 양조 기술은 보르도의 세계적 와인 컨설턴트이자 플라잉 와인 메이커 미셸 롤랑Michel Rolland도 울고 갈 수준이었을 듯하다.

미국풍 카베르네 소비뇽의 대명사, 실버 오크
Silver Oak

실버 오크Silver Oak는 나파 밸리를 남북으로 연결하는 실버라도 트레일Silverado Trail과 오크빌Oakville 마을 도로 사이에 자리 잡고 있어 붙여진 이름이다. 소박하지만 친숙하면서도 기억하기 쉬운 이름 때문에 더욱 유명해졌다. 라벨에는 1983년경 마당에 세워진 흰색의 거대한 물탱크와 오크나무가 그려져 있어 깊은 인상을 남긴다. 콜로라도 출신으로 석유 사업을 해서 큰돈을 번 사업가 레이먼드 던컨Raymond Duncan과 역사가 오래된 크리스천 브라더스Christian Brothers에서 일하던 와인 메이커 저스틴 마이어Justin Meyer가 의기투합하여 1972년에 설립한 와이너리다.

저스틴 마이어는 전설적인 와인 메이커로, 크리스천 브라더스의 수도사로 시작하여 수도원 양조장에서 경력을 쌓았고, 데이비스 소재 캘리포니아 대학에서 양조학을 전공했다. 뛰어난 양조 기술로 유명해지자 던컨이 그에게 동업 제안을 한 것이다.

실버 오크의 성공은 다양한 종류의 와인을 만들기보다 선택과 집중을 한 것에서 비롯되었다. 미국인들이 가장 좋아하는 카베르네 소비뇽에 집중했고, 미주리에 있는 오크통 제조회사를 인수하여 100% 미국산 오크통만 사용하여 2년간 와인을 숙성하기 때문에 가장 미국적인 스타일의 와인으로 자리매김할 수 있었고, 그 결과 미국 내 대부분의 고급 레스토랑 와인 리스트에 올라갈 정도로 인기가 있다.

창업 파트너이자 수석 와인 메이커였던 저스틴 마이어는 실버 오크에서 약 30년 동안 일했으나 지난 2001년에 지병 때문에 퇴직했다. 자신의 지분을 동업자에게 매각하고 무려 1억 2,000만 달러, 우리 돈으로 1,500억 원을 받았다. 30년 동안 일하고 1,500억 원을 챙겼다면 정말 드물게 성공한 직장 생활의 결말이라 할 수 있다. 하지만 그는 안타깝게도 퇴직한 지 1년 만에 심장마비로 향년 63세의 아까운 나이에 세상을 등졌다. 평생을 어둡고 침침한 지하 셀러에서 보내고 이제 좀 즐겨 볼까 했는데, 그의 시간이 다한 것이다.

실버 오크는 미국의 고가 컬트 와인보다 접근이 쉬운 와인으로 생산량도 많은 편이다. 실버 오크 나파 밸리 와인은 연간 36만 병, 알렉산더 밸리 와인은 84만 병 생산하고 있다. 2012년에는 포므롤의 전설로 알려진 샤토 페트뤼스의 와인 메이커인 장 클로드 베루에Jean Claude Berrouet를 컨설턴트로 영입하여 와인의 품질이 한층 나아졌다. 지금은 던컨의 아들 데이비드와 동생 팀이 가족 경영 방식으로 운영하고 있다. 나파 밸리와 알렉산더 밸리를 중심으로 약 160헥타르의 포도밭을 지속 가능 농법으로 경작하며 최고 수준의 와인을 만들고 있다.

📖 와인 노트

실버 오크 나파 밸리 카베르네
소비뇽 2008, 나파 밸리

Silver Oak Napa Valley Cabernet
Sauvignon 2008

실버 오크 2008년산은 강렬한 과일 풍미와 벨벳처럼 부드러운 타닌, 깊은 맛을 지닌 복합미가 돋보이는 와인이었다. 가장자리에 옅은 가넷 빛이 감돌고 중간 심도는 짙은 루비 레드 색상을 띠며, 블랙베리, 레드 체리, 무화과 같은 완숙한 과일 향이 나고, 모카, 코코넛, 바닐라, 밀크 초콜릿, 오크와 삼나무 향이 입 안으로 올라왔다. 전반적으로 짜임새 있는 구조감과 부드러운 산미, 편안함을 주는 둥근 타닌, 입 안을 가득 채워 주는 풍성함과 긴 여운을 남긴 풀 바디의 레드 와인이었다. 소다 캐년 랜치 빈야드와 점프 록 빈야드Jump Rock Vineyard에서 재배된 카베르네 소비뇽 83%, 메를로 7%, 카베르네 프랑 7%, 프티 베르도 3%의 블렌딩으로 만들어졌으며, 24개월간 100% 새 미국산 오크통에서 숙성시키고 추가로 20개월간의 병 숙성을 거쳐 출시되었다. 솔직 담백하면서도 친절한 매너를 갖추고 핏이 좋은 몸매의 신사를 만난 듯한 느낌을 주는 와인이다.

미국 와인의 기적을 일으킨
샤토 몬텔레나
Chateau Montelena

이야깃거리가 풍성한 샤토 몬텔레나의 역사는 알프레드 텁스Alfred L. Tubbs에 의해 시작되었다. 샌프란시스코에서 밧줄 회사를 운영하면서 큰돈을 번 그는 새로 생긴 나파 밸리행 열차를 타고 종착역인 칼리스토가에 내려 노후 전원생활의 꿈을 이룰 장소를 찾고 있었다. 기후나 토양 조건으로 볼 때 나파 밸리만 한 곳은 없다고 하여 1882년 1월 세인트헬레나 산기슭 칼리스토가 북쪽의 척박한 땅을 손에 넣었다. 돌이 많아 물 빠짐이 좋고, 충적토와 화산질로 이루어진 토양은 특히 포도 농사에 안성맞춤이었다. 낮과 밤의 기온차가 10도 정도 벌어져 포도의 산도 유지에 도움이 되고, 생장 기간을 길게 가져갈 수 있기 때문에 포도는 풍부하고 복합적인 향을 내는 와인을 만드는 데 적합했다.

먼저 포도나무를 식재해 포도원을 조성한 후 프랑스 건축가를 고용하여 프랑스식 샤토를 지었다. 샤토 라피트가 모델이었기에 수입한 석재로 외벽을 마감했고, 그의 이름을 따 '알프레드 텁스 와이너리'라 지었다. 1886년에는 프랑스 출신의 양조자 제롬 바르도를 데려와 와인을 만들기 시작했다.

텁스가 사망한 후 아들 윌리엄이 물려받았고, 1919년 텁스의 손자에게 상속되면서 불운을 맞았다. 이듬해인 1920년 미국의 수정헌법 제18조가 발효되면서 금주법이 시행된 것이다. 이 법을 발의했던 하원의원의 이름을 따 '볼스테드법Volstead Act'이라고도 하는데, 와인을 포함한 모든 주류의 제조, 판매, 운송, 수입, 수출, 배달과 소유를 금지했다. 금주법이 발효된 배경에는 과음으로 인한 가족 폭행, 가정 파탄 등의 사회적 문제가 있었는데, 대다수 의원들은 이런 문제를 해결하기 위해 청교도 정신에 입각하여 전국적 규모의 금주법안을 통과시킨 것이다. 졸지에 된서리를 맞은 것은 기지개를 켜기 시작하던 와인 산업이었다. 1919년에 700개에 달하던 캘리포니아 와이너리는 금주법 시대에 100개만 남았고, 텁스도 큰 타격을 받았다.

금주법은 1933년까지 13년 동안 지속되었지만, 텁스는 문을 닫지 않고 버텼다. 그는 와인을 만들 수 없게 되자, 생산한 포도를 인근 와이너리에 팔거나, 집에서 자가 소비용 와인을 만드는 사람들에게 판매하면서 명맥을 유지했다. 금주법은 예외 조항이 있어서 교회 성찬용 와인 생산은 가능했기에 베린저, 보리우 빈야드, 크리스천 브라더스 같은 몇 개의 포도원은 교회를 위한 와인을 만들었고, 텁스는 포도를 공급했다. 미국의 가정에서는 연간 200갤런의 가양주를 만들어 소비할 수 있었기에 이들에게 포도를 팔면서 버틴 것이다.

그러나 사람의 본능을 막는 법률은 그리 오래가지 못하는 법이다. 밀주가 성행하고 마피아의 활약 등 온갖 불법이 판치자 금주법의 실효성에 대한 회의가 일어나고 금주에 대한 불만이 고조되어 결국 수정헌법 제18조를 무효화하는 수정헌법 제21조의 발효로 금주법 시대는 종말을 고하게 되었다.

알프레드의 손자였던 채핀 텁스는 금주법 철폐를 예상하고 와이너리와 양조 설비를 새롭게 단장하기 시작했다. 결국 1933년 금주법이 무효화되면서 다시 와인이 합법화되었지만, 한 번 식어 버린 와인 산업은 회복이 더디었다. 금주법 때 100개 정도 살아남은 와이너리는 30년이 지난 1960년대에도 270개에 머물렀고, 금주법 시대에 싸구려 와인에 입맛이 맞춰져 고급 와인이 차지할 자리가 없었다. 텁스의 손자 채핀은 소량의 와인만 만들고 포도를 다른 와이너리에 팔면서 버텨 나갔다. 1940년에 이르러 와이너리 이름을 포도밭 뒤의 산 이름인 '마운트 세인트헬레나'를 줄여 샤토 몬텔레나Chateau Montelena로 바꿨다. 와이너리 재건에 혼신의 힘을 쏟으며 고난의 행군을 이어가던 채핀 텁스는 결국 1947년 눈을 감았다.

그가 사망한 후 와이너리의 모든 기능이 정지된 채 20년 동안 거의 방치되었고, 텁스의 후손들은 1958년 파산 상태에 이른 샤토를 싼값에 매각했다. 결국 텁스 가문은 3대에 걸쳐 80년 동안 고생만 하다가 빈털터리가 되었다. 덤불만 가득한 포도밭과 샤토 건물은 부유한 중국인 프랑크 부부에게 팔렸다. 이들은 제2차 세계대전 이전 홍콩에서 전기 기술자로 취업 이민을 왔고, 은퇴 후 살 집을 물색 중이었다. 프랑크는 향수병에 걸린 부인을 위해 포도원 입구에 큰 호수를 만들어

1976년 파리의 심판에서 1등 한 샤토 몬텔레나 와인과 이를 미국에 알린 〈타임스〉 유인물

정자와 나무다리를 놓고 잉어를 키웠다. 이들이 만들어 놓은 제이드 호수는 오늘날 나파 밸리의 손꼽히는 명소가 되었다.

　샤토 몬텔레나의 르네상스 시대는 1970년대 초에 열렸다. 샌프란 시스코에서 법률사무소를 운영하던 짐 베렛이 샤토의 새 주인이 된 것이다. 그의 사업상 친구였던 리 패시치가 1968년에 샤토 몬텔레나 건물과 포도밭을 중국인 부부로부터 구입했다가 짐 베렛에게 100만 달러에 넘긴 것이다. 짐은 포도나무를 심고 최신식 양조 장비를 들여왔다. 그의 꿈은 나파 밸리 최고의 카베르네 소비뇽을 만드는 것이었다. 그러나 포도나무가 자라서 와인을 만들려면 3~4년은 기다려야 했고, 그동안 유동성 위기를 넘기는 방법은 포도를 사서 와인을 만드는 것이었다.

　그는 보리우 빈야드와 로버트 몬다비에서 양조를 담당했던 크로아티아 출신의 마이크 그르기치를 양조 책임자로 데려왔다. 1972년산 샤르도네가 첫 빈티지였는데 새 프랑스 오크통을 쓰는 바람에 오크 향이 지나치고 맛이 텁텁해 실패였다. 다음 해인 1973년에 두 번째로 만든 샤르도네는 3년 후인 1976년에 우리가 익히 아는 '파리의 심판'에서 프랑스의 몽라셰와 뫼르소를 누르고 화이트 와인 부문에서 1등을 차지했다. 자신의 와이너리를 갖는 것이 꿈이었던 그르기치는 파리의 심판으로 유명해지자 1977년 몬텔레나를 떠나 텍사스의 커피 재벌 오스틴 힐스와 합작하여 그르기치 힐스Grgich Hills 와이너리를 세웠다. 샤토 몬텔레나는 짐의 아들 보 베렛이 가업을 이어받아 오늘에 이른다.

존재감이 전혀 없던 미국 와인이 세계 와인계의 스타로 등장한 것은 '파리의 심판' 덕분이다. 1976년 5월 24일 파리의 인터콘티넨털 호텔에서 벌어진 프랑스 와인과 미국 와인의 대결로, 양국의 대표 와인이 라벨을 가린 채 오직 맛과 향으로만 등위를 정하는 친선 차원의 블라인드 테이스팅 이벤트였는데, 평가위원들은 도멘 드 라 로마네 콩티의 공동 소유자를 포함해서 프랑스 최고의 미식가, 와인 전문가들로 구성되었다. 결과는 놀랍게도 화이트 와인과 레드 와인 부문 모두 미국 와인이 1등을 차지한 것이다. 화이트는 샤토 몬텔레나 1973년산이, 레드는 스태그스 립 와인 셀러스 1973년산이 각각 1등을 차지하자 프랑스 평가위원들은 모두 패닉에 빠졌다. 이를 지켜보던 미국 〈타임스〉 기자 조지 테이버가 기사를 써서 미국으로 보내며 '파리의 심판Judgment of Paris'이라는 멋진 제목을 붙여 오늘날까지 유명한 사건으로 기억되고 있다.

프랑스 평가위원 9명은 20점 만점제로 평가했는데, 먼저 샤르도 네 품종으로 우열을 겨룬 화이트 와인 부문에서 미국의 샤토 몬텔레 나가 전설의 부르고뉴 되르소, 몽라셰를 물리치고 1등을 차지했다. 프랑스 평가위원 9명 중 6명이 최고 점수를 줬으니 당연히 1등이라 는 결과가 나왔다. 놀랍게도 몬텔레나의 샤르도네는 몬텔레나가 만 든 두 번째 샤르도네 와인으로, 다른 포도밭에서 구매한 포도로 만들 었다는 점이다. 당시 출품된 와인의 가격은 프랑스 와인이 평균 25달 러, 미국 와인이 평균 6달러 수준으로, 무려 네 배의 가격 차이를 극 복하고 1등을 했다는 점이 더욱 빛이 난다. 몬텔레나의 창업자 알프 레드 텁스 가문은 3대에 걸쳐 고생만 하고 망한 데 반해 짐 베렛은 샤 토를 인수한 지 5년 만에 대박을 친 것이다. 역시 사업은 타이밍과 인 재가 핵심임을 다시 한 번 깨닫게 된다.

샤토 몬텔레나는 재미있는 뒷이야기들이 많다. 2008년에는 파리의 심판을 배경으로 만든 영화 〈와인 미라클Bottle Shock〉이 나와 큰 인기 를 끌었다. 미국의 스미스소니언박물관에 가면 '미국을 만든 101개 의 물건' 중 샤토 몬텔레나와 스태그스 립 와인 셀러스의 와인 병이 전시되어 있다. 미국 역사의 한 장면을 만든 드라마가 된 것이다.

이 와인을 만든 마이크 그르기치(1923년생)는 2023년 100세의 일기 로 별세했다. 옛 유고슬라비아 자그레브에서 양조학을 공부한 그는 독일, 캐나다를 거쳐 천신만고 끝에 미국에 정착하여 아메리칸 드림 을 이루었다. 자신의 이름이 들어간 그르기치 힐스 와이너리를 세운 것이다.

파리의 심판 행사를 주관했던 사람은 부유한 영국인으로, 파리에서 와인 숍을 겸한 와인학원인 '아카데미 뒤 뱅'을 운영하던 스티븐 스퍼리에였다. 그는 미국 독립 200주년(1776~1976)을 기념하고 나파 밸리 와인의 우수성을 소개할 목적으로 행사를 진행했지만 결국 프랑스에 불리한 결과가 나와 난처한 입장이 되었다. 하지만 미국 와인은 국제적인 위상을 높이는 기회가 되었다. 언론인으로서 유일하게 참석하여 이를 전 세계에 알린 〈타임스〉의 조지 테이버는 유명인사가 되었고,《파리의 심판》이란 책을 저술하여 국내에도 번역본이 나왔다.

'파리의 심판'이라는 기사 제목은 사실 3,000년 전부터 있었던 그리스 신화의 제목이다. 오리지널 '파리의 심판'은 트로이 전쟁의 단초가 된 사건으로, 파리스Paris라는 목동이 제우스를 대신하여 헤라, 아프로디테, 아테나 여신 중 베스트를 정하는 심판관이 된 데서 유래한 것이다. 파리스가 아프로디테를 가장 아름다운 여신으로 지명하자, 그녀는 약속대로 파리스에게 가장 아름다운 여인을 갖도록 해 주었는데, 그 여인은 스파르타의 왕 메넬라오스의 아내 '헬레네'였다. 파리스가 헬레네를 유혹하여 트로이로 데려오자 그녀를 되찾기 위해 트로이 전쟁이 터졌고, 파리스의 심판에 앙심을 품었던 헤라와 아테나가 그리스 편을 드는 바람에 결국 트로이는 멸망했다. 이 전쟁은 우리가 보았던 브래드 피트(아킬레스 역) 주연의 〈트로이〉를 통해 익히 알고 있는 내용이다.

이렇게 3,000년 전 그리스 신화에서 영감을 얻은 제목을 헤드라인으로 쓴 덕분에 이 사건은 사람들의 입에 오르내리며 재미난 스토리로 기억되고 있다. 만약 기자에게 인문학적 소양이 없었다면 이런 멋진 제목이 나올 수 있었을까? 이처럼 와인은 신화와 전설, 역사, 종교,

문학, 철학과 얽힌 풍성한 이야기가 많기 때문에 더 매력적으로 와 닿는다. 프랑스 속담에도 '혼자 마시는 와인은 흔적을 남기지 않는 인생과 같다.'라는 말이 있다. 와인은 좋은 사람과 함께 나눌 때 더욱 가치를 발하며 우정과 신뢰 그리고 사랑을 깊게 만드는 촉매 역할을 한다고 믿는다.

📔 와인 노트

샤토 몬텔레나 샤르도네 2016, 나파 밸리

Chateau Montelena Chardonnay 2016

몬텔레나의 샤르도네는 절제된 프랑스 방식으로 만들어진다. 젖산발효를 생략하고 전체 와인의 10% 정도만 프랑스 오크통 숙성을 하기 때문에 신선하면서도 섬세한 향을 보여 전통적인 미국 샤르도네의 버터리하고 오크 향이 짙은 스타일과는 대척점에 있다.

2016년산 샤르도네 와인은 밝고 옅은 지푸라기 색상을 띠었고 바삭하면서도 기분 좋은 산미가 매력적이었다. 사과, 배, 감귤류, 자몽, 백도, 오렌지 껍질, 흰 후추 같은 스파이시한 느낌과 약간의 오크 터치를 느낄 수 있었다. 특이하게도 양조할 때 포도의 50% 정도는 줄기를 제거하지 않은 채 송이 전체를 발효하고 앙금 접촉을 길게 하지만 가라앉은 효모 찌꺼기를 저어 주는 바토나주Batonnage는 생략한다. 섬세하면서도 깊은 맛을 내는 데 양조 노하우가 많이 숨어 있는 와인이다.

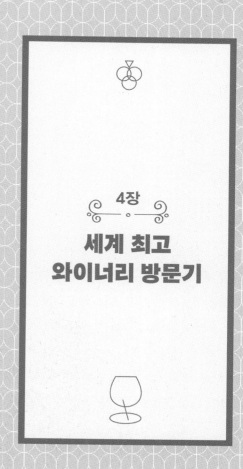

4장

세계 최고
와이너리 방문기

세계 50대 와이너리

매년 전문가들이 선정한 세계 50대 와이너리World's Best 50 Vineyards 리스트가 발표된다. 〈포브스Forbes〉 등 유수 매거진을 통해 자세히 소개되고 있어 와인 애호가들의 관심이 높다. 세계 50대 와이너리 리스트는 전 세계 500명 이상의 와인 전문가, 소믈리에, 저널리스트, 세계 여행 전문가들로 구성된 전문 위원단에 의해 매년 선정되는데, 인터내셔널 와인 챌린지 앤 캐노피International Wine Challenge and Canopy의 대표 윌리엄 리드William Reed의 주도로 와인 관광과 여행에 대한 인식을 높이고 와인 관련 글로벌 체험을 즐길 수 있도록 하기 위해 기획한 콘셉트다.

나도 지난 몇 년간 세계 50대 와이너리를 뽑는 심사위원으로 참여한 바 있다. 내가 그동안 방문했던 400여 개의 와이너리 중에서 매년 20여 개가 세계 50대 와이너리 리스트에 꾸준히 이름을 올리고 있다.

해마다 등위의 차이는 있으나 리스트에 자주 오르는 와이너리들이 많은 것을 보면 심사위원들 대부분의 방문 경험이 비슷하고 좋은 추억을 간직하고 있는 듯하다. 500명의 심사위원은 세계 22개 지역으로 나누어지고, 각 지역은 36명의 전문 패널 위원으로 구성된다. 심사위원의 25%는 매년 교체되어 공정성과 신선함을 유지하는데, 각 심사위원들은 자신이 직접 방문한 와이너리 중 베스트 7곳을 정해서 제출하며, 이를 종합하여 1등부터 50등까지 순위가 정해지며 최종 결과는 매년 7월 초에 발표된다.

2023년의 최종 리스트에는 유럽의 포도원이 23개, 프랑스는 볼랭저와 뵈브 클리코 등 4곳의 샴페인 하우스를 포함해 총 9곳이 이름을 올렸고, 칠레는 비냐 몬테스와 클로 아팔타를 포함해 7곳이 선정되었다. 2023년 목록에는 이전보다 신규 참가자가 더 많아 헝가리의 와이너리 2곳과 조지아의 샤토 무크라니가 47위를 기록하며 50대 와이너리에 처음 이름을 올렸다.

여기에서는 세계 50대 와이너리 중 내가 직접 가보고 감동을 느낀 와이너리를 몇 곳 소개하겠다. 와인 애호가라면 누구나 자신이 좋아하는 와이너리를 방문하여 포도밭에 발을 디뎌 보고 오크통으로 가득한 지하 셀러를 지나 테이스팅 룸에서 와인 메이커와 함께 와인을 테이스팅하기를 버킷 리스트에 올려 놓았을 듯하다. 소개하는 와이너리 중에서 아마도 꼭 방문해 보고 싶은 와이너리가 몇 곳 있지 않을까 싶다. 누군가 그런 말을 했다. 목표를 정하는 순간 그 꿈은 현실이 된다고…. 멋진 계획을 세우면 언젠가 그 소망이 이루어지리라 믿는다.

참고로 2023년 세계 50대 와이너리 리스트는 다음과 같다. 내가 방문했던 와이너리는 밑줄로 표시해 놓았다.

1 Catena Zapata, Argentina (best in South America)

2 Bodegas de los Herederos del Marqués de Riscal, Spain (best in Europe)

3 VIK Winery, Chile

4 Creation, South Africa (best in Africa)

5 Château Smith Haut Lafitte, France

6 Bodega Garzón, Uruguay

7 Montes, Chile

8 Domäne Schloss Johannisberg, Germany

9 Bodegas Salentein, Argentina

10 El Enemigo Wines, Argentina

11 Rippon, New Zealand (best in Australasia)

12 Weingut Dr Loosen, Germany

13 Finca Victoria-Durigutti Family Winemakers, Argentina

14 Domäne Wachau, Austria

15 Quinta do Crasto, Portugal

16 Quinta do Noval, Portugal

17 d'Arenberg, Australia

18 Château d'Yquem, France

19 Château Pape Clément, France

20 Jordan Vineyard & Winery, USA(best in North America)

21 González Byass-Bodegas Tio Pepe, Spain

22 Maison Ruinart, France

23 Champagne Bollinger, France(new entry)

24 Bodega Colomé, Argentina

25 Viñedos de Alcohuaz, Chile(new entry)

26 Henschke, Australia

27 Abadía Retuerta, Spain

28 Brooks Wine, USA(new entry)

29 Ceretto, Italy

30 Bodega Bouza, Uruguay(new entry)

31 Champagne Billecart-Salmon, France

32 Klein Constantia Winery, South Africa

33 Château Pichon Baron, France

34 Château de Beaucastel, France(new entry)

35 Szepsy Winery, Hungary(new entry)

36 Delaire Graff Estate, South Africa

37 Viña Casas del Bosque, Chile

38 Château Mercian Mariko Winery, Japan(best in Asia)

39 Clos Apalta, Chile

40 Graham's Port Lodge, Portugal

41 Château Kefraya, Lebanon(new entry)

42 Quinta do Seixo(Sandeman), Portugal

43 Viu Manent, Chile

44 Penfolds Magill Estate, Australia

45 Disznókő, Hungary (new entry)

46 Veuve Clicquot, France (new entry)

47 Château Mukhrani, Georgia (new entry)

48 Bodega DiamAndes, Argentina (new entry)

49 Bodega Muga, Spain (new entry)

50 Viña Errázuriz, Chile (new entry)

프랑크 게리가 설계한
마르케스 데 리스칼(스페인)

(2023년 2위, 2022년 2위)

마르케스 데 리스칼Marqués de Riscal이 스페인을 대표하는 와이너리로 거듭난 것은 세계적인 건축 디자이너로 알려진 프랑크 게리에게 설계를 맡기고 600만 유로 이상을 투자한 리노베이션에 성공했기 때문이다. 양조 설비를 현대화하고 초현실주의 건축 미학을 접목한 호텔을 지은 리스칼은 체류형 와이너리로 변모했다.

리스칼이 자리한 마을은 시각장애인을 뜻하는 '엘시에고Elciego'다. 마을이 세워질 때 어떤 시각장애인이 와서 술과 음식을 파는 주막을 시작했다고 하여 붙여진 이름이다. 조용했던 시골 마을에 장님도 눈이 번쩍 뜨일 만한 일이 벌어졌으니 바로 마르케스 데 리스칼의 대대적인 변신 계획이었다. 창립 150주년을 맞은 2000년에 세계적인 와이너리로 도약하기 위한 과제를 실천에 옮긴 것이다.

스페인 시골 마을에 새로운 모습을 선보인 아방가르드한 건물 외

플라멩코를 추는 스페인 무희의 화려한 치맛자락을 모티브로 하여 프랑크 게리가 설계한
마르케스 데 리스칼

관은 프랑크 게리 최고의 작품이자 지구상에서 가장 현대적인 건축
물로 손꼽힌다. 플라멩코를 추는 스페인 무희의 화려한 치맛자락을
모티브 삼아 분홍, 금, 은색 티타늄을 휘감은 지붕은 마치 와인 잔 속
에서 일어나는 파도처럼 보인다. 차갑고 딱딱한 물성의 티타늄 강판
을 자연스럽고 리드미컬하면서도 따뜻함을 지닌 모습으로 표현한 구
조물은 경외감을 느끼게 한다. 오랜 전통의 무게로 녹슬어 가던 마스
케스 데 리스칼이 프랑크 게리의 설계 덕분에 완벽하게 새로워졌고,
스페인 와인 관광지로 각광받게 되었다.

리스칼이 자랑하는 '시티 오브 와인City of Wine' 호텔은 스위트룸을 포함해 43개의 방을 갖추고 있으며, 메리어트 호텔이 위탁 운영하고 있다. '코달리Caudalie' 스파와 수영장을 갖추고 있으며, 객실 테라스를 통해 중세 마을을 내려다볼 수 있고, 언덕 위에 우뚝 솟은 고풍스러운 성 안드레 교회도 감상할 수 있다. 브래드 피트와 안젤리나 졸리도 지난 2007년 자녀들을 데리고 이 호텔에 머무른 적이 있다.

'리스칼의 후작'이라는 뜻의 마르케스 데 리스칼은 스페인의 왕 펠리페 5세로부터 후작 작위를 받은 스페인 장군 '발타사르 아메세가Baltasar Amezega'에서 유래한 것으로, 그의 후손 기예르모 아메세가Gillermo Amezega가 작위를 물려받아 1858년 마르케스 데 리스칼 와이너리를 세웠다. 리오하에서 가장 오래된 와이너리로 포도원 면적은 540헥타르로 루에다 지역에도 350헥타르의 밭을 가지고 있다. 연간 700만 병의 와인을 생산하며 60% 이상을 100개국에 수출하고 있다. 최고급 와인은 1986년 첫선을 보인 바론 데 치렐 레세르바Barón de Chirel Reserva 와인으로, 수령이 100년 이상 된 포도나무에서 포도를 수확하며 특별히 작황이 좋은 해에만 생산된다. 좀 더 현대적인 스타일의 핀카 토레아Finca Torrea 와인은 2009년에 출시되었는데, 프루티한 과일 풍미의 스타일이 돋보이며, 수령이 오래된 템프라니요와 그라시아노 품종이 블렌딩되었다. 또한 루에다 지역에서 모던한 스타일의 화이트 와인을 생산하기 시작했으며, 포르투갈에 인접한 자모라에도 와이너리를 소유하고 있다.

말년의 리스칼에게 영감을 준 것은 인근 도시 빌바오Bilbao에 프랑크 게리의 디자인으로 완성된 구겐하임 미술관이었다. 빌바오는 스페인의 북부 바스크 지방의 항구 도시로, 스페인 내전이 끝난 후 산업이 발전하여 도시가 성장했지만 철강 산업이 경쟁력을 잃으며 침체기를 맞았다. 실업률이 증가하고 청년들이 직장을 찾아 떠나며 경기 침체가 지속되자 뜻있는 정치인들과 시민들이 도시의 활성화를 논의하였고, 그 결과 이들은 '문화산업의 힘'에 운명을 걸기로 합의했다. 아무도 찾지 않는 빌바오를 세계적인 문화 중심지로 만들어 보자는 특별한 비책을 만든 것이다. 현대미술의 상징과 같은 구겐하임미술관을 도시 한가운데 짓기로 한 것이다. 프랑크 게리의 설계로 시작된 이 프로젝트는 1997년 10월에 결실을 맺었다. 그 결과 수많은 방문객이 찾아오기 시작했고 도시는 활력을 되찾기 시작했다. 구겐하임을 짓는 데 7년간 1억 달러가 소요되었지만 비용은 3년 만에 회수되었다. 마법과 같은 '문화 코드'가 죽어 가는 도시를 살려낸 것이다. 구겐하임은 하나의 건물이나 미술관 이상이었고, 도시 경제를 바꿔 놓았다. 연간 수백만 명의 관광객이 찾아와 숙박과 쇼핑, 관광과 식음료의 매출이 크게 늘어난 결과 빌바오가 되살아났다. 구겐하임은 오픈한 지 3년 만에 약 5억 달러의 경제 유발 효과와 1억 달러의 새로운 세금 수입을 창출했다. 구겐하임미술관은 모험이 선물해 준 도시 재생의 성공 사례로 소개되어 빌바오 효과Bilbao effect라는 신조어까지 생겼다.

미술관은 50m 높이의 티타늄판 구조물로 중앙에 하중을 받치는 기둥이 없는 철골 구조로, 중앙의 아트리움에서 동심원적으로 휘감아 올라가면서 다시 여러 방향으로 퍼져 나가는 구조이며, 리히텐슈타인의 설치 작품을 비롯해 팝아트, 미니멀리즘, 개념미술, 추상주의 작가들의 작품이 전시되고 있어 세계인들을 끌어들이는 거대한 자석과도 같은 역할을 하고 있다.

마르케스 데 리스칼 레세르바 2011

Marqués de Riscal Reserva 2011

와인은 짙은 레드 체리 색을 띠고 잘 익은 레드 베리, 자두, 라벤더, 마른 꽃, 말린 타바코 잎, 가죽, 코코넛, 발사믹 등의 부케 향과 스파이시한 향신료의 풍미가 느껴졌다. 풍성한 과일 향과 부드러운 타닌의 질감이 있는 풀 바디에 가까운 와인이었으며, 미국산 오크통의 달콤한 바닐라의 풍미가 여운으로 남았다. 템프라니요를 베이스로 그라시아노와 마수엘로를 살짝 블렌딩하여 복합미가 돋보였는데, 가성비가 뛰어난 리오하 와인의 좋은 본보기라 할 수 있다.

○ **Wine Navigation**

생명의 기본 단위, 셀은 코르크에서 처음 발견되었다?

코르크 내부의 세포 구조를 현미경을 통해 처음 발견한 사람은 영국의 과학자 로버트 훅Robert Hooke이다. 그는 코르크의 얇은 조각을 관찰하던 중, 작은 상자 모양의 구조물이 반복되는 패턴을 발견하고 이러한 구조물이 마치 수도원에서 수도사들이 기거하는 작은 방cell

을 닮았다고 하여 '셀cell'이라고 명명했다. 그는 1665년 출판한《마이크로그라피아Micrographia》에서 코르크를 관찰할 결과를 발표했는데, 덕분에 오늘날 생물학에서 사용되는 생명의 기본 단위인 세포, 즉 '셀cell'이라는 용어가 탄생했다. 훅의 관찰은 비록 죽은 식물 세포를 기반으로 한 것이지만 세포이론의 기초를 마련했고, 이후 고급 현미경의 출현으로 생체세포의 복잡성을 연구하는 학자들에 의해 생물학의 발전을 이룬 단초가 되었다.

코르크 하나는 8억 개 이상의 벌집 모양을 한 작은 방cell으로 구성되어 있다. 이 셀들은 빈방 같은 구조로, 부피의 50%까지 압축되어도 즉시 원상태로 돌아가는 놀라운 복원력과 탄성을 자랑하며 와인의 산화를 온몸으로 막아 주는 중요한 역할을 한다.

우루과이 대표 주자,
보데가 가르손(우루과이)
(2023년 6위, 2021년 4위, 2020년 2위)

우루과이의 수도 몬테비데오에서 한 시간 정도 거리에 있는 보데가 가르손Bodega Garzon은 아르헨티나의 억만장자 알레한드로 불게로니Alejandro Bulgheroni와 부인 베티나Bettina가 2011년에 설립한 와이너리다. 대서양이 바라다 보이는 해안 언덕 위에 광활하게 펼쳐진 포도원에는 최고급 레스토랑과 휴양 시설이 갖춰져 있고, 인기 있는 관광 명소이며, 방문객이 찾아와 휴식을 취하며 와인과 미식을 즐길 수 있다.

화강암 토양으로 덮인 경사진 포도밭은 바다를 바라보고 있으며, 풍부한 미네랄과 신선한 바람 덕분에 우루과이를 대표하는 명품 와인을 만든다. 포도원에 머물며 하이킹과 피크닉, 승마와 열기구 타기 등을 즐길 수 있고, 스릴 넘치며 풍광이 좋은 골프 코스도 도전해 볼 만하다. 자체 운영 중인 레스토랑은 파타고니안 슈퍼스타 셰프 프란시

끝없이 펼쳐진 보데가 가르손의 포도밭

스 말만Francis Mallmann이 이끌고 있는데, 다양한 메뉴와 와인을 갖춘 120석 규모의 레스토랑에서 멋진 와인 페어링을 경험해 볼 수 있다.

보데가 가르손은 칠레, 아르헨티나, 남아프리카, 호주 등의 유명 와인 산지와 비슷한 위도에 있으며, 240헥타르에 달하는 포도밭은 토양 특성에 따라 1,200개의 작은 밭 단위로 분리되어 있다. 조금씩 다른 미세 기후와 노출 방향, 토양 구조에 따라 포도나무가 식재되어 있으며, 이탈리아 출신의 양조 전문가 알베르토 안토니니Alberto Antonini는 자연주의적 양조 방식에 따라 와인을 만들고 있다. 그는 인위적인 개입을 최소화하고 오크통 사용을 절제하여 과일 향이 잘 드러나는 양조 방식을 고수하고 있다.

색이 짙고 향이 강렬한 타나Tannat는 대표적인 적포도 품종으로 차가운 남극 해류의 영향을 받아 와인에 신선한 산미와 섬세한 질감을 높여 준다. 스페인에서 들어온 알바리뇨 청포도 품종으로 가볍고 활기찬 드라이 화이트 와인도 만든다.

　우루과이는 남아메리카 국가 중 네 번째로 많은 연간 9,000만 병 정도의 와인을 생산하고 있는데, 레드 와인의 비중이 77%로 높은 편이며 나머지 23%는 화이트 와인이다. 레드 와인을 만드는 타나 품종은 특히 색상이 짙고 타닌이 풍부하여 인기가 많고 소비뇽 블랑, 샤르도네, 알바리뇨는 가볍고 신선한 화이트 와인으로 소비가 늘고 있다. 우루과이에는 170여 개의 와이너리가 있지만 대부분 몬테비데오 주변과 동쪽 해안 지대에 가까운 말도나도Maldonado 지역에 집중되어 있다. 최근 해외 자본이 유입되어 양조 설비가 현대화되고 양조 기술이 발전하여 품질이 크게 향상되었고, 연간 2,500만 병의 와인을 해외로 수출하고 있다.

📖 **와인 노트**

보데가 가르손에서 맛본 와인들은 모두 품질이 좋았는데, 포도 재배와 양조 기술은 이제 세계적으로 평준화되었다는 생각이 들었다. 특히 다음 두 와인이 인상적이었다.

보데가 가르손 싱글 빈야드 알바리뇨

Bodega Garzon Single Vineyard Albariño

100% 알바리뇨 청포도 품종으로 만든 화이트 와인으로, 상큼하고 신선한 넥타 향과 살구 향이 돋보였고, 미

네랄의 뉘앙스가 여운으로 남았다. 말도나도 재배 지역은 화강암 토양의 해안에 있다. 발효 후 80%는 대형 시멘트조에서, 나머지 20%는 오크통에서 숙성하여 최종 블렌딩하는데, 신선하면서도 집중도 높은 과일 향의 매력이 잘 살아 있다.

보데가 가르손 싱글 빈야드 타나

Bodega Garzon Single Vineyard Tannat

100% 타나 적포도 품종으로 만들지만 간혹 프티 베르도 또는 마르슬란Marselan을 약간 섞기도 한다. 육즙이 풍부한 검은 과일 향이 지배적인 풀 바디 와인으로, 말린 타바코 잎 향과 초콜릿 향이 매력적이다. 타나는 만생종으로 천천히 익고 늦게 수확하는 편이며, 1헥타르당 4톤 정도 수확하며, 포도에 과일의 농축미를 더한다. 12개월간 프랑스 오크통에서 숙성시키며, 알코올 도수는 14.5%로 꽤 높은 편이다.

천사 라벨로 다가온 칠레 와인, 비냐 몬테스(칠레)

(2023년 7위, 2022년 3위, 2021년 5위, 2020년 4위)

칠레의 전통 풍수 관행에 따라 지어진 와이너리는 콜차과 밸리 안에 완벽하게 자리 잡고 있으며 멋진 풍광을 자랑한다. 방문객들은 주변 숲과 언덕을 연결하는 6km 산책로를 걸으며 많은 동식물군을 만날 수 있고, 세계적으로 유명한 아르헨티나 셰프가 운영하는 푸에고스 데 아팔타Fuegos de Apalta 레스토랑에서 다양한 음식을 맛보며 와인 페어링을 즐길 수 있다.

몬테스Montes는 천사 라벨과 쉬운 이름으로 친근하게 다가왔고 우리 입맛에도 맞아 처음부터 인기를 얻었다. 천사가 그려진 와인 라벨에는 재미있는 일화가 숨어 있다. 창립자 중 한 사람인 더글러스 머리Douglas Murray는 어렸을 때 자동차 경주를 즐겼는데 대형 사고를 두 번이나 당했다고 한다. 하지만 크게 다치지는 않았고 기적처럼 살아난 그는 자신을 지켜 주는 수호천사가 있다고 믿었다. 마침 몬테스의 창업에 동업자로 참여하면서 와인 라벨에 그의 의견에 따라 천사를 넣은 것이다. 천사 이미지는 사람들의 호기심을 자극했고 품질에 대한 진정성의 상징으로 받아들여졌다.

1997년부터 우리나라에 수입이 시작되어 20년 만에 단일 브랜드로는 처음으로 판매 누적 1,000만 병이라는 기록을 세웠다. 나라셀라 수입사가 몬테스 와인을 처음 수입할 당시 우리나라는 IMF 경제위기를 맞아 환율이 거의 두 배로 치솟았고, 큰 환차손을 입었지만 나라셀라는 신용을 지키기 위해 계약을 취소하지 않고 손실을 감내했다. 이를 알게 된 아우렐리오 몬테스 회장이 크게 감동했다고 하며, 지금도 끈끈한 우정을 이어오고 있다고 한다.

2002년 월드컵 경기를 앞두고 FIFA 조 추첨 행사의 만찬주로 '몬테스 알파 카베르네 소비뇽'이 선정되면서 매스컴을 타기 시작했고, 2005년 부산 APEC 정상회담 만찬주로 '몬테스 알파 MMontes Alpha M'이 소개되면서 인기 가도를 달렸다. 와인 이름의 'M'은 창업자 중 한 명인 더글러스 머리Murray의 이니셜로, 2010년 지병으로 숨진 머리를 기리기 위해 넣은 것이다. 두 번의 대형 사고에서 구해 준 천사도 더 이상 그를 지켜 주기 어려웠나 보다. 비냐 몬테스Viña Montes는 1987년 칠레의 대표적인 와인 메이커 아우렐리오 몬테스와 마케팅 전문가 더글러스 머리에 의해 시작되었고, 이어 재무 전문가 알프레도 비도레와 와인 메이커 페드로 그란데가 동업에 참여했다. 비교적 후발 주자였던 몬테스는 최신의 양조 기법을 적용한 와이너리를 설계했는데, 사람의 개입을 최소화하고 포도즙과 와인이 중력에 따라 흐르도록 배치했다. 이 방법은 섬세하고 부드러운 타닌이 있는 와인

비냐 몬테스 외관

을 만드는 양조 기법의 일부다. 수확한 포도는 천장부에 있는 입구를 통해 반입되며, 줄기를 제거하고 파쇄 과정을 거친 후 발효조로 낙하하게 된다. 스테인리스 스틸 탱크로 된 엘리베이터를 통해 지하 셀러로 반입되는데, 펌프 사용을 가급적 배제하려는 고민의 흔적이라 할 수 있다.

몬테스 알파 카베르네 소비뇽은 향이 복합적이고 맛이 부드러운 와인으로 시장에서 각광받기 시작했다. 1987년은 칠레 최초로 프리미엄급 와인을 수출한 해이며, 칠레의 다른 와인 메이커들도 품질 향상 대열에 합류하기 시작했다. 몬테스는 샤르도네, 메를로, 시라 등으로 제품군을 다양화하기 시작했으며, 전 세계의 레스토랑과 호텔, 고급 와인 숍에서 가장 잘 팔리는 프리미엄급 와인 중 하나로 자리매김했다.

최초의 울트라 프리미엄급 와인 '몬테스 알파 M'은 보르도 블렌딩 와인으로 1996년에 출시되자마자 선풍적인 인기를 끌었고, 뒤이어 시라 100%로 만든 '몬테스 폴리Montes Folly'가 2000년에 출시되었다. 또한 2003년에 카르메네르로 만든 '몬테스 퍼플 에인절Montes Purple Angel'이 나오면서 몬테스 와인의 포트폴리오가 더욱 고급화되었다.

몬테스는 2000년부터 포도밭에 통합 영농 관리 방식을 적용해 왔는데, 병충해나 질병, 천적 등을 모니터링을 통해 파악하고 살충제, 비료, 관개를 최소화하는 지속 가능 영농을 실천하고 있다. 포도밭의 60%는 나무 사이에 다른 식물이 자라는 자연 덮개를 만들어 토양의 경화와 침식을 방지하고, 관개를 최소화하는 드라이 파밍Dry Farming을 적용해 물의 사용을 줄이고 있다.

🔖 와인 노트
몬테스 퍼플 에인절 2018
Montes Purple Angel 2018

퍼플 에인절 2018년산은 카르메네르 92%에 프티 베르도가 8% 블렌딩되었고, 포도는 아팔타와 마르치구 지역에서 나오며 18개월간의 오크 숙성을 거쳤다. 카르메네르는 원산지가 보르도인데, 필록세라의 피해를 입기 전인 1850년경에 칠레로 건너와 재배된 품종으로, 보르도에서는 필록세라와 냉해로 인해 모두 사라졌

지만 칠레에서는 크게 번성하여 대표 품종이 되었다. 메를로와 거의 비슷하게 생긴 탓에 칠레에서는 메를로로 혼동하여 함께 재배했지만, 1990년 중반 유전자 검사를 통해 다른 품종임이 밝혀졌다. 카르메네르는 단풍 들 때 메를로와 달리 잎이 진홍빛으로 물든다. 프랑스어로 진홍색을 '카르민 carmin'(영어로는 crimson)이라 하기에 프랑스에서 카르메네르라 부르게 된 것이다. 비냐 몬테스는 칠레를 대표하는 최고의 카르메네르 와인을 만들기 위해 수년 동안 노력한 끝에 2003년부터 퍼플 에인절을 출시하기 시작했다. 지난 2018년에는 2015년산 와인이 제임스 서클링으로부터 99점을 받아 화제가 되었다.

퍼플 에인절 2018년산은 이름만큼이나 짙은 퍼플 색상이고, 말린 자두, 블랙베리, 가죽, 오크, 바닐라, 연유, 아몬드와 견과류, 허브와 구운 과일의 풍미에 스파이시한 향신료 향과 카르메네르 특유의 피망 향이 어우러진 복합적인 풍미를 보여 주었다. 팔렛을 채워 주는 촘촘한 텍스처는 신선한 산미와 함께 조화를 이루었고 목 넘김 이후에도 잔향이 오랫동안 이어지는 피니시가 인상적이었다.

헤밍웨이가 사랑한 와인,
샤토 마고(프랑스)
(2019년 22위)

샤토 마고Château Margaux는 가장 상징적이고 오래된 건물 중 하나로, 19세기 초 건축가 루이 콩브Louis Combes가 설계했다. 기록에 따르면 9세기경부터 여러 가지 작물을 재배한 흔적이 있지만, 본격적인 포도 농사는 16세기 이후부터 시작되었다.

샤토는 종종 '메독의 베르사유'라 불린다. 샤토에는 와인 생산에 필요한 양조 설비를 갖춘 부속 건물이 양옆에 배치되어 있어 물류 흐름이 용이했고, 반대편에는 와인 셀러와 발효 탱크 그리고 오크통을 자체 제작하는 작업장을 배치했다. 웅장한 건물 전면과 흰색 기둥이 지탱하는 와인 셀러는 마치 와인 대성당 같은 장엄한 이미지를 풍긴다. 100년 된 아름드리 플라타너스가 도열해 있는 진입구의 끝에는 3층 구조의 샤토 건물이 밝은 아이보리 색으로 빛난다.

샤토 마고의 역사는 14세기경으로 거슬러 올라가며, 16세기에는

샤토 마고

레스토낙Lestonnac 가문이, 17세기에는 샤토 오브리옹을 소유했던 퐁
탁Pontac 가문과의 결혼으로 자매 와이너리가 되기도 했다. 하지만
프랑스 혁명 이후 샤토 주인이 참수당한 후 경매에 나왔고, 1950년대
에는 지네스테Ginestet 가문이 새 주인이 되었지만 1973년 석유파동으
로 보르도의 경제난을 견디지 못해 다시 매물로 나왔다. 미국의 국립
증류주 제조업자와 화학 조합National Distillers & Chemical Corporation이
인수자로 나서자, 당시 프랑스 지스카르 데르탱 대통령이 거부권을
행사하였다. 샤토 마고는 프랑스의 '국보'이기 때문에 외국인에게는
팔 수 없다며 관계 기관을 움직여 매각에 반대한 것이다.

우여곡절 끝에 곡물 무역과 금융업으로 갑부가 된 그리스 출신의
프랑스인 안드레 멘첼노풀로스Andre Mentzelnopoulos가 1977년 마고
의 경영권을 확보했다. 투자 회수가 암담했지만 그는 포도원 운영에

많은 자금을 투자하고 포도밭을 재건하여 과거의 영광을 되찾으려 했다. 하지만 갑작스럽게 세상을 떴고 그의 딸 코린Corinne이 1980년 가업을 이어받아 오늘에 이른다. 보르도 대학 양조학과 교수로 현대 양조학의 대부로 알려진 에밀 페노Émile Peynaud는 한때 샤토 마고의 양조 자문을 맡았고 품질 향상에 기여했다.

보르도를 방문하는 와인 애호가들에게 샤토 마고는 언제나 방문 희망 리스트의 톱에 있다. 주말이나 8월 휴가 기간 그리고 수확 시기를 피하면 와이너리 주변을 잠시 걸어볼 수 있지만, 웅장한 지하 레드 와인 셀러나 현대식 화이트 와인 셀러, 오크통을 제작하는 쿠퍼리지 Cooperage와 호화로운 테이스팅 룸에서의 시음은 까다로운 사전 예약이 필요하다. 마고의 총면적은 262헥타르다. 이 중 80헥타르는 적 포도 품종이 식재되어 있는데, 카베르네 쇼비뇽 75%, 메를로 20%, 카베르네 프랑과 프티 베르도가 5% 식재되어 있다. 나머지 12헥타르 는 소비뇽 블랑 밭으로 파빌리옹 블랑Pavillon Blanc이라는 화이트 와인을 만든다. 연간 총 15만 병을 생산하며, 세컨드 와인인 파빌리옹 루주Pavillon Rouge du Château Margaux는 20만 병 정도 만든다.

마고 포도밭은 지롱드 강변에 있어서 자갈이 많고 흙이 푸석푸석 한 편이라, 나무들은 물을 찾아 땅속 7~8m 아래로 뿌리를 내린다. 마고의 와인은 부드럽고 여성적이며, 좋은 해에는 향의 복합미가 뛰어 나 우아하고 정교하다는 평을 듣는다. '벨벳 장갑 속의 쇠주먹'이라 묘사되기도 하는데, 힘차면서도 섬세한 뉘앙스는 타의 추종을 불허한다.

샤토 마고에는 보르도를 상징하는 아름다운 건물이 있으며 뛰어난 향과 깊은 맛으로 옛날부터 명사들의 사랑을 듬뿍 받아 왔다. 토머스 제퍼슨은 파리에서 미국 대사로 재직하면서 마고를 즐겼는데, 1784년산을 마시고는 "보르도 와인 중 이보다 더 좋은 것은 없다."는 말을 남겼다. 1848년 칼 마르크스와 함께 〈공산당 선언〉을 발표한 프리드리히 엥겔스는 마르크스의 딸이 "행복은 무엇과 같나요?"라고 묻자 "샤토 마고 1848년 같은 것"이라 대답했다고 한다. 부유한 형편으로 마르크스의 가족에게 생계비를 지원해 주고 와인까지 공급해 주었던 엥겔스는 샤토 마고의 진정한 맛을 알았던 것이다. 그가 마르크스와 함께 〈공산당 선언〉을 발표한 해가 1848년이었기에 샤토 마고 1848년산을 특별히 좋아했다고 한다. 그는 〈공산당 선언〉에서, 역사는 계급투쟁의 과정이며 프롤레타리아는 혁명 계급이라 설명하면서 "만국의 노동자여 단결하라."라는 유명한 말을 남기기도 했다. 금수저로 태어나 넉넉한 생활을 즐기며 고급 와인을 즐겼던 그가 과연 노동자의 궁핍과 고뇌를 이해할 수 있었을까?

《무기여 잘 있거라》로 유명한 헤밍웨이도 샤토 마고의 열성 팬이었다. 그는 마초같이 살기를 원했으나 점차 늙어 가는 자신에게 실망하고 글도 잘 써지지 않자 환갑을 갓 넘긴 1961년에 스스로 생을 마감했다. 그의 손녀 '마고 헤밍웨이'는 장신의 미녀 스타로 패션모델과 배우로 활약했고, 〈타임스〉, 〈보그〉, 〈코스모폴리탄〉과 같은 잡지 표지에도 자주 등장했다. 그녀는 자신의 출생에 대해서도 듣게 되었는데, 부모가 샤토 마고를 마신 날 밤 자신을 임신했고 그래서 이름을 '마고'라 지었다는 이야기였다. 그 이야기에 감동한 그녀는 미국식 이름인 '마고Margot'를 프랑스식 '마고Margaux'로 개명하여 이름의 원래 의미를 살렸다. 3대가 이어온 가문의 사랑이었지만 안타깝게도 그녀는 42세 때 약물과다 복용으로 생을 마감했다. 할아버지에 이어 손녀마저도 정신적으로는 불안정했던 듯하다.

　1989년에 샤토 마고 1787년산 한 병이 22만 5,000달러를 기록한 사건이 있었다. 뉴욕의 와인 거상 윌리엄 소콜린William Sokolin이 토머스 제퍼슨 컬렉션 와인으로 보유하고 있다가 뉴욕 포시즌스 호텔에서 열린 마고 디너파티용으로 갖고 나왔는데 웨이터가 바닥에 떨어뜨려 박살이 난 것이다. 원래 가치는 50만 달러였지만 다행히 보험에 가입한 덕에 22만 5000달러(한화로 약 2억 9,000만 원)가 보험금으로 지급되었다. 아무도 맛을 보지 못한 와인이었지만 병당 최고가 와인 중 하나로 기록되었다. 200년 된 와인의 상태가 과연 온전했을까? 병이 깨져서 바닥에 흐르는 와인을 웨이터가 아까운 마음에 손가락으로 맛보았다는데 완전 식초 맛이었다고 한다. 차라리 깨진 게 다행이었다. 첫사랑 연인을 나이 들어서 보면 안 되는 이유다. 눈부시게 아름다웠던 옛 모습은 오직 상상 속에서만 빛난다.

 와인 노트

샤토 마고 2004

Château Margaux 2004

샤토 마고의 테이스팅 룸에서 맛본 2004년산 샤토 마고는 카베르네 소비뇽 90%, 메를로 5%, 카베르네 프랑 3%, 프티 베르도 2%의 블렌딩으로, 가장자리에 밝은 레드 빛이 감돌았고 중간 심도는 짙은 체리 색상을 보였다. 잘 익은 흑자두와 블랙체리, 무화과, 아니스, 건포도 같은 복합적인 풍미에 힘이 넘치는 듯하면서도 잘 다듬어진 타닌의 매혹적인 질감과 중간 정도의 바디감, 팔렛을 코팅해 주는 듯한 농밀한 구

방문 시 시음했던 샤토 마고 2004

조감과 정교한 피네스를 보여 준 클래식한 와인이었다. 기대한 만큼 풍성하고 화려하지는 않았지만 기분 좋은 레드 커런트, 산딸기, 연필심, 삼나무 향의 특징과 부싯돌 같은 미네랄 여운을 남겼다. 약간 도드라진 산도는 발랄함과 긴장도를 유지해 주었고, 구조감과 밸런스가 전반적으로 좋아 깊은 인상을 남겼다. 숙성 기간이 좀 더 길었더라면 하는 아쉬움이 남았지만, 셀러에서 밖으로 여행한 적이 없는 마고를 맛본 것만 해도 큰 행운이었다.

○ **Wine Navigation**

숙취를 예방하는 방법

어떤 종류의 술이든 많이 마시면 숙취가 오는데, 그 원인은 알코올 분해 과정에서 생성되는 아세트알데하이드 때문이다. 아세트알데하이드는 숙취의 대표적인 증상인 속 쓰림, 구토, 두통 등의 증상을 일으키고, 혈관에 많이 쌓일수록 숙취가 오래 지속된다. 따라서 우리

몸의 대사 작용을 통해 아세트알데하이드를 분해하거나 충분한 수분을 섭취하여 밖으로 배출해야 비로소 숙취가 풀린다. 하지만 아세트알데하이드의 농도를 낮추는 것은 어떤 약으로도 불가능하기 때문에 대부분의 숙취 해소제들은 몸에 흡수되는 시간당 알코올 농도를 낮추는 데 초점을 맞추고 포도당, 수분 등의 성분들을 통해 간 기능을 활성화해 알코올 분해를 돕는 역할만 할 뿐이다.

숙취를 예방하는 가장 좋은 방법은 물을 많이 마시는 것이다. 숙취는 대부분 물 부족에서 온다. 만약 와인 모임이 있어서 숙취가 걱정된다면 음주 직전에 물을 충분히 마신 후 시작하고, 와인을 마실 때도 물병을 옆에 두고 마신 와인의 두 배 이상의 물을 계속 섭취하면 알코올이 희석되어 체외로 배출되는 데 도움이 된다. 화장실을 자주 가야 하는 번거로움은 있지만 적어도 숙취로 고생하는 일은 덜 수 있다. 음식을 먹으면 소화 과정에서 알코올의 흡수가 느려져 농도가 낮아지므로, 특히 지방 함유량이 높은 음식이 도움이 된다. 알코올을 분해하는 과정에서 우리 몸의 많은 비타민이 소실되므로 비타민 B를 섭취하는 것도 도움이 되는데, 특히 비타민 B_1, B_6, B_{12} 등이 좋다. 일부 스포츠 음료는 전해질을 보충해 줌으로써 숙취 증상을 완화시키고 수분을 공급해 준다.

이러한 방법은 숙취 증상을 완화하는 데 도움이 되지만, 술을 자신의 주량만큼 적절하게 마시는 것이 가장 확실한 예방법이다.

슈페트레제의 탄생지, 슐로스 요하니스베르크(독일)
(2023년 8위, 2022년 5위)

슐로스 요하니스베르크Schloss Johannisberg는 독일 라인가우 지역의 와이너리로, 와인의 양조 역사가 900년 이상 되었다. 라인 강변 북쪽의 높은 언덕에 세워진 이 포도원은 샤를마뉴 대제의 통치 기간 중 루드비히 데어 프롬메Ludwig der Fromme의 소유지였으나, 중세 때에는 교회에 소속되었다. 서기 1100년경 베네딕트 수도사들이 '주교의 언덕'이라는 뜻의 비쇼프스베르크Bischofsberg 언덕 위에 수도원을 지었고, 햇빛이 좋은 남쪽 경사면은 최고의 포도밭으로 이름을 떨쳤다. 1130년경 로마네스크 양식의 성당을 만들면서 '세례자 요한John the Baptist'을 기리는 의미에서 슐로스 요하니스베르크라는 이름을 붙였다.

슐로스 요하니스베르크는 독일을 대표하는 달콤하면서도 향이 좋은 슈페트레제Spätlese 등급이 탄생한 장소로 유명하다. 18세기경 풀다Fulda 교구에 속했던 이곳은 포도 수확 전에 교구장인 주교의 허가

오랜 역사를 지닌 슐로스 요하니스베르크의 포도밭

를 받아야 했는데, 수확할 때가 되면 이르면 포도 샘플을 맛본 후 수확 허가서를 내주는 구조였다.

그러나 1775년 풀다 교구장이었던 하인리히 폰 비브라Heinrich von Bibra 주교가 마침 가을 사냥을 떠나 한참 동안 돌아오지 못한 탓에 허가를 받지 못하고 2주간 수확이 지연되는 초유의 사태가 벌어졌다. 그동안 날씨가 너무 좋아 슐로스 요하니스베르크의 포도는 전례 없이 잘 익어 당도가 높은 때 수확하여 와인을 만들게 되었다.

이듬해에 시음회가 있었는데, 늦게 수확한 포도로 만든 이 와인의 달콤함과 풍성한 향에 놀란 사제들이 그 연유를 묻자 와인을 갖고 간 전령이 "슈페트레제"라고 답했다. 슈페트레제는 '늦게 수확하다'라는 의미인데, 이 사건을 계기로 고급 리슬링 와인의 새로운 등급인 슈페트레제가 탄생했다.

1720년부터 리슬링을 심어 세계에서 가장 오래된 리슬링 포도원으로 알려진 슐로스 요하니스베르크는 나폴레옹 전쟁 동안 여러 차례 주인이 바뀌었다. 1816년 신성로마제국의 황제인 프란츠 2세는 오스트리아의 위대한 정치가 클레멘스 폰 메테르니히에게 이 영지를 선물로 주었다. 메테르니히는 오스트리아 수상으로 프로이센, 영국, 러시아, 스페인 등과 동맹을 주도하여 나폴레옹 1세를 굴복시킨 주역이었고, 나폴레옹의 몰락 이후 유럽 사회를 재편한 빈체제의 리더로 활약했기에 그 공로를 치하하면서 포도원을 하사한 것이다. 이후 요하니스베르크는 메테르니히 가문의 후손에게 상속되어 오다가 2006년에 대가 끊기면서 일반인에게 이양되었고, 지금은 외트커 Oetker 가문의 소유다.

독일 와인에서 가장 높은 등급은 프레디카츠바인Prädikatswein이다. 잘 익은 포도로 만든 높은 품질의 와인으로, 우리나라에 수입되는 주요 독일 와인들이 여기에 속한다. 당분을 인위적으로 첨가할 수 없는 와인으로, 이 프레디카츠바인 범주 내에는 5개의 세부 등급이 있는데, 나누는 기준은 포도의 숙성 정도인 잔당 함량으로 정한다. 추운 기후대의 독일에서는 포도의 완숙 정도가 중요한데, 잘 익을수록 당분이 높아지고, 아로마와 풍미도 뛰어나기 때문이다.

프레디카츠바인 범주에서는 카비네트 등급이 가장 기본이다. 약 300년 전에 수도원에서 아주 잘 익은 포도로 만든 와인은 별도로 카비네트에 보관했다고 해서 생긴 등급 이름이다. 독일 와인에서 카비네트 리슬링은 가볍고 상쾌한 느낌이 나는 어린 와인으로 10년 정도 숙성이 가능하다.

슐로스 요하니스베르크
리슬링 카비네트 트로켄 2007, 라인가우

Schloss Johannisberg Riesling Kabinett Trocken 2007

2007년산 리슬링 카비네트는 꽤 오래 숙성시킨 화이트 와인으로 시음 적기를 조금 넘긴 상태였다. 그나마 강건한 산미 때문에 세월의 무게를 잘 견뎌온 느낌이다. 약간 짙은 금색이고 사과, 자몽, 살구, 복숭아, 벌집 같은 은은한 풍미를 시작으로 입에서는 레몬과 라임 향에 이어 파인애플의 단맛과 약간의 스모키한 흔적을 여운으로 남겼다. 약간의 산화적인 향이 거슬리기는 했지만 침샘을 자극하는 산미와 핵과류의 풍미가 살아 있는 가벼운 바디의 드라이 리슬링 와인이었다.

○ **Wine Navigation**

세상에서 가장 오래된 와인 빈티지는?

세상에서 가장 오래된 빈티지 와인은 325년산으로 현재 독일 슈파이어Speyer의 역사박물관에 소장되어 있다. 원통형 유리병에 보관된 이 와인은 1867년 로마 시대의 석관 무덤에서 발견되었으며, 장식

품과 그릇 등을 함께 묻던 관습에 따라 식기류와 다양한 종류의 액체를 담은 유리그릇이 있었다. 그중 하나에 와인이 담겨 있었다. 올리브 기름이 와인 위를 두껍게 덮고 있었기 때문에 기름의 밀봉력으로 와인이 오랜 기간 버텨온 것으로 추정하고 있다. 무려 1,700년 동안 마르지 않고 버텨온 와인이 대단할 따름이다.

그런데 2019년 스페인 남서부의 마을 카르모나Carmona 건축 공사 중 지하 갱도 바닥의 밀폐된 묘실에서 2000년간 보관되어 온 화이트 와인이 유리 항아리에서 붉은색으로 변한 채 발견되어 세상을 놀라게 했다. 이 내용은 2024년 6월, 〈고고학 과학 저널Journal of Archaeological Science〉에 실려 알려지게 되었다. 서기 1세기 초에 묻힌 것으로 밝혀진 이 와인은 비록 빈티지를 알 수는 없지만 1867년 독일 슈파이어에서 발견된 것보다 300년 더 오래된 와인으로 기록이 바뀔 듯하다.

우코 밸리의 요새,
보데가스 살렌타인(아르헨티나)

(2023년 9위, 2022년 25위)

    보데가스 살렌타인Bodegas Salentein은 아르헨티나 최대의 와인 산지인 멘도사Mendoza 남쪽 우코Uco 밸리에 세워졌다. 계곡 중앙에 자리 잡은 살렌타인은 가장 현대적인 건물과 양조 설비를 갖춘 와이너리로 지하 셀러에 들어서면 마치 아트 홀 같은 장엄한 분위기를 느낄 수 있다. 그리스의 원형 경기장을 닮은 거대한 셀러에는 5,000여 개의 오크통이 마치 의장대의 도열처럼 정렬되어 있다.

    건축 구조가 인상적인 이 와이너리는 1992년 네덜란드의 한 기업가에 의해 세워졌다. 살렌타인이 갖고 있는 2개의 와이너리 중 이곳에서는 최고급 프리미엄 와인을 생산한다. 아르헨티나의 유명한 건축가 보르미다와 얀손Bormida & Yanzon이 설계한 이 건물에는 현대 와인 양조의 핵심이라 할 수 있는 그래비티 플로 시스템Gravity Flow System(중력을 감안한 양조 공정의 배치) 콘셉트가 적용되었다. 지붕은 거

연주회가 자주 열리는 보데가스 살렌타인의 원형 와인 숙성고

대한 돔형으로 되어 있고, 셀러 바닥에는 남십자성 문양이 새겨져 있다. 천장이 매우 높고 음향의 울림을 최적화한 덕분에 음악회나 공연이 가능하다. 실제로 셀러에서 탱고 공연과 클래식 음악 콘서트가 연 2회 열린다고 한다.

살렌타인은 네덜란드와 아르헨티나의 미술품을 다양하게 소장하고 있어 아트 갤러리 역할도 한다. 안데스산맥 너머로 펼쳐지는 대자연의 풍광을 즐기면서 레스토랑에서 식사를 즐기거나 와이너리에서 직접 운영하는 포사다 호텔Posada Hotel에서 아르헨티나 전통 요리인 아사도asado 스타일의 음식을 즐길 수 있다.

아르헨티나는 세계 5위의 와인 생산국으로, 스페인 식민 초기인

1557년경 산티아고 델 에스테로Santiago del Estero에 포도나무를 심은 이래 재배 지역을 점차 넓혀 왔다. 전통적으로 양에 집중한 탓에 저렴한 국내용 와인 중심으로 생산되다가 1990년에 이르러 해외 자본이 유입되고 선진 양조 기술이 들어오면서 품질이 개선되기 시작했다. 중요한 와인 산지는 멘도사, 산후안, 라 리오하 지방에 있으며, 최북단 지역인 살타, 카타마르카, 리오 네그로와 남부 부에노스아이레스까지 확장되고 있다. 멘도사는 아르헨티나 와인의 70% 이상을 생산하며, 전체 수출에서도 높은 비중을 차지한다. 높은 고도와 낮은 습도로 인해 다른 나라보다 해충이나 곰팡이 같은 재해가 없는 편이라 유기농 와인 생산에도 유리하다.

아르헨티나에는 다양한 국제 품종이 재배되고 있지만, 프랑스에서 온 말벡Malbec 품종이 지역 특성과 잘 맞아 대표 품종으로 자리 잡았다. 이외에도 보나르다Bonarda와 토론테스Torontes가 좋은 품질을 보인다. 우코 밸리는 멘도사 남서쪽의 재배 지역으로, 투누얀Tunuyán강을 따라 분포된 포도밭은 루한 데 쿠요Luhan de Cuyo, 마이푸Maipu 지역과 함께 최고의 재배 지역으로 알려져 있다. 평균 기온이 14도, 해발 고도는 900~1,200m로 밤낮의 높은 온도차는 포도 재배에 유리한 조건이다. 포도알의 충분한 숙성과 과일 향의 집중도는 와인의 색과 풍미, 맛과 질감을 높이며, 진한 색상과 강한 아로마를 가진 와인을 만든다.

우코 밸리에서 가장 높은 곳에 있는 살렌타인은 '산 파블로San Pablo'라 불리는 해발 1,400~1,700m의 고산 지역에 총 2,100헥타르의 땅을 보유하고 있으며, 이 중 800헥타르를 포도밭으로 일궈냈다.

연간 강수량이 450mm 정도로 물이 부족하지만 고산 지역에서 녹은 눈이 흘러내려와 최소한의 관개를 한다.

토양 특성은 석회석, 모래, 약간의 점토가 섞인 충적토이며, 수분 함유 능력이 뛰어나고 배수 또한 좋다. 균형 잡힌 당도와 폴리페놀 그리고 신선한 산도를 가진 포도로 농축된 맛과 향이 있는 와인을 생산한다.

📖 와인 노트

살렌타인 엘 토미요 빈야드 말벡 2018,
파라헤 알타미라

Salentein 'El Tomillo' Vineyard Malbec 2018

엘 토미요 싱글 빈야드 와인은 우코 밸리의 파라헤 알타미라Paraje Altamira 생산 지역에 자리 잡은 해발 1,075m에 있는 직영 포도원에서 100% 말벡으로 만들며, 서늘한 기후와 극심한 일교차, 돌이 많이 섞인 모래 토양과 지속 가능한 영농 기법으로 좋은 품질의 포도를 생산한다. 엘 토미요el tomillo는 영어로는 허브 종류인 타임을 뜻하며 백리향으로도 알려져 있는데, 살렌타인의 창립자 미흔데르트 폰 Mijndert Pon이 처음 이곳을 방문했을 때, 야생 백리향의 강렬한 향기에 놀라 포도원 이름을 '엘 토미요El Tomillo'라고 지었다. 살렌타인에서 가장 유명한 말벡 와인 중 하나가 여기서 생산된다.

2018년산은 가장자리에 약간의 보랏빛이 감도는 짙은 루비 색이고, 5년 정도의 짧은 숙성에도 불구하고 붉은 과일과 향신료의 풍성한 향이 났다. 와인에 잘 배어든 고급스러운 오크 향과 커피, 코코아, 다크 초콜릿, 말린 자두의 풍미와 달콤하면서도 스파이시한 아니스 향이 좋았고, 말벡이라 하기에는 너무나 부드러운 타닌의 질감이 인상적이었다. 입맛을 돋우는 산미와 붉은 과일의 활기찬 향이 어우러져 한 편의 멋진 앙상블을 즐길 수 있다.

멘도사의 숨은 보석,
엘 에네미고(아르헨티나)
(2023년 10위)

드넓은 포도밭이 펼쳐지는 아름다운 정원 위로 알록달록하게 치장한 단층 건물이 보이고, 문을 열고 들어서면 아늑한 레스토랑이 눈길을 사로잡는다. 이곳에서는 기본적인 와인 블렌딩 수업이나 포도 수확, 가지치기 등 와인과 관련된 프로그램과 단기 와인 클래스가 1년 내내 운영되고 있어 언제든 방문할 수 있고, 경영주 부부가 직접 운영하는 레스토랑에서는 와인과 함께 페어링할 수 있는 테이스팅 메뉴가 다양하게 준비되어 있다. 화려한 스테인드글라스 창문으로 스며드는 형형색색의 빛은 특히 일몰 시간에 가장 로맨틱하다.

정원에 놓인 달걀 모양의 거대한 양조 장비를 둘러보고 와인이 익어가는 숙성 셀러에서 수많은 미술 작품을 감상할 수 있는데, 셀러이자 미술관이기도 이 공간은 언제나 조용한 클래식 음악이 흐른다. 아마도 중저음의 잔잔한 파동이 오크통을 울려 와인이 숙성하는 데 도

엘 에네미고 와이너리

움을 주지 않을까 하는 생각이 들었다.

　엘 에네미고El Enemigo 와이너리는 아르헨티나 멘도사의 고지대 와인 지역에 기반을 둔 컬트 와인 생산자인 카테나 자파타 회장의 딸 안드리아나 카테나Andrianna Catena와 보데가 카테나 자파타에서 수석 와인 메이커로 일했던 알레한드로 비질Alejandro Vigil의 합작으로 지난 2007년에 설립했다. 엘 에네미고는 '적the enemy'이라는 뜻이다. 인생에서 어떤 도전에 직면할 때 가장 경계해야 할 것은 '내부의 적인 나 자신'이다. 자신과의 싸움에서 타협하지 않고 내부의 적을 이겨내면 그만큼 높은 성취를 이룰 수 있듯이 아르헨티나 고지대에서 최고의 와인을 만들겠다는 의지를 담아 와이너리의 이름을 정한 것이다.

와이너리는 전통적인 와인 양조 기술에 바탕을 두고 그란 에네미고와 엘 에네미고의 두 가지 와인 레인지를 생산한다. 엘 에네미고 라벨에는 말벡, 카베르네 프랑, 보나르다, 샤르도네, 시라-비오니에 5종의 와인이 있다. 이들이 만드는 플래그십 와인은 '구알탈라리 Gualtallary 그란 에네미고'로 해발 1,500m 석회석 토양의 포도밭에서 나온다.

구알탈라리는 아르헨티나 최고급 와인 산지 우코 밸리의 북부 지역 투푼가토 Tupungato에 있는 고지대 생산 지역이다. 포도원은 멘도사 포도 재배 한계인 1,500m 고지의 안데스 기슭에 있어 포도가 익는 생장 기간이 길고, 일교차가 심하여 포도의 신선한 산도를 유지할 수 있다. 고도가 높아 햇빛과 자외선 노출이 많아 껍질에 타닌을 더 많이 만들기 때문에 색상이 깊고 오래 숙성할 수 있는 와인이 나온다.

모래와 석회석이 뒤섞인 메마른 충적토는 와인 스타일에도 영향을 미치는데, 배수가 너무 잘 되어 물이 부족한 상태가 되므로 농축된 와인을 만들 수 있다. 토양에 석회석이 많이 섞여 있기 때문에 구알탈라리 와인은 멘도사의 다른 지역과 차별화되는 미네랄 특성을 보인다.

그란 에네미고 구알탈라리 카베르네 프랑 2017

Gran Enemigo Gualtallary Cabernet Franc 2017

2017년산 그란 에네미고 구알탈라리 카베르네 프랑은 심도가 깊고 짙은 자주색이며, 잘 익은 흑자두, 블랙베리, 코코아, 산딸기, 녹색 피망 같은 복합적인 풍미가 어우러져 있다. 타닌은 처음엔 강하게 느껴졌지만 입 안에서는 좀 더 둥글고 부드러운 질감이 살아났다. 감귤류의 프레시한 산미와 검은 과일 향의 집중도, 우아함을 더해 주는 미네랄의 뉘앙스는 고지대 단일 포도밭의 엄선된 포도에서 나오는 특별한 축복이 아닐까 하는 생각이 들었다.

◯ **Wine Navigation**

포도밭에 왜 장미를 심을까?

장미는 포도밭의 척후병이다. 포도보다 해충이나 질병에 훨씬 취약하기 때문에 장미가 먼저 감염되어 시들거나 곰팡이에 오염된 모습을 보이게 된다. 따라서 포도 재배자들은 평상시 장미의 건강 상태를 유심히 살피면 포도밭에 어떤 문제가 발생하기 시작했는지 미리 파악할 수 있고, 적절한 방제 조치를 취할 수 있다. 말하자면 포도밭의 끝단에 심는 장미꽃은 포도밭을 지키는 조기 경보 시스템이라 할 수 있다.

가시가 돋은 장미꽃이 포도밭에서 하는 또 다른 역할은 포도밭 끝단에 심어진 포도덩굴을 보호하는 일이다. 옛날에는 말이 쟁기를 끌면서 포도밭을 경작했는데, 말이 장미 가시에 찔리지 않으려고 코너를 넓게 돌아 포도나무를 망가뜨리지 않는 효과도 있다. 사람이나 말이나 '컷 코너스cut corners', 즉 질러가고 싶은 마음은 마찬가지인가 보다. 요즘은 포도밭에 첨단 영농 기법과 과학적 질병 통제가 이루어지기에 장미는 과거와 같은 역할보다는 포도밭의 단조로운 풍경에 색채감을 주고 로맨틱하게 보이게 하는 효과가 더 크다.

도나우 강변의 궁전,
도마네 바하우(오스트리아)
(2023년 14위, 2022년 20위, 2020년 3위)

오스트리아의 도마네 바하우Domäne Wachau는 지어진 지 300년 정도 된 와이너리로, 지하 깊은 곳에 끝없이 연결된 미로 같은 와인 셀러와 아름답고 웅장한 바로크 스타일의 노란색 샤토 건물을 자랑하며 유네스코 세계문화유산에 등재된 곳이다. 2020년에는 세계 최고의 와이너리 3위에 올라 유럽 지역 와이너리 중 1위를 차지하는 영광을 누렸다.

오랫동안 운영 총괄 임원으로 일해 온 MW 출신의 로만 호바스Roman Horvath와 양조 책임자 하인츠 프리셴그루버Heinz Frischengruber의 팀워크로 운영되는 유서 깊은 도마네 바하우는 오스트리아를 방문한다면 한 번 들러 볼 만하다. 원래 뒤른슈타인Dürnstein 수도원에서 관리해 온 도마네 바하우는 오늘날 바하우 지역 전체 와인 생산의 34%를 차지하며 재배 면적이 440헥타르에 달한다. 바하우 지역의 포도

도마네 바하우의 샤토 건물

재배 농가 250개가 모여서 협동조합을 만들었고, 토양 특성에 따른 포도 재배와 전통적인 양조 기술로 최고 수준의 와인을 만들고 있다.

도마네 바하우는 연중 언제든 방문이 가능하며 시음을 포함한 다양한 체험 프로그램이 눈길을 끈다. 인기 있는 시음과 간단한 와이너리 투어는 직영 와인 숍에서 이루어지는데, 와이너리 설명을 시작으로 약 90분 동안 바로크식 샤토의 지하 셀러와 와인 저장고를 둘러보고, 도멘에서 생산하는 몇 종류의 와인 시음으로 마무리된다. 오스트리아의 대표 와인인 리슬링이나 그뤼너 펠트리너를 좋아한다면 최고의 방문이 될 것이다. 뒤른슈타인의 수도원장이었던 히에로뉘무스 위벨바허Hieronymus Übelbacher를 위해 축조된 바로크식 휴양 궁전인 노란색

켈러슐뢰셀Kellerschlössel은 잊지 못할 방문 추억으로 남는다.

도마네 바하우는 도나우강 계곡의 가파른 경사지에 있는 테라스식 밭에서 포도를 재배하기 때문에 생산 비용이 평지보다 몇 배 비싸다. 포도밭의 높은 고도와 북쪽에서 부는 차가운 밤바람 덕분에 낮과 밤의 기온차가 큰 편으로, 포도의 산도 유지에 도움이 된다. 이곳은 오스트리아에서 지질이 형성된 지 가장 오래된 곳으로, 토양이 화강암과 퇴적층으로 구성되어 있고, 석영, 장석, 운모 같은 광물이 많이 섞여 있어 미네랄이 풍부하다.

오스트리아는 극단적인 대륙성 기후대에 있으며 평균적으로 포도 수확량이 많지 않아 독일보다는 와인의 도수가 높은 편이다. 생산되는 와인의 65% 이상이 화이트 와인이며 대표 품종인 그뤼너 펠트리너가 포도밭의 30%를 차지하고 있다. 리슬링과 벨슈리슬링Welschrisling 또한 중요 화이트 와인 품종이다. 주요 레드 와인 품종으로는 체리와 향신료, 밝은 산미가 있는 츠바이겔트Zweigelt, 자두, 블루베리, 사우어 체리의 향에 표현력이 다양한 블라우프렌키슈Blaufrankisch, 벨벳처럼 부드러운 타닌이 있는 상크트 라우렌트St. Laurent 등이 있다.

특히 바하우 지역의 와인은 판노니아 평원의 뜨거운 여름 열기가 오스트리아 서쪽으로 확장되면서 도나우 계곡과 바하우 동부까지 데워 주기 때문에 와인은 대체로 도수가 높고 단위 면적당 포도 수확량이 적은 편이다. 하지만 바하우 지역의 가파른 계단식 포도밭은 미세기후 지역이며 도나우강이 열기를 조절해 주는 역할을 하므로 와인은 프레시하고 활기찬 편이다.

📚 와인 노트

도마네 바하우 그뤼너 펠트리너
켈러베르크 2015

Domäne Wachau Grüner Veltliner Smaragd Kellerberg 2015

바하우를 방문했을 때 시음했던 다양한 와인 중에는 그뤼너 펠트리너 켈러베르크가 인상적이었다. 바하우의 클래식 와인으로 강렬하면서도 우아한 풍미를 보였는데, 가장자리에 약간의 녹색 빛이 도는 엷은 노란색이었고, 사과와 라임, 흰 복숭아, 살구의 매력적인 향과 섬세한 질감, 크리스피한 산미가 조화를 이루었던 라이트 바디의 화이트 와인으로 샐러드 같은 가벼운 음식과 매칭하기에 좋았다.

포도 수확이 끝나면 포도는 프레스 하우스로 신속하게 옮겨져 포도 선별 작업과 분쇄 과정을 거치고 온도가 조절되는 스테인리스 스틸 탱크에서 발효가 이어진다. 발효가 끝난 후에도 몇 달 동안 미세한 찌꺼기와 함께 앙금 숙성을 하면서 풍미를 개선하기도 한다. 와인은 8~10도 정도 차게 마시는 것이 좋다.

세계 최악의 와인 스캔들

오스트리아에서 1985년 와인에 단맛과 풍미, 질감을 개선하기 위해 차량 부동액으로 쓰이는 디에틸렌 글리콜diethylene glycol을 몰래 넣은 사실이 드러나 모두를 경악하게 했다. 일명 '부동액 스캔들'로 알려진 이 사건으로 와인 메이커와 중개업자 등 약 30명이 구속되고 3000만 병에 이르는 와인이 폐기되었다. 일부 나라에서는 오스트리아 와인의 수입을 금지하는 조치를 취했고, 국제 시장에서 불신이 가중되며 큰 고역을 치렀다. 이 사건으로 오명을 뒤집어쓴 오스트리아 와인이 옛 명성을 회복하는 데에는 많은 시간이 걸렸다. 국가 차원에서 엄격한 품질 관리에 나섰고, 와이너리들도 과오를 뉘우치며 품질 향상을 위해 각고의 노력을 한 끝에 오늘날 높은 품질 수준을 자랑하는 오스트리아 와인으로 거듭나게 되었다.

또 한 번의 국제적인 스캔들은 이탈리아에서 발생했다. 1986년 이탈리아 북동부에서 작황이 좋지 않아 도수가 낮아진 피에몬테 돌체토 와인에 알코올을 높이려고 자동차 부동액 제조에 사용되는 메틸알코올을 와인에 섞는 어처구니없는 사건이 일어났다. 이를 마신 주민 17명이 사망하고 60명이 장님이 되는 등 사상 초유의 와인 범죄 사건이 발생했다. 이탈리아에서 벌크 와인을 수입했던 프랑스는 마르세유에 입항한 배에서 이탈리아 와인 2500만 L를 압류 조치하여 검사한 결과 오염을 발견하고 전량 폐기 조치했다. 독일에서도 의심되는 돌체토 와인이 수거되어 폐기되었다. 이 사건으로 큰 충격을 받은 이탈리아 정부는 식품 안전과 생산 관리에 대한 강화된 규제와 감시 체계를 도입했고 와인에 대한 식품 검사를 철저히 하게 되었다.

포르투갈 도우로 밸리의 심장, 킨타 두 노발(포르투갈)

(2023년 16위)

    세계문화유산에도 등재된 포르투갈의 킨타 두 노발Quinta do Noval은 도우로 밸리Douro Valley의 강변에서부터 산중턱으로 이어지는 테라스 형태의 포도밭이 멋지게 펼쳐져 풍광이 아름다운 곳으로 유명하다. 조상대대로 오랜 세월에 걸쳐 가파르고 척박한 언덕배기를 개간하여 'ㄱ'자 형태로 깎아낸 겹겹의 테라스는 그야말로 인간 승리의 결과물이다. 굴곡진 포도밭은 태양을 향해 거의 360도 노출되어 포도가 완벽하게 익을 수 있는 지형 구조다. 완만한 곡선을 이루는 포도밭은 바라보기만 해도 힐링이 되지만 농밀한 향이 담긴 와인 한 잔을 들고 포도밭에 오르면 세상을 다 가진 듯한 풍요로움에 빠져든다.

    킨타 두 노발은 약 300년 전인 1715년에 이 지역의 토지대장에 기록되면서 역사가 시작되었다. 포르투 출신의 포트와인 운반선 주인이었던 안토니오 호세 다 실바António José da Silva가 필록세라로 황폐

도우루 강변 위로 펼쳐지는 킨타 두 노발의 포도밭

화된 킨타 두 노발을 1894년에 인수한다. 병든 포도나무를 모두 없애고 나무를 새로 심기 시작했고, 그의 사위 루이스가 밭을 물려받아 테라스의 폭을 넓히는 큰 공사를 한 결과 포도밭의 효율을 높이면서 햇볕을 더 많이 받는 포도밭으로 탈바꿈하게 되었다.

1931년 킨타 두 노발은 빈티지 포트와인과 나시오날 빈티지 포트를 만들면서 최대의 소비 시장이었던 미국과 영국에서 스타로 떠올랐고 지금까지 명성을 유지하고 있다. 하지만 1993년 프랑스 보험회사 악사 밀레짐AXA Millésimes이 경영권을 인수하여 새 주인이 되었다.

도우로에서 가장 오래된 포트와인 생산자 중 하나인 킨타 두 노발이 만드는 나시오날 빈티지 포트와인은 약 2.5헥타르의 작은 포도밭에서 약 3,000병 생산되는데, 몇 년에 한 번 정도 아주 좋은 해에만 생산되며, 세계 최고의 빈티지 포트와인 중 하나로 꼽힌다. 19세기 후반 유럽의 포도밭을 모두 망가뜨렸던 필록세라 해충은 노발의 포도원에서는 강렬한 훈증으로 제거했다. 당시 유일한 해결 방법이었던 미국산 포도나무로 대체하지 않고 자체 치료로 극복했기에 '나시오날 Naçional'이라는 이름이 붙였다.

도우로 밸리 중심부에 있는 145헥타르의 포도원에는 귀족 포도 품종인 토우리가 나시오날Touriga Naçional, 토우리가 프랑카Touriga Franca, 틴타 호리즈Tinta Roriz, 틴토 카옹Tinto Cão 등이 심어져 있다. 포도원은 고도 100~500m에 흩어져 있고 토양은 점토와 편암이 뒤섞여 있다.

나시오날 빈티지 포트와인은 포도원 중심부의 작은 밭에서 생산되는데, 접목하지 않은 토종 품종을 사용해서 만들며, '라가레스Lagares'라 불리는 화강암으로 만든 사각형의 대형 수조에 포도를 담아 발로 으깨는 전통 방식으로 만든다. 최고급 포트와인은 드물게 이런 방식으로 만들지만, 대부분의 다른 와이너리는 비싼 인건비 때문에 기계를 사용하고 있다.

포트와인은 특별히 작황이 좋은 해에만 '빈티지'를 선언할 수 있다. 좋은 해에는 대부분의 와이너리들이 앞다투어 빈티지를 선언한다. 하지만 킨타 두 노발은 다른 포도원과는 달리 1996년에 예외적으로 나시오날 포트와인에 대한 빈티지를 선언한 적이 있으며, 2007년은 대부분 빈티지를 선언했지만 킨타 두 노발은 나시오날 와인에 대해 빈티지를 선언하지 않았다. 그만큼 엄격한 품질 기준을 유지하고 있다는 자존감을 나타낸 것이라 할 수 있다.

와인 노트

킨타 두 노발 콜헤이타 포트와인 1995

Quinta do Noval Colheita Port Wine 1995

와이너리를 방문했을 때 테이스팅했던 여러 종류의 와인 중 가장 특별했던 1995년산 포트와인은 짙은 황갈색을 띠었고 20년 이상 숙성하여 농밀하면서도 복잡한 향을 느낄 수 있었다. 캐러멜과 호두, 헤이즐넛, 호두와 같은 견과류의 고소한 풍미에 이어 말린 오렌지 껍질, 레몬, 말린 살구 그리고 매콤한 향신료의 부케가 신선한 산미와 균형을 이루며 입 안을 아늑하게 감싸준 풀 바디의 포트와인이었다. 2015년에야 병입되었다고 하니 무려 20년간 오크통 속에서 숙성한 것이다. 세월이 빚어낸 오묘한 맛과 향은 포트와인의 매력이 아닌가 싶다. 노발이 만드는 콜헤이타Colheita는 숙성 잠재력이 큰 와인만 골라 카스코(640L 용량의 오래된 통)에서 숙성하는데, 작황이 매우 좋은 해에만 만들어진다.

신들의 넥타를 빚는
샤토 디켐(프랑스)
(2023년 18위, 2022년 23위)

세계 최고의 디저트 와인을 만드는 샤토 디켐Château d'Yquem은 12세기 초 아키텐의 공녀 엘레오노르의 소유였다. 1152년 그녀보다 어린 잉글랜드 왕 헨리 2세와 재혼하면서 지참금으로 아키텐 지역을 가져가는 바람에 거의 300년간 잉글랜드의 땅이었다. 1337년부터 1453년까지 영국과의 백년전쟁 말미에 잔 다르크의 활약으로 프랑스가 다시 이 땅을 되찾았다.

와인 이름 이켐Yquem은 원래 독일어에서 유래한 것으로, '투구를 쓰다'라는 독일어 '아이그 헬름Aig helm'에서 파생되었다. 고대부터 투구는 존귀함의 상징이었다. 1936년 베를린올림픽에서 손기정 선수가 마라톤 경기에서 1등 했을 때 받은 상이 바로 고대 그리스의 청동 투구였다. 서양에서 투구는 존귀함을 상징한다. 손기정 선수가 받은 이 투구는 그리스 올림피아 경기의 승리를 기원하며 그리스 코린트

동화 속의 궁전 같은 소테른 지방의 샤토 디켐

에서 만든 것으로, 올림픽 당시 그리스의 신문사가 우승자에게 선물로 내놓았지만 '메달 외 선물은 불가하다'는 규정 때문에 50년간 베를린박물관에 소장되어 있다가 1986년 올림픽 개최 50주년을 맞아 손기정에게 전달되어 국립중앙박물관에 전시되기 시작했다.

고대의 투구처럼 존귀한 샤토 디켐의 역사는 15세기로 거슬러 올라간다. 라몬 펠리페 이켐Ramon Felipe Eyquem은 청어 유통사업과 와인 판매를 통해 큰돈을 벌어 1477년 포도원을 샀다. 약 100년 뒤인 1593년 그의 후손 미셸 이켐Michel Eyquem이 자크 드 소바주에게 넘겼고, 1785년에 이르러 뤼르 살뤼스Lur Saluces 가문이 소유권을 갖고 200년간 유지해 왔으나, 1996년 루이 비통 그룹이 경영권을 확보하여 새 주인이 되었다.

소테른 지역의 특성상 가을철에 발생하는 안개 때문에 곰팡이의 일종인 귀부균이 포도 표면에 미세한 구멍을 내 수분이 점차 증발하면서 건포도처럼 쪼그라들며 당도가 축적된다. 이 포도로 만든 와인은 놀라울 만큼 달콤하고 산미가 좋으며 천상의 향기를 뿜어낸다. 200년 이상 숙성도 가능하며, 오래 숙성할수록 가격도 비싸진다. 귀부 포도알만 골라서 손으로 따야 하며, 많은 경우 10번 이상 나누어 조금씩 수확해야 하기에 인건비가 많이 들고, 나무 한 그루당 와인이 한 잔 정도 생산되기에 그만큼 희귀하며 양조와 숙성에도 오랜 시간이 걸린다.

샤토 디켐은 보르도 남쪽 그라브 지역에 자리 잡은 소테른에서 생산되며, 소테른에서는 유일하게 1855년 보르도 와인 공식 등급 분류에서 프리미에 크뤼 수페리에Premier Cru Superieur 등급을 받았다. 샤토 디켐은 복잡 미묘한 향과 꿀 같은 단맛이 특징이며, 산도가 상대적으로 높아 최적의 밸런스를 이룬다. 1959년부터 이그레크Ygrec라는 드라이 화이트 와인을 생산하고 있는데, 소비뇽 블랑과 세미용을 블렌딩해서 만들며 매년 생산하지는 않는다.

프랑스에서 오랫동안 미국 대사로 주재했던 토머스 제퍼슨은 샤토를 방문하여 와인을 맛본 후, 최고의 소테른 와인이라고 극찬했다. 그는 1784년에 샤토 디켐을 250병 주문했고, 조지 워싱턴을 위해 추가로 발주했다는 기록이 있다. 혜성이 나타나는 해에는 특히 작황이 뛰어나, '혜성 빈티지'라 불리는데, 혜성 빈티지인 1811년산은 전설의 빈티지로 알려져 있다. 1996년에 1811년산을 시음했던 로버트 파커는 예외적으로 장수한 빈티지로 꼽으며 100점 만점을 줬다.

샤토 디켐은 총 126헥타르를 보유하고 있으나, 이 중 100헥타르에만 포도가 식재되어 있다. 매년 2~3헥타르의 땅은 나무를 뽑고 새로 심기 때문이다. 나무를 심고 5~7년을 기다려야 좋은 포도를 수확할 수 있기에 20헥타르 정도는 항상 쉬고 있다. 포도나무의 분포는 80%가 세미용, 20%가 소비뇽 블랑이지만, 소비뇽 블랑의 수확량이 훨씬 많기 때문에 수확량으로만 보면 비슷하다.

가장 중요한 것은 수확 시기를 결정하는 일이다. 귀부 포도만 골라서 따야 하기 때문에 평균 여섯 번 정도 나누어서 수확한다. 수확량은 1헥타르당 9헥토리터(900L)로, 소테른 지역의 평균인 12~20헥토리터(1,200~2,000L)에 비해 수율이 매우 낮다. 포도는 세 차례 압착을 거쳐 오크통에 옮겨진 후 약 3년간 숙성되며, 연간 6만 5,000병이 생산된다. 작황이 나쁜 해에는 과감하게 생산을 포기하고 익명으로 포도를 팔아치운다. 20세기에 9번의 빈티지를 포기(1910, 1915, 1930, 1951, 1952, 1964, 1972, 1974, 1992)했고, 21세기에는 한 번 발생했다(2012).

토양의 구성을 보면, 두꺼운 석회 암반 위에 점토, 자갈, 모래가 적절히 혼재되어 있다. 점토는 밭 단위마다 구성이 조금씩 다르다. 석회석과 섞인 퇴적 점토와 푸른 점토는 샤토 페트뤼스의 토양 구성과 흡사하다. 점토 퇴적물이 많은 것은 다른 포도원들과 중요한 차별점이다. 디켐은 모두 150개의 플롯Plot이 있는데, 디켐의 마법을 만드는 것은 플롯별로 다른 토양 구성, 포도 품종, 클론, 뿌리rootstock의 절묘한 조합 덕분이라고 할 수 있다. 포도나무의 수령은 평균 25년이지만, 수령이 50년이 되기 전에 어린 나무로 교체된다.

샤토 디켐 2005

Château d'Yquem 2005

샤토를 방문했을 때 샤토 디켐 2005년산이 시음주로 나왔다. 가장자리에 연한 오렌지 빛이 감도는 짙은 금색이었고, 감미로운 꿀 향과 복숭아, 파인애플 향이 코끝을 자극했다. 입에서는 오렌지 마멀레이드, 복숭아 시럽, 망고, 말린 살구, 재스민, 바닐라 같은 복합적인 풍미와 아카시아 꿀처럼 향기로운 단맛, 예리한 칼날 같은 산미가 환상의 하모니를 이루었다. 귀부균이 만들어 내는 복잡 미묘하면서도 다차원적인 향은 샤토 디켐이 자랑하는 차별적인 특성이라 할 수 있다. 신들이 마시는 넥타인 샤토 디켐은 자연이 준 선물을 인간이 정성을 다해 빚어내고 세월이 맛과 향의 깊이를 더해 만들어진 작품이 아닐까 생각한다.

샴페인계의 백작,
테탕저(프랑스)
(2022년 15위, 2021년 13위)

샴페인 하우스 테탕저Taittinger의 역사는 거의 300년에 가깝다. 1734년 직물 사업으로 성공한 자크 푸르노Jacques Fourneaux가 포레스트 푸르노Forest-Fourneaux라는 샴페인 하우스를 설립하여 베네딕토회 수도사들의 양조 기술을 바탕으로 스파클링 와인을 생산하기 시작했다. 하지만 1920년대 이후 미국의 금주법과 대공황, 제1차 세계대전의 혼란 속에서 경영이 악화되었고, 1932년 피에르 테탕저 Pierre Taittinger가 포도원과 샤토를 인수하여 샴페인 하우스 테탕저로 거듭났고, 18세기에 건축된 샤토 드 라 마르케트리Château de la Marquetterie는 현재 본부로 사용되고 있다.

피에르 테탕저는 샹파뉴 지역 전투에 투입되었다가 큰 부상을 입어 임시로 프랑스군 지휘소와 병원으로 사용되고 있던 샤토 드 라 마르케트리로 후송되어 치료를 받은 적이 있다. 그는 샤토의 아름다움

상파뉴 지방의 테탕저 샴페인 하우스

에 심취해 기회가 되면 이 샤토를 구입하겠다고 마음먹고 있었는데, 결국 그 꿈을 실현했다. 그는 제1차 세계대전에 참전한 공로를 인정받아 프랑스 최고 영예라 할 수 있는 레지옹 도뇌르Légion d'Honneur 훈장을 받았다.

1950년대에 테탕저는 볼랭저, 로랑 페리에, 모엣 샹동, 루이 로드레 등과 함께 샴페인 하우스 연합인 그랑 마르케Grand Marques의 일원이 되었다. 1945년부터 1960년까지 피에르의 셋째아들 프랑수아가 운영했으나 사고로 사망한 후 그의 형 클로드가 인수하여 1960년부터 2005년까지 사업을 지휘하였고, 이때부터 테탕저는 세계적인 샴페인 하우스로 부상하기 시작했다. 상파뉴 랭스에 자리 잡은 테탕저는 한

때 경영난을 겪어, 지난 2005년 미국의 호텔 그룹인 스타우드로 팔린 적이 있다. 하지만 테탕저의 손자 피에르 엠마뉘엘과 프랑스 은행 자본이 힘을 합쳐 소유권을 되찾아오는 우여곡절을 겪었다.

테탕저 샴페인은 우아하면서도 복잡 미묘한 향, 입 안에서 느낄 수 있는 미감의 특징을 잘 표현하는 최고급 샴페인으로, 특히 샤르도네의 비중이 높아 여성들이 선호하는 와인이다.

현재 테탕저는 연간 600만 병 정도의 샴페인을 생산한다. 이는 샴페인 총 생산량 3.25억 병(2022년 기준)의 5분의 1에 해당하는 양으로, 샹파뉴에서 여섯 번째로 큰 하우스의 지위를 유지하고 있으며, 특히 콩테 드 샹파뉴 블랑 드 블랑Comtes de Champagne Blanc de Blancs과 로제 샴페인이 유명하다.

테탕저 하우스의 샴페인은 샤르도네가 중심이며, 산뜻한 과일 향과 꽃 향 그리고 탄탄한 산미가 돋보인다. 대표적인 샴페인은 브뤼 리저브Brut Reserve로 샤르도네 40%, 피노 누아 35%, 피노 뫼니에 25%의 블렌딩 비율로 만드는데, 신선하고 섬세하며 과일 향과 구수한 빵 향이 특징이다. 작황이 좋은 해에는 콩테 드 샹파뉴 프레스티지 퀴베를 생산하는데, 그랑 크뤼 포도원에서 나오는 샤르도네 100%를 사용하며 포도를 처음 압착해서 나온 주스만으로 만들기 때문에 우아한 풍미와 깊은 맛이 있고 장기간 숙성이 가능하다.

1987년 테탕저는 미국 유통업체인 코브랜드Kobrand와의 합작으로 캘리포니아 카네로스 지역에 56헥타르의 토지를 구입하고 도멘 카네로스를 설립하여 고품질의 미국 스파클링 와인을 만들고 있다. 최근 테탕저는 영국 남부 켄트에도 땅을 구입하여 포도나무를 심었는데 영국산 스파클링 와인의 출시도 기대된다.

　대부분의 샴페인 하우스는 주변의 포도 재배자들로부터 포도를 수매하여 와인을 생산하지만 테탕저는 자체 포도원이 300헥타르에 이르며 포도밭은 주로 코트 데 블랑Côte des Blancs과 몽타뉴 드 랭스 Montagne de Reims 지역에 분포되어 있다. 자체 포도밭이 있으면 와인의 원료인 포도의 재배부터 수확, 양조와 숙성에 이르기까지 통합 관리가 가능해지므로 그만큼 뛰어난 품질의 샴페인을 생산하기가 유리하다.

📓 와인 노트

콩테 드 샹파뉴 블랑 드 블랑 2011

Comtes de Champagne Blanc de Blancs 2011

2011년은 작황이 뛰어나 코트 데 블랑 그랑 크뤼 밭에서 생산된 샤르도네의 품질이 매우 좋았다. 봄철 가뭄으로 나무뿌리는 물을 찾기 위해 땅속 깊이 파고 들어 풍성한 향을 지닌 포도가 생산되었다. 2011빈은 첫 번째 짠 주스로만 만들었는데, 전체 와인 중 5%는 새 오크통에서 4개월간 숙성해 고소한 구운 향을 더했다. 콩테 드 샹파뉴는 생 니케즈Saint-Nicaise 지하 숙성고에서 무려 10년간 병 숙성을 했기에 놀라울 만큼 깊은 맛을 낸다. 긴 세월의 인내가 샴페인의 맛과 풍미

샤르도네 100%로 만든 콩테 드 샹파뉴 블랑 드 블랑 2011

를 조각해 내고 놀라운 에너지를 축적한 듯했다.

짙은 지푸라기 색상과 금빛 반영을 보였고, 섬세하면서도 크리미한 버블의 질감, 아몬드, 페이스트리, 복숭아, 꿀, 배숙, 진저 브레드 등이 어우러진 깊은 풍미와 입 안 전체를 부드럽게 감싸 주는 매혹적인 질감과 미네랄리티, 세련된 산미가 함께 어우러져 완벽에 가까운 밸런스를 보여 주었다.

007 시리즈로 유명한 샴페인,
볼랭저(프랑스)
(2023년 23위)

샴페인 볼랭저Bollinger는 영화 007 시리즈를 통해 널리 알려졌다. 제임스 본드는 볼랭저의 열성 팬이었다고 한다. 1973년 영화 〈죽느냐 사느냐Live and Let Die〉를 시작으로 1985년 영화 〈어 뷰 투 킬A View to Kill〉을 포함하여 총 14편의 본드 영화에 등장했다. 40년간 007의 공식 샴페인이었던 볼랭저는 2021년 영화 〈노 타임 투 다이No Time To Die〉를 위해 007 한정판으로 볼랭저 스페셜 퀴베Bollinger Special Cuvée를 출시한 바 있다. 영국은 볼랭저 최고의 판매 시장으로 연간 생산량의 절반에 해당하는 125만 병을 수입하고 있으며 영국에서는 '볼리Bolly'라는 닉네임으로 통한다.

샴페인 하우스 볼랭저는 가문의 이름에서 유래했지만 원래는 프랑스 귀족 앙탕스 드 빌레몽Anthanse de Villermont에 의해 시작되었다.

샴페인 하우스 볼랭저

당시는 귀족들의 상업 활동이 제한되어 있었기 때문에 샴페인 상인
이었던 조셉 자크 볼랭저Joseph 'Jacques' Bollinger와 셀러 마스터였던
폴 르노댕Paul Renaudin에 의해 1829년 르노댕-볼랭저 회사Renaudin-
Bollinger & Cie로 탄생했다. 판매와 마케팅을 담당했던 볼랭저가 중요
한 역할을 맡았다. 조셉이 빌레몽의 딸과 결혼하면서 결국 회사 이름

을 볼랭저로 바꾸었다.

1899년 조셉의 아들 조르주 볼랭저Georges Bollinger가 사업을 이어 받았을 때 샹파뉴 지역이 필록세라로 큰 피해를 입었다. 그는 20년에 걸쳐 병든 나무를 모두 뽑아내고 나무를 새로 심었다. 이후 제1차 세계대전을 겪으며 포도밭은 전쟁터가 되었고 저장고의 와인이 독일군에게 약탈당하는 등 많은 어려움을 겪었다. 어려운 여건은 제2차 세계대전 때까지 지속되었고, 1941년 엘리자베스 릴리 볼랭저Elisabeth Lily Bollinger 여사가 사업을 인수하고 전쟁이 끝나면서 사업이 조금씩 호전되었다. 그녀는 이후 25년간 북아메리카와 영국 전역을 쉬지 않고 돌며 언론인과 수입 업체들을 만나 시음회를 개최하였고 샴페인 홍보에 적극적이었다. 그 결과 매출 성장은 물론 프랑스와 영국, 미국 3국간의 우호적인 관계 개선에도 크게 공헌했다.

1963년 볼랭저는 마담 볼랭저가 직접 개발한 새로운 샴페인 '볼랭저 R.D. 엑스트라 브뤼Bollinger R.D. Extra Brut'를 출시했다. 이니셜 R.D.는 '최근에 배출된Recently Disgorged'이라는 의미로 효모 찌꺼기를 12~13년간 병 안에서 숙성시킨 다음 데고르주망(배출 작업)을 한 최고급 샴페인이라는 의미다. 긴 숙성 기간으로 인해 풍미와 맛의 깊이가 매우 뛰어났다. 볼랭저 R.D.는 1947년 처음 출시되었으며, 최근 빈티지는 2007년산으로 13년간의 오랜 숙성을 거쳐 2020년 7월에 데고르주망을 한 것이다.

대부분의 샴페인 하우스는 비용 절감을 위해 전통적인 숙성 관례를 포기하고 좀 더 경제적인 스테인리스 스틸 탱크를 선호하지만 볼랭저는 여전히 전통을 고수하며 오크통에서 와인을 숙성하고 있으며 오크통을 4,000개 이상 가지고 있다. 오크통은 미세한 산소를 공급해 주기 때문에 와인의 숙성에 중요한 역할을 한다. 타닌을 둥글고 부드럽게 하며 달콤하면서도 향기로운 복합미를 선사한다. 수많은 샴페인 하우스 중 오직 볼랭저와 크룩Krug만 전통적인 오크통 숙성 방법을 고수하고 있다.

매년 최고의 와인 중 일부는 일반 병 사이즈의 두 배인 매그넘으로 병입되어 리저브 와인으로 쓰인다. 리저브 와인은 고급 샴페인을 만들 때 최종 블렌딩에 쓸 목적으로 빈티지가 다른 와인을 남겨 두는 것으로, 대부분 다른 샴페인 하우스들은 오크통이나 숙성용 스테인리스 스틸 탱크에 저장하는 데 비해 볼랭저는 매그넘 병에 넣어 보관하는 방법이 특이하며, 이런 관행은 1892년부터 시작되었다. 볼랭저의 지하실에 80만 개 이상의 매그넘이 저장되어 있으며, 일부는 12년 이상 숙성시킨 후 하우스의 스페셜 퀴베 출시 때 블렌딩된다.

볼랭저는 샴페인 중심부인 아이Aÿ에 있으며 총 179헥타르 포도밭을 보유하고 있는데, 이 중 85%는 프리미에 크뤼와 그랑 크뤼 지역에 있다. 피노 누아는 샹파뉴 전체 포도의 38% 정도이지만 볼랭저는 포도밭의 60%가 피노 누아로 비중이 높다. 따라서 볼랭저의 샴페인은 피노 누아가 높은 비율을 보여 더욱 풍성하면서도 근육질의 질감을 보인다. 포도의 3분의 2는 자체 포도밭에서 나오며 나머지는 하우스와 계약 관계에 있는 재배자들이 공급하고 있다.

볼랭저 라 그랑 아네 2012

Bollinger la Grande Année 2012

2012년에 출시된 라 그랑 아네는 레전드 빈티지로 알려진 2008년산에 필적할 정도로 순수하면서도 기품 있는 풍미를 선사한다. 흰 꽃, 복숭아, 자몽, 캐슈너트, 헤이즐넛, 말린 사과, 호두, 레몬, 버베나, 아카시아 꿀, 벌집, 녹인 캐러멜의 달콤하면서도 복합적인 풍미와 미드 팔렛을 부드럽게 감싸주는 듯한 크리미한 질감은 그랑 아네만의 표현력이 아닐까 생각된다. 피노 누아 65%와 샤르도네 35%의 블렌딩으로 오크통과 대형 통에서 발효와 숙성을 거친 후 5년 이상 병 숙성을 했다.

○ **Wine Navigation**

샴페인이 비싼 이유

샴페인이 다른 스파클링 와인보다 비싼 이유로는 샹파뉴라는 한정된 지역에서만 생산되고, 땅값이 워낙 비싸며, 그만큼 생산되는 포도 가격도 비싸고, 게다가 까다로운 수작업과 복잡한 공정, 연간 생산량 3억 병 정도의 한정된 생산량으로 인한 공급 부족, 오랜 전통으로 쌓아온 가치와 브랜드의 명성, 생산과 유통 과정의 고비용 구조

등을 들 수 있다.

샴페인을 만들 때에는 '메토드 샹파누아즈méthode champenoise'라는 수작업과 복잡한 공정을 거친다. 포도를 수작업으로 수확하고 압착한 다음 1차 발효를 거쳐 기초 와인을 완성하며, 이 와인을 샴페인 하우스의 스타일에 따라 특정 비율로 블렌딩한 다음, 당분과 효모를 추가하여 샴페인 병에 담아 2차 발효를 진행한다. 발효가 끝나면 사멸한 효모 찌꺼기와 함께 '논 빈티지non-vintage'의 경우는 15개월 이상, 빈티지 샴페인의 경우는 3년 이상 병 내에서 숙성하면서 특유의 맛과 향을 생성하게 된다. 최고급 샴페인은 10년 이상 '효모와 함께on the lees' 병 안에서 숙성되며, 찌꺼기를 병목에 모으는 리들링riddling 과정과 찌꺼기를 병 밖으로 배출하는 데고르주망disgorgement 과정을 거친다. 그런 다음 당분을 추가하는 도자주dosage 과정으로 완성된다. 최종적인 도자주 과정을 통해 브뤼, 엑스트라 브뤼, 드미섹 등 샴페인의 달콤한 정도가 결정된다.

프랑스 양조철학이 접목된
클로 아팔타(칠레)
(2023년 39위, 2022년 18위, 2019년 6위)

프랑스 코냑 지방에서 오렌지 향이 나는 코냑 리큐어를 만드는 그랑 마르니에Grand Marnier를 운영하던 마르니에 라포스톨Marnier Lapostolle 가문이 1994년 칠레의 콜차과 밸리에 클로 아팔타Clos Apalta를 세우고 칠레 최고의 테루아와 프랑스의 양조철학을 접목시킨 최고급 와인을 생산하게 되었다.

불과 10년 뒤에 클로 아팔타 2005년산이 〈와인 스펙테이터〉가 선정한 2008년 세계 100대 와인 중 1위를 차지했다. 남반구에서 생산된 와인 중 〈와인 스펙테이터〉 1위에 오른 와인은 클로 아팔타 2005년산과 호주 펜폴즈 그랜지 1995년산 단 2개뿐이다.

아팔타 지역은 주변의 콜차과 밸리와는 다른 미세 기후를 인정받아 2018년 독자적인 원산지 명칭을 받았다. 하지만 클로 아팔타는 그 이전부터 프랑스 와인의 기교와 아팔타 지역의 테루아를 완벽하게

프랑스의 그랑 마르니에가 칠레에 세운 명품 와이너리 클로 아팔타의 와인 저장고

결합한 와인을 빚어 왔다는 찬사를 받아 왔다.

와이너리를 방문하여 프라이빗 빌라에 머물며 650헥타르에 이르는 포도원의 광대한 생태계를 탐험해 볼 수 있다. 룸마다 다른 포도 품종의 이름이 붙어 있고, 실내는 천연 실크, 가죽, 토종 목재로 장식되어 있다. 마사지와 요가 강습을 갖춘 인피니티 풀과 웰니스 프로그램은 물론, 말이나 자전거 또는 도보로 포도원을 둘러볼 수 있다. 간편한 먹을거리와 함께 피크닉을 즐기거나 정원의 재료로 만든 식단으로 와인 페어링도 가능하다.

칠레 최고의 포도밭 중 하나인 클로 아팔타는 넓이가 160헥타르로 유기농 영농 방식을 적용하고 있다. 조금 건조한 지중해성 기후로, 포도나무는 언덕 아래로 흐르는 시원한 강줄기로 더위를 식히고 긴 생장기를 통해 잘 익은 과일 풍미와 부드러운 타닌을 만들어 낸다. 포도밭 구획별로 토양의 성질과 고도에 따라 적합한 품종을 심어 복합미와 균형감 있는 와인을 생산한다. 포도밭은 말발굽 형상을 한 골짜기에 있어 주변의 높은 언덕이 그늘을 만들어 뜨거운 열기를 막아 주고 강에서 시원한 바람이 불어와 포도가 천천히 익는다.

1997년 첫 와인을 생산한 이래 〈와인 스펙테이터〉 100위 안에 5번, 3위 안에 3번이나 드는 기염을 토하며 칠레 최고 와인 중 하나로 떠올랐다. 2014년산과 2015년산 클로 아팔타는 제임스 서클링으로부터 100점 만점을 받았다. 2011년 영국 왕세자비 케이트 미들턴Kate Middleton의 결혼식 만찬주로 쓰인 이 와인은 1920년에 심은 100년 된 포도나무에서 나왔는데, 필록세라의 피해를 입지 않은 나무였다.

📖 와인 노트

클로 아팔타 2012

Clos Apalta 2012

이곳을 방문했을 때 맛본 클로 아팔타 2012년산은 카르메네르 66%, 메를로 19%, 카베르네 소비뇽 15%의 블렌드로 짙고 깊은 퍼플 레드 색상을 보였고, 코에서 느껴지는 잘 익은 자두, 붉은 체리, 말린 무화과, 블루베리 향이 좋았다. 입 안에서는 붉은 과일과 검은 과일을 섞은 복합적 풍미와 정향, 후추 같은 향신료의 뉘앙스를 느낄 수 있었다. 넉넉한 질감과 매끄러운 타닌, 오래 지속되는 과일 향의 여운이 깊은 인상을 남겼다. 포도는 100% 손으로 수확하

며, 천연 효모를 사용하여 발효한다. 28도 미만으로 발효 온도를 조절하고, 4~5주 정도의 침용 과정과 수작업 펀칭 다운을 통해 원하는 구조감과 향의 집중도를 높인다. 발효와 침용 과정이 완료되면 프랑스 오크통으로 100% 옮겨 젖산발효를 진행하며, 이후 24개월간 오크통에서 숙성시킨다. 와인의 특성과 구조감을 깨뜨리지 않기 위해 일체의 후처리나 여과 과정 없이 병입한다.

나폴레옹의 와인,
클레인 콘스탄시아(남아프리카공화국)
(2023년 32위)

　나폴레옹이 마셨던 뱅 드 콩스탕스Vin de Constance를 만든 클레인 콘스탄시아Klein Constantia는 남아프리카공화국에서 가장 역사가 깊은 와이너리 중 하나로, 케이프타운이 내려다보이는 언덕에 자리 잡고 있다. 클레인 콘스탄시아는 '작은 콘스탄시아'라는 뜻으로, 케이프타운의 스텔렌보스Stellenbosch라는 도시 이름의 기원이 된 남아프리카공화국 총독 시몬 반 데르 스텔Simon van der Stel이 1685년에 설립한 '콘스탄시아'라는 더 큰 포도원의 일부였으나, 1817년에 둘로 나누어지면서 큰 포도원은 '그루트 콘스탄시아Groot Constantia'로, 작은 포도원은 '클레인 콘스탄시아'로 불렸다.

　여기서 만드는 세계적으로 유명한 와인은 '뱅 드 콩스탕스'로, 뮈스카 블랑 아 프티 그랑Muscat Blanc à Petits Grains이란 청포도로 만든 디저트 와인이다. 19세기 유럽 왕가에서 사랑받았던 값비싼 스위트 와

남아공 케이프타운의 클레인 콘스탄시아 포도밭

인 중 하나로, 영국의 조지 4세, 오토 폰 비스마르크와 같은 위인들이 즐겨 마셨고, 찰스 디킨스와 제인 오스틴의 작품에서도 언급될 정도였다. 조지 워싱턴과 토머스 제퍼슨도 와인의 맛에 매료되어 많은 양을 주문해서 마신 기록이 남아 있다.

워털루 전투에서 패배하여 아프리카 대륙 서쪽으로 1,900km 떨어진 절해의 고도 세인트헬레나에서 귀양살이를 하다 52세의 나이에 세상을 뜬 나폴레옹은 죽기 전에 이 달콤한 와인을 보약처럼 마셨다고 한다. 위장이 좋지 않았던 그는 오히려 프랑스 레드 와인보다 달콤한 디저트 와인을 즐겨 마셨다.

안타깝게도 콘스탄시아 와인은 19세기 후반 남아프리카공화국에 필록세라가 번지면서 포도밭이 망가져 생산이 중단되었고, 양조 방법에 대한 기록도 소실되었다. 그러나 1980년대 클레인 콘스탄시아에서 각고의 노력 끝에 복원하여 1986년부터 다시 생산하고 있다. 당시 병 모양을 이탈리아에서 특별히 디자인했는데, 독특한 곡선미를 자랑하며 지금도 사용 중이다.

뱅 드 콩스탕스는 다양한 숙성 단계의 포도를 수확하여 산도와 당도의 균형을 맞추고, 일부는 껍질째 발효하고, 나머지는 2주 동안 침용 과정을 거치기 때문에 발효가 잘되고 복합미도 뛰어나다. 발효가 끝나면 최대 5년간 오크통에서 숙성하면서 약간의 산화적인 특성과 함께 복잡미묘한 풍미를 만든다. 포도밭은 인근 폴스 베이False Bay의 냉각 효과를 누리며 부식된 화강암과 석회암 토양 위에 자리 잡고 있어 강렬한 풍미와 산도가 좋은 와인이 생산되는 것으로 유명하다.

 와인 노트

뱅 드 콩스탕스 2013
Vin de Constance 2013

와이너리를 방문했을 때 맛본 뱅 드 콩스탕스 2013년산은 밝은 황금색으로 빛났다. 잔에는 달콤한 향과 잘 익은 과일 향이 가득했는데 말린 망고, 파인애플, 바닐라, 건포도, 말린 무화과 등의 열대과일 향과 달콤한 머스켓 향이 풍성했다. 입 안에서는 날카로운 산미가 와인의 단맛을 누그러뜨려 주었고 살구, 배숙, 오렌지 마멀레이드의 진한 풍미와 버터 스카치의 향긋함이 여운으로 남았다. 평소 위장이 좋지 않았던 나폴레옹에게는 거친 타닌의 레드 와인보다는 오히려 달콤한 디저트 와인이 더 끌렸을 듯하다. 두고두고 후회했을 워털루전투 패배의 아픔을 어루만져 줬을 것 같다.

무통 로쉴드와 로버트 몬다비의 합작,
오퍼스 원(미국)
(2022년 24위, 2020년 20위)

연말 연초 대기업 CEO들의 승진 인사가 나기 시작하면 시내의 유명 와인 숍에 구매 문의가 부쩍 늘어나는 와인이 있다. '오퍼스 원'으로, 찾는 사람은 많지만, 구하기는 쉽지 않은 와인이다. 치열한 경쟁을 뚫고 기업 최고의 자리에 오른 신임 CEO들에게 가장 적절한 선물로 '오퍼스 원'을 주저하지 않는 데는 그 이유가 있다.

미국 슈퍼 프리미엄 와인의 원조 오퍼스 원Opus One은 그 작명부터 예사롭지 않다. '오퍼스Opus'는 라틴어로 음악 작품을 의미하며, 그 뒤에 일련의 숫자가 붙어 작품 번호를 이룬다. 따라서 '오퍼스 원'이란 위대한 작곡가의 첫 번째 걸작이라는 의미의 마스터피스를 떠올리며, '최고의 1인'이라는 의미를 지닌 와인으로 각광받고 있다.

오퍼스 원은 1978년 프랑스와 미국의 야심 찬 합작으로 탄생한 명품 와인으로 1979년에 첫 빈티지가 나왔다. 지금도 오퍼스 원은 나파

나파 밸리의 자존심 오퍼스 원 와이너리의 지하 테이스팅 룸 입구

밸리 와인 중 인기 있는 와인으로, 그 배경에는 재미난 이야기들이 숨어 있다. 우선 와이너리의 혈통이 대단하다. 보르도의 자존심이라 할 수 있는 샤토 무통 로쉴드의 수장 바롱 필리프 드 로쉴드가 미국 나파 밸리의 맹주 로버트 몬다비와 손잡고 만든 협력의 산물로, 처음엔 '나파메독Napamedoc'으로 나오다가 1982년부터 '오퍼스 원'으로 바뀌었다.

　이러한 합작 사업의 시작은 아이러니하게도, 샤토 무통 로쉴드의 수장 바롱 필리프가 로버트 몬다비에게 먼저 제안하면서 시작되었는데, 미국 캘리포니아의 축복받은 토양에 무통 로쉴드의 양조철학과 기술력을 접목하여 세계 최고의 와인을 만들자는 제안을 로버트 몬다비가 수락함으로써 10년 만에 결실을 맺었다. 바롱 필리프가 나파 밸리의 잠재력을 일찌감치 알아본 선견지명의 결과가 아닐까 생각한다.

오퍼스 원의 건물은 아름답기로 이름나 있다. 건물 구조가 특이한데, 위에서 보면 마치 우주선 같다. 신고전주의적 건축 양식을 채택해 유럽의 엘레강스한 스타일과 미국의 현대적 감각이 조화를 이룬 모습이다. 건설 비용만 150억 원을 들인 와이너리로, 기계 장비까지 포함하면 무려 200억 원을 쏟아 부은 최첨단 럭셔리 와이너리라 할 수 있다.

오퍼스 원은 오직 두 종류의 와인만 생산하는데, 플래그십 와인인 오퍼스 원은 카베르네 소비뇽 80%에 카베르네 프랑, 프티 베르도, 메를로, 말벡을 블렌딩한 와인으로 연간 약 30만 병을 만들며, 세컨드 와인인 오버추어Overture도 소량 생산한다. 오버추어라는 뜻 또한 음악 용어로, 오페라가 시작하기 전에 연주되는 서곡이라는 의미다. 오퍼스 원을 만들고 남은 와인을 3년 정도 모아서 만드는 오버추어는 빈티지가 없는 와인이다.

포도밭은 나파에서도 유명한 오크빌 포도 생산 지역의 서쪽에 자리 잡고 있으며, 모두 4개의 플롯으로 구성되는데, 이 중 2개는 나파 밸리에서 가장 유명하고 비싼 토칼론에 40헥타르 정도가 있고, 나머지 28헥타르는 와이너리의 외곽을 둘러싸고 있다.

오퍼스 원은 세계 최고의 양조 기술과 정밀도를 자랑하는데, 각 포도밭 단위별로 손으로 수확한 포도를 손으로 분류한 다음 광학선별기로 포도알의 모양, 크기, 색상을 분석하여 기준에 미치지 못하면 가차 없이 솎아낸다. 한 알 한 알 정성을 다해 분류한 포도알들은 2층에서 으깨져 1층의 양조 탱크로 들어가는데, 포도즙에 무리를 주지 않기 위해 펌프를 사용하지 않고 중력을 이용하여 자연스럽게 흘러갈 수 있도록 양조장 내 물류 설계에도 신경을 썼다.

각 포도밭 단위별로 수확한 포도는 40개의 스테인리스 스틸 양조통에서 별도로 양조되고, 최종적으로 수석 와인 메이커가 블렌딩한다. 완벽한 와인을 만들기 위한 노력의 일환으로 볼 수 있다. 발효가 끝나면 프랑스 오크통에서 18개월을 숙성시키고 별도로 18개월 동안 병 숙성을 한 후에 비로소 시장에 나오며, 와인의 판매와 마케팅은 무통 로쉴드가 전담하고 있다. 가격도 만만치 않은데, 와인 서처 기준으로 병당 600달러(2023년 기준)에 판매되고 있다. 물론 스크리밍 이글이나 할란 에스테이트만큼은 비싸지 않지만 그래도 여전히 공급은 제한적이다.

약 20년 전인 2004년 로버트 몬다비는 오퍼스 원 지분을 포함해 로버트 몬다비 와이너리 전체를 세계 최대의 주류 기업 콘스텔레이션 브랜드에 13억 6,000만 달러(약 1조 7,000억 원)에 팔아치우고 손을 털었다. 미국 기업은 브랜드 가치를 올려 다른 기업에 매각하여 주주들의 투자 수익을 극대화하는 것이 목표이기에 누구를 탓할 수도 없다. 오늘날 오퍼스 원은 초심을 잃지 않고 지분을 유지하고 있는 프랑스의 바롱 필리프 드 로쉴드와 콘스텔레이션 브랜드가 공동으로 소유하고 있다.

오퍼스 원은 나파 밸리의 로버트 몬다비 와이너리 반대편에 자리 잡고 있으며, 마치 거대한 왕릉 같은 모습이다. 차가운 온도를 유지해야 하는 양조 설비와 숙성 셀러, 테이스팅 룸은 지하에 있다. 몇 년

세계 최고 와이너리 방문기

전 오퍼스 원을 방문했을 때 수석 와인 메이커 마이클 실라치^{Michael} Silacci가 우리 일행을 반갑게 맞아 포도 재배와 양조 과정에 대한 설명을 상세하게 해 주었고, 오퍼스 원 2010년, 2012년, 2013년 빈티지를 내놓고 비교 시음할 수 있게 해 주었다.

 와인 노트

오퍼스 원 2015

Opus One 2015

최근에 맛본 오퍼스 원 2015년산은 카베르네 소비뇽 81%, 카베르네 프랑 7%, 메를로 6%, 프티 베르도 4%와 말벡 2%의 블렌딩으로 18개월간 새 프랑스 오크통에서 숙성되었다. 매우 짙은 루비 색상이고, 블루베리 잼, 자두, 블랙체리, 크렘 드 카시스 같은 농밀한 풍미와 다크 초콜릿, 모카, 아니스, 바닐라, 가죽 향에 이어 스파이시한 여운을 남겼고 타닌은 여전히 강건한 편이었다. 두 시간 정도 지나니 좀 더 화려한 향이 올라오며 한결 부드러워졌다. 전반적으로 복합미와 밸런스가 뛰어난 풀 바디 와인으로 언제 마셔도 실패가 없는 나파 밸리의 대표적인 레드 와인이다.

동화 속 궁전,
샤토 피숑 바롱(프랑스)
(2023년 33위, 2022년 27위)

원래 이름은 샤토 피숑 롱그빌 바롱이지만 너무 길어서 샤토 피숑 바롱Château Pichon Baron이라고 한다. 1646년 바롱 베르나르 드 피숑 Baron Bernard de Pichon과 안 드 롱그빌Anne de Longueville의 결혼에서 시작되었다. 이후 아들 자크 피숑Jacque Pichon이 결혼할 즈음에 마고 지역 땅 부자였던 장인이 포이약에 포도밭을 사주자 이름을 피숑 롱그빌 바롱이라 부르게 되었다. 바롱은 '남작'의 작위를, 롱그빌은 기다랗게 이어진 농가를 뜻한다.

외관이 마치 동화에나 나올 것 같은 웅장하고 아름다운 샤토는 1851년에 건립되었고, 1855년 그랑 크뤼 등급 분류에서 포이약의 2등급 와인으로 지정되었다. 나폴레옹 상속법에 따라 자녀에게 상속되면서 2개로 분리되었는데, 하나는 피숑 롱그빌 바롱이 되었고, 다른 하나는 피숑 롱그빌 콩테스 드 랄랑드가 되었다. 소유권 변화가 몇

보르도 포이약 지방의 와인 명가 샤토 피숑 바롱

번 있은 후에 최종적으로 1987년 악사 밀레짐AXA Millésime 보험 그룹이 새 주인이 되었다.

와이너리를 방문했을 때 와인 메이커가 재미난 일화를 하나 들려주었다. 약 30년 전 포도를 수확하려고 채용 공고를 냈는데, 황당하게도 일꾼으로 유랑 서커스 단원들이 왔다는 것이다. 동물을 동반한 카라반이 샤토 앞마당에 짐을 풀자 난리가 났었다. 라마 몇 마리가 마당을 뒹구는 등 아수라장이 되었으나, 사람들을 새로 모집할 시간이 없었던 탓에 포도 수확을 맡길 수밖에 없었고, 수확이 끝나자마자 마을 사람들을 불러 공짜 서커스 공연을 했다고 한다. 경험이 없는 뜨내기들 때문에 홍역을 치른 샤토는 그다음부터는 스페인 안달루시아 지방의 숙달된 수확 팀을 불렀다고 한다.

피숑 바롱은 포이약 남쪽에 자갈 토양을 지닌 73헥타르의 포도원을 운영하고 있으며, 2001년부터 포도원과 양조장에 새로운 포도 선별 기준을 적용하여 최고의 포도만 골라 와인을 만들고 있다. 그랑 뱅(대표 와인)이 나오는 30헥타르의 포도밭은 낮은 언덕에 있어서 샤토 라투르가 내려다보인다. 광학선별기를 사용하여 작은 결점이 있는 포도알까지 솎아내 버려 생산량이 줄어들었지만 품질은 매우 좋아졌다. 포도는 약 3주간 스테인리스 스틸 탱크에서 알코올 발효가 진행되며, 오크통에서 3개월간 안정을 거친 후 최종 블렌딩된 와인들이 18~20개월간 새 오크통에서 숙성한다.

악사 밀레짐이 피숑 바롱을 인수한 이후, 건축가 패트릭 딜런Patrick Dillon과 장 드 가스티네Jean de Gastines가 디자인을 맡아 새로운 와이너리를 설계했다. 지하 와인 저장고는 샤토 앞마당의 거대한 풀장 아래까지 뻗어 있는데, 지상층의 시원한 물은 지하 와인 저장고의 온도를 낮추는 효과가 있다. 풀장을 떠받치는 직선형 강화 콘크리트 바닥 덕분에 와인 저장고에 수직 기둥을 줄여 셀러 내 물류 흐름을 원활하게 한다.

📖 와인 노트

샤토 피숑 바롱 2010

Château Pichon Baron 2010

피숑 바롱은 남성적이면서 구조감이 돋보이는 와인으로, 이웃한 피숑 콩테스와는 대조적이며 오히려 샤토 라투르의 특성과 유사하다. 방문 시 시음했던 2010년산은 카베르네 소비뇽 79%, 메를로 21%의 블렌딩으로, 꽤 좋은 작황을 보인 해였는지 카베르네 소비뇽의 비율이 좀 높았다. 벽돌색 가장자리에 중간 심도가 깊은 루비 색상을 띠고 체리와 블랙베리, 시가 박스, 가죽, 숲속 바닥, 시골 마당, 젖은 흙 등의 복합적인 풍미가 돋보였다. 부드럽게 다듬어진 타닌은 입 안에서 벨벳 같은 촉감을 남겼다. 전반적으로 밸런스가 좋고 과일 향의 집중도가 뛰어났으며, 보르도 그랑 크뤼 2등급의 우아하고 기품 있는 모습을 여지없이 잘 나타내 주었다.

와인에서 '어시하다'는 무슨 느낌일까?

'어시earthy'하다는 표현은 단순한 흙냄새가 아닌, 보다 넓은 범위의 자연적인 요소들을 포함하는 말이다. 예를 들어, 숲속 바닥의 느낌, 젖은 잎, 정원의 갓 뒤집힌 흙냄새, 비가 온 후 자갈길에서 나는 냄새와 같은 자연적인 요소들을 연상시키는 향이나 맛을 지칭할 수 있다. 어시한 특성은 화려한 과일 향이 주는 인상과 대조되는 개념으로 사용되기도 하는데, 이는 와인에 복합성과 깊이를 더해 주며, 과일 향이 강하지 않은 와인에서 더욱 두드러질 수 있다.

어시한 풍미를 내는 포도 품종으로는 산지오베제, 네비올로, 카베르네 소비뇽, 카베르네 프랑, 메를로, 템프라니요, 멘시아 등이 있으며, 특히 프랑스 론 지방에서 검은 올리브 노트로 유명한 시라는 흙, 잿불, 석탄, 오래된 안장과 같은 향을 느끼게 해 준다. 특정한 재배 장소에서 포도가 자랄 때 만들어질 수 있는데, 유기물이 풍부한 토양이나 특정한 미생물 활동이 있는 지역에서 자란 포도는 이런 어시한 특징을 띨 수 있다.

또한 와인의 숙성 과정 중에도 어시한 풍미가 나타날 수 있는데, 숙성된 와인은 때때로 젖은 흙이나 숲 속 같은 어시한 노트를 발전시켜 와인의 복잡성을 증가시키고, 와인 애호가들에게 독특한 경험을 제공해 준다.

남부 론의 자존심,
샤토 드 보카스텔(프랑스)

(2023년 34위)

샤토 드 보카스텔Château de Beaucastel은 수백 년 된 올리브나무와 아름드리 참나무 숲으로 둘러싸인 포도원으로 마치 대자연 속에 든 것 같은 아늑함이 느껴진다. 보카스텔은 영어로 뷰티풀 캐슬beautiful castle이라는 뜻이다. 아름다운 성채 같은 모습을 이름에 담았다. 오랜 세월 동안 뒤틀려 기괴한 형상을 만들며 자란 포도나무들은 둥근 자갈이 뒤덮인 포도밭 위에 마치 하늘을 향해 두 팔을 번쩍 들고 서 있는 모습으로, 마치 물 잔처럼 생겼다고 해서 '고블레Gobelet' 스타일이라고 한다. 북쪽에서 불어오는 차가운 미스트랄mistral 바람은 포도나무를 식혀 주고 키 작은 나무 가리그garigue의 향기가 포도에 스며든다. 고블레는 무덥고 건조한 남부 론 지방에 적합한 재배 방식이다. 가리그는 라벤더와 주니퍼, 로즈마리 같은 허브의 풍미를 내는데, 남부 론의 와인에서는 이런 향이 난다. 따뜻한 지중해성 기후 덕분에 포

남부 론의 맹주, 샤토 드 보카스텔

도는 충분히 익어 풍성한 과일 향과 스파이시한 여운을 남긴다.

샤토 드 보카스텔이라는 이름은 16세기 중엽 남부 론 쿠르테종 Courthézon 마을에 살았던 보카스텔 가문에서 유래했다. 피에르 드 보카스텔이 1549년 쿠둘레Coudoulet 마을에서 밭을 구입했는데, 이 부지가 오늘날 보카스텔 포도밭의 일부다. 이후 샤토 드 보카스텔의 소유권이 몇 번 바뀌었고, 1909년 피에르 트라미에Pierre Tramier가 구입했다. 피에르 페랭Pierre Perrin이 물려받아 지금은 페랭의 4대손이 운영하고 있다.

보카스텔의 부지는 130헥타르이나, 100헥타르만 포도밭으로 쓰고 있다. 이 중 70헥타르가 샤토뇌프 뒤 파프Châteauneuf-du-Pape(CDP)의 샤푸앵Chapouin과 쿠둘레 밭이다. 보카스텔은 CDP에서 허용하는 열세 가지 품종을 모두 재배하여 와인을 만든다. 다른 와이너리는 2~4개 품종을 섞는 데 비해 13종을 섞는 것은 매우 특이하다.

보카스텔의 포도밭은 크고 둥근 자갈로 뒤덮여 있다. 수백만 년에 걸친 빙하 작용과 운반 작용에 의해 둥글게 깎인 돌들은 햇볕으로 데워져 열기를 포도나무에 전해 주고, 토양의 수분 증발도 막아 준다. CDP 와인은 그르나슈가 주종을 이루는 데 반해, 보카스텔은 무르베드르Mourvedre가 핵심 역할을 한다. 보카스텔은 이 지역에서 무르베드르의 비율을 높인 최초의 생산자 중 하나이며, 특히 수령이 오래된 무르베드르를 써서 와인이 더 풍성하고 풍미가 짙다. 1950년부터 포도밭을 유기농 방식으로 경작하고 있으며, 1974년부터는 생물 역동 방식을 적용하고 있다.

샤토뇌프 뒤 파프는 14세기 아비뇽 교황들을 위한 와인이었다. 로마로 가지 못하고 프랑스 아비뇽에 임시 교황청을 만들었던 클레멘스 5세는 재위 기간을 10년도 채우지 못하고 1314년 서거했고, 후임으로 요한 22세가 교황의 자리에 올랐다. 교황청은 언제나 방문객들로 붐비기 때문에 요한 22세는 교황청용으로 와인을 만들기로 하고 1322년경 아비뇽에서 10km 떨어진 곳에 별장을 짓고 포도밭을 만들었다. 이곳이 샤토뇌프 뒤 파프, 즉 교황의 새로운 성New Castle of Pope이 시작된 유래다. 지금까지 700년 동안 그 전통이 이어져 오고 있다. 남프랑스의 뜨거운 햇살을 머금은 와인은 풍성하고 진한 맛으로 인기를 끌었고, 특히 로버트 파커가 높은 평점을 주면서 인기를 끌기 시작했다.

페랭의 이름은 2012년 브래드 피트와 안젤리나 졸리를 위해 만든 샤토 드 미라발 로제Château de Miraval Rosé 와인을 만들면서 더욱 유명해졌다. 브래드 피트는 보카스텔 와인 애호가였기에 페랭과 자연스럽게 친해졌고 자신들을 위한 로제 와인을 만들어 달라고 부탁했다. 브래드 피트 부부의 투자를 통해 세워진 샤토 드 미라발에서 페랭은 수준급의 로제 와인을 만들었는데, 두 유명인의 후광을 업어 큰 성공을 거두었고 2014년 미라발 와이너리에서 성대한 결혼식까지 올렸다. 하지만 안타깝게도 지금 두 사람은 이혼 후 법정분쟁에 휘말려 있다. 로제 와인처럼 아름다웠던 장밋빛 언약은 깨지고 와이너리의 소유권을 둘러싼 치열한 다툼이 이어지고 있다.

📖 와인 노트

샤토 드 보카스텔 샤토뇌프 뒤 파프 2019

Château de Beaucastel Châteauneuf-du-Pape 2019

보카스텔의 샤토뇌프 뒤 파프 와인은 우아함과 균형, 장기 숙성력으로 유명하다. 론 지방의 강하게 부는 미스트랄 바람에 노출되어 있는 자갈 토양의 포도밭은 우수한 테루아로 알려져 있으며 CDP에서 허용한 13개 품종의 나무들이 1960년대부터 유기농으로 재배되고 있다.

2022년에 발표된 〈와인 스펙테이터〉 100대 와인 중 7위를 차지한 바 있는 2019년산은 아직 마시기에는 조금 이른 듯했다. 와인은 가장자리에 여린 보라색 반영을 띤 짙은 루비 색상이었고, 블루베리, 제비꽃, 체리 파이, 말린 자두, 숲속 덤불, 라벤더, 다크 체리, 가죽과 말린 육포 같은 복합적인 풍미에 향신료의 스파이시한 여운이 좋았다. 좀 거친 듯한 타닌이 느껴지는 풀 바디에 가까운 와인으로, 남부 론의 거칠고 야성적인 인상을 남겼다. 최소 3년 정도는 더 숙성해야 좋을 듯한 와인이다.

와인은 그르나슈 30%, 무르베드르 30%, 시라 15%, 쿠누아즈 10%, 생소 5%에 나머지 10%는 바카레즈, 테레 누아, 뮈스카르댕, 클레레트, 픽풀, 피카르당, 부르불랑, 루산으로 구성되어 CDP에서 공식 허용된 18개의 포도 품종 중 13종이 사용되었다. 무르베드르와 시라는 오크통에서 발효했고 나머지 포도들은 전통적인 콘크리트 탱크에서 진행되었다. 젖산발효가 끝난 후 블렌딩을 한 다음 대형 오크통(푸드르)에서 1년간 숙성했다.

클레멘스 5세 교황과
샤토 파프 클레망(프랑스)
(2023년 19위, 2022년 26위)

샤토 파프 클레망Château Pape Clement은 보르도 페삭 레오냥에 있으며 700년이 넘는 오랜 역사를 자랑한다. 프랑스인으로써 처음 교황에 오른 클레멘스 5세의 이름을 딴 이 샤토는 교황이 되기 전 보르도 대주교가 되었을 때 친형이 선물로 준 포도원이었는데, 교황이 되자 교회 소속이 되어 샤토 파프 클레망이라 불렸다.

방문해 보면 거대한 고성처럼 버티고 선 샤토의 위용에 경외심을 느낄 수 있다. 넓은 마당 가운데 있는 오래된 정원에서는 1,000년이 넘은 올리브나무를 비롯해 희귀한 나무들을 볼 수 있다. 장엄한 분위기의 와인 저장고는 물론, 정교하게 깎아 만든 클레멘스 5세의 흉상과 교황을 상징하는 다양한 성물도 보인다.

이 와이너리는 프랑스 혁명 후 몇 번의 소유권 이전을 거치며 포도원의 상업적 개발 시도가 이어졌고, 19세기 말에는 인기가 있었다. 그

교황의 와이너리였던 샤토 파프 클레망의 웅장한 와인 셀러

러나 1937년 우박으로 인해 포도밭이 황폐화되었고, 뒤이어 일어난
제2차 세계대전으로 거의 방치되어 있다가 1949년에 이르러 비로소
옛 명성을 되찾기 시작했다. 전설의 보르도 양조학자 에밀 페노Émile
Peynaud가 적극적으로 개입하여 폐삭 레오냥 지역에서 샤토 오브리
옹Château Haut-Brion과 라 미송 오브리옹La Mission Haut-Brion에 이은 최
고의 와이너리로 자리매김했다.

　1994년 주인이었던 폴 몽타뉴가 사망하자 아들 레오 몽타뉴는 샤
토 라 투르 카르네Château La Tour Carnet를 소유하고 있던 베르나르 마
그레즈Bernard Magrez와 함께 파프 클레망을 공동으로 소유하게 되었
고, 양조 컨설턴트인 미셸 롤랑의 양조 자문을 받으며 품질이 향상되
었다. 포도밭 면적은 60헥타르로, 카베르네 소비뇽과 메를로 그리고
유명 화이트 와인을 만드는 소비뇽 블랑과 세미용, 뮈스카델을 재배

하고 있다. 파프 클레망 레드 와인은 70%를 새 오크통에서 18개월간 숙성한다.

보르도에서 700년으로 역사가 가장 긴 샤토의 첫 주인은 격동기 프랑스 역사의 한 장을 장식하고도 남는 클레멘스 5세다. 미남왕으로 불리는 프랑스의 왕 필리프 4세는 14세기 초엽 로마 교황청과 힘겨루기를 하며 왕권을 확장했고, 영향력을 발휘하여 프랑스인을 교황으로 내세웠다. 교황으로 등극한 클레멘스 5세는 포도원을 교회에 헌납하고 보르도를 떠났지만 바티칸으로 가지도 못하고 아비뇽에 마련된 임시 교황청에 머무르다가 생을 마감했다.

14세기 초엽은 교황의 영적 권위와 군왕의 세속적 권세가 극한으로 대립했는데, 프랑스 왕 필리프 4세는 로마 교황의 정치 간섭을 싫어하여 자신을 황제로 선언하면서 당시 교황 보니파시오 8세의 비위를 거스른다. 더군다나 영토 확장에 혈안이 된 그는 플랑드르 지방과 아키텐의 소유권을 놓고 잉글랜드의 에드워드 1세와 전쟁을 치렀는데, 전비 충당을 위해 성직자들에게 세금을 징수하는 강수를 둔다. 이는 성직자에 대한 과세를 금지한 로마 교황의 지엄한 명령에 도전장을 내민 것으로, 대립이 격화되었다.

필리프 4세는 삼부회 소집을 통해 왕권을 강화하고 내실을 다진 다음 교황과 정면 대결에 나섰다. 그 누구도 상상하지 못한 대범한 작전을 펼쳤으니, 바로 교황을 감금한 것이다. 1303년 필리프 4세는 심복 부하 기욤 드 노가레를 파견하여 교황 보니파시오 8세를 이탈리아 아나니의 교황의 별궁에 감금하고, 교황이 반항하자 뺨까지 때리며 안하무인의 무례를 범했다. 하지만 교황은 마을 사람들의 도움으로 겨우 탈출에 성공해 로마로 돌아갔다. 상상도 못할 변을 당한 교황은 한 달 만에 화병으로 세상을 떠났고, 새 교황을 뽑는 콘클라베에서 베네딕토 11세가 차기 교황으로 선출되었다. 감금 현장에 있었던 베네딕토 11세는 즉시 노가레를 파문하고 통쾌하게 복수를 한다. 그러나 그 또한 1년 만에 병사하여 독살당했다는 소문이 파다했다. 베네딕토 11세의 후임 선출을 위한 선거가 진행되었으나, 추기경단이 양분되어 1년간 공전하며 혼란이 가중되었다. 프랑스 필리프 4세의 추종파와 이탈리아 보니파시오 8세 추종파로 분리되어 1년간 갈등을 겪다가 결국 보르도의 대주교 베르트랑 드 고Bertrand de Got를 교황으로 선출했다. '클레멘스 5세'는 1305년 프랑스인으로서는 처음으로 교황에 올랐다. 하지만 그의 앞길은 험난했다. 불운한 운명이 그를 기다리고 있었고, 치욕적인 아비뇽 유수와 서방 교회의 대분열이라는 역사적 오명을 뒤집어쓰게 된 것이다.

프랑스의 필리프 4세는 자기 덕에 교황이 된 클레멘스 5세에게 갑질을 하기 시작했다. 필리프 4세는 교황에게 압력을 넣어 당시 십자군 전쟁으로 엄청난 부를 축적하고 있던 템플기사단을 이단으로 몰아 체포령을 내린 것이다. 이로 인해 자크 드 몰레 단장을 포함한 지휘부 전원이 체포되고 템플기사단의 모든 재산은 몰수당했다. 잉글랜드와의 전쟁으로 재정이 바닥난 필리프 4세는 템플기사단에게도 빚을 많이 지고 있었다. 결국 필리프 4세는 빚쟁이를 없애 빚을 없애기로 했다. 1307년 10월 13일 금요일에 템플기사단 체포사건이 일어났고 이는 서양에서 불길한 날로 터부시되는 '13일의 금요일'의 기원이 되었다.

템플기사단의 마지막 단장이었던 자크 드 몰레는 1314년 3월 18일 이단 판정으로 불타 죽으며 필리프 4세와 클레멘스 교황에게 저주를 퍼부었다. "너희들도 올해 안에 반드시 죽을 것이다."라는 저주는 그 대로 실현되었다. 교황은 그다음 달에 병사하고 필리프 4세 또한 그 해 10월에 시름시름 앓다가 죽음을 맞았다.

클레멘스 5세가 사망한 후 교황직을 승계한 후임 교황 6명은 아비 뇽의 임시 교황청에서 68년을 머물러야 했고, 역사에서는 이를 '아비 뇽의 유수'라 부른다. 기원전 6세기경 유대인들이 신바빌로니아에 정 복당해 바빌론에 끌려갔다가 해방될 때까지 죄수처럼 갇혀 있었던 것을 '바빌론의 유수'라고 한 데서 비롯되었다.

📖 와인 노트

샤토 파프 클레망 블랑 2020

Château Pape Clement Blanc 2020

2020년산 샤토 파프 클레망 블랑은 소비뇽 블랑 62%, 세미용 33%, 소비뇽 그리 4%, 뮈스카델 1%가 블렌딩되었다. 옅은 지푸라기 색상이고 라 임과 레몬 같은 시트러스 향이 기본이고, 흰 꽃, 복숭아, 열대 과일, 레몬그라스, 구아바의 달콤한 향, 으깬 돌 같은 미네랄리티와 오렌지 마멀레이 드의 향긋한 향이 특징이다. 입 안에서의 맛은 향 보다 훨씬 뛰어난 감동을 준다. 생동감 넘치는 신

화이트 와인으로 유명한
샤토 파프 클레망 블랑

선한 산미와 팔렛을 채워 주는 촘촘한 질감, 짭짤한 광물질의 뉘앙스를 남기는 향기로운 피니시는 보르도 고급 화이트 와인의 정수를 보여 준다.

보르도의 2020년산 와인은 2018년산과 비견할 정도로 뛰어난 해였다. 온화한 겨울을 보내고 습한 봄으로 새싹과 꽃이 일찍 피었으며 여름이 건조해 일부 포도나무가 가뭄에 시달렸지만, 간헐적으로 발생한 뇌우 덕분에 최소한의 물이 공급되었다. 포도 생장기에 워낙 날씨가 좋아 평년보다 수확이 일찍 시작되었다. 여름 가뭄으로 인해 포도의 풍미가 집중되고 풍부하면서도 강렬한 와인을 생산할 수 있었는데, 특히 세미용이 뛰어난 품질을 보였다고 한다. 2020년 빈티지의 보르도 와인이 보인다면 가급적 사서 모아두는 것이 좋을 듯하다. 지금 마셔도 좋지만 장기 숙성력이 매우 뛰어나기 때문이다.

○ **Wine Navigation**

미네랄리티를 맛으로 느낄 수 있나?

와인 테이스팅에서 미네랄리티minerality, 미네랄, 광물질 느낌, 으깬 돌crushed rock, 부싯돌, 분필, 젖은 돌, 짠맛 등과 같은 표현은 와인의 향이나 맛을 묘사할 때 흔히 쓰이는 감각적인 언어다. 이는 구체적인 화학 성분을 지칭하는 것이 아니라, 와인이 주는 특정한 감각적 인상을 나타내는 용어로 사용된다. 이런 느낌은 신선하고, 깨끗하며, 때로는 소금기가 있는 듯한 맛이나 느낌을 포함할 수 있으며, 대체로 산도가 약간 높고 과일 향이 약간 적은 구세계 와인에서 이런 미네랄리티를 쉽게 느낄 수 있다.

와인의 미네랄리티는 포도가 자란 토양과 기후 그리고 양조 과정에서 영향을 받을 수 있는데, 예를 들어, 상세르 푸이 퓌메Sancerre Pouilly Fume 와인의 포연 향, 키메르지안 토양을 가진 샤블리 와인의 뛰어난 미네랄리티, 루아르 뮈스카데 와인의 짭짤한 맛, 독일 리슬링의 슬레이트slate 맛, 그리스 화산섬 산토리니에서 자란 아시르티코Assyrtiko의 화산 특성을 담은 미네랄리티 등은 모두 해당 지역의 테루아를 반영하는 특성이다.

미네랄리티는 실제로 와인에 존재하는 화학적 성분 때문인지, 아니면 마시는 사람의 주관적 경험 때문인지에 대해서는 과학적 합의가 명확하게 이루어지지 않았다. 하지만 많은 와인 애호가들과 전문가들은 미네랄리티가 와인의 중요한 특성 중 하나라고 생각하며, 이를 통해 와인의 복잡성과 독특함을 평가하고 있다.

와인의 시간

1판 1쇄 발행 2024년 8월 9일

지은이 · 김욱성
펴낸이 · 주연선

(주)은행나무
04035 서울특별시 마포구 양화로11길 54
전화 · 02)3143-0651~3 ┃ 팩스 · 02)3143-0654
신고번호 · 제 1997―000168호(1997. 12. 12)
www.ehbook.co.kr
ehbook@ehbook.co.kr

ISBN 979-11-6737-442-4 (03590)